ACドライブ システムの センサレス ベクトル制御

電気学会・センサレスベクトル制御の
整理に関する調査専門委員会　編

本書を発行するにあたって，内容に誤りのないようできる限りの注意を払いましたが，本書の内容を適用した結果生じたこと，また，適用できなかった結果について，著者，出版社とも一切の責任を負いませんのでご了承ください．

本書は，「著作権法」によって，著作権等の権利が保護されている著作物です．本書の全部または一部につき，無断で次に示す〔　〕内のような使い方をされると，著作権等の権利侵害となる場合があります．また，代行業者等の第三者によるスキャンやデジタル化は，たとえ個人や家庭内での利用であっても著作権法上認められておりませんので，ご注意ください．
〔転載，複写機等による複写複製，電子的装置への入力等〕
学校・企業・団体等において，上記のような使い方をされる場合には特にご注意ください．
お問合せは下記へお願いします．
〒101-8460　東京都千代田区神田錦町 3-1　TEL.03-3233-0641
株式会社オーム社編集局（著作権担当）

まえがき

　1970年前後に誘導電動機のベクトル制御理論が登場して40年以上が経過し，半導体電力変換技術に支えられてベクトル制御はさまざまな用途に適用されている．当初は鉄鋼圧延などに代表される重電分野に牽引されベクトル制御技術が発展し，適用範囲を一般産業分野にまで拡大していった．1997年に京都で開催された第3回気候変動枠組条約締約国会議（COP3）以降，高効率化の要請に応えるべく，永久磁石界磁同期電動機へのベクトル制御技術の適用が拡大し，家電・民生分野でも一般的となってきている．このような幅広い分野へのベクトル制御技術の普及には位置や速度などのセンサを用いないセンサレスベクトル制御が重要な役割を果たしている．

　このような背景から，平成25（2013）年11月に電気学会のモータドライブ技術委員会はセンサレスベクトル制御の整理に関する調査専門委員会を設置し，系統的にセンサレスベクトル制御技術を学ぶ書籍を発行すべく，2年間にわたり調査を行った．本書はその成果をまとめたものである．

　本書は5章から構成されている．1章でインバータのPWM手法や各種センサを含むハードウェアの構成について述べている．2章，3章でセンサレスベクトル制御の詳細について述べ，設計手法についても解説している．4章は制御系を実装する際に知っておくべき事項を詳述している．5章は実用化例である．

　本書は，これからベクトル技術を学ぼうとする学生，研究者だけでなく，研究開発に携わる技術者にとっても有用な参考書として役立ち，今後の技術発展の一助となるものと考えている．

2016年8月

　　　　　電気学会　センサレスベクトル制御の整理に関する調査専門委員会
　　　　　　　　　　　　　　　　　委員長　　久保田寿夫

電気学会・センサレスベクトル制御の整理に関する調査専門委員会
委員一覧

委 員 長	久保田 寿夫	明治大学
委 員	井上 征則	大阪府立大学
委 員	岩路 善尚	株式会社日立製作所
委 員	大沼 巧	沼津工業高等専門学校
委 員	大森 洋一	東洋電機製造株式会社
委 員	岡 利明	東芝三菱電機産業システム株式会社
委 員	金井 利喜	東日本旅客鉄道株式会社
委 員	黒田 岳志	富士電機株式会社
委 員	近藤 圭一郎	千葉大学
委 員	近藤 一	株式会社本田技術研究所
委 員	谷口 峻	株式会社東芝
委 員	道木 慎二	名古屋大学
委 員	野口 季彦	静岡大学
委 員	林 洋一	青山学院大学
委 員	山崎 尚徳	三菱電機株式会社
委 員	山本 康弘	株式会社明電舎
委 員	森本 進也	株式会社安川電機
幹 事	長谷川 勝	中部大学
幹 事	福本 哲哉	有限会社青山モータードライブテクノロジー
幹事補佐	松本 純	中部大学

（五十音順，所属は 2015 年 3 月 1 日時点）

| 委 員 | 小山 正人 | 三菱電機株式会社（途中退任） |

（所属は 2014 年 3 月 1 日時点）

執筆者一覧

井上　征則（大阪府立大学）　　　　　　　　　[4·2·1項, 4·3·3項, 4·4節]
岩路　善尚（株式会社日立製作所）　　　　　　[5·1節, 5·2節, 5·6節]
大沼　巧（沼津工業高等専門学校）　　　　　　[2·3節]
大森　洋一（東洋電機製造株式会社）　　　　　[2·5節]
岡　利明（東芝三菱電機産業システム株式会社）[5·3節]
金井　利喜（東日本旅客鉄道株式会社）　　　　[3·1節, 3·2節]
久保田寿夫（明治大学）　　　　　　　　　　　[1·1節]
黒田　岳志（富士電機株式会社）　　　　　　　[2·4·3項]
近藤圭一郎（千葉大学）　　　　　　　　　　　[3·3節]
近藤　一（株式会社本田技術研究所）　　　　　[5·5節]
谷口　峻（株式会社東芝）　　　　　　　　　　[5·4節]
道木　慎二（名古屋大学）　　　　　　　　　　[2·4·1項, 2·4·2項]
野口　季彦（静岡大学）　　　　　　　　　　　[1·2節]
長谷川　勝（中部大学）　　　　　　　　　　　[3·4節]
林　洋一（青山学院大学）　　　　　　　　　　[1·3節, 1·4節]
福本　哲哉（有限会社青山モータードライブテクノロジー）
　　　　　　　　　　　　　　　　　　　　　　[1·5節, 4·2·2項, 4·2·3項, 4·6節]
松本　純（中部大学）　　　　　　　　　　　　[2·1節]
森本　進也（株式会社安川電機）　　　　　　　[2·2節]
山崎　尚徳（三菱電機株式会社）　　　　　　　[3·5節]
山本　康弘（株式会社明電舎）　　　　　　　　[4·1節, 4·3·1項, 4·3·2項, 4·5節]

（五十音順，所属は 2015 年 3 月 1 日時点）

目 次

1章 モータドライブシステムの構成 ················· 1
1・1 モータドライブシステム ························· 1
1・1・1 ハードウェアの構成 ····························· 1
1・1・2 モータ制御器の構成 ····························· 2
1・1・3 センサレスベクトル制御の実際 ············· 2
1・2 電力変換器 ··· 3
1・2・1 電力変換器の概要と動作原理 ················ 3
1・2・2 電力変換器のシステム構成と使用される電気電子部品 ············· 9
1・2・3 電力変換器で使用される電力用半導体素子 ············· 15
1・2・4 MOSFET，IGBTのドライブ回路とスナバ ············ 26
1・2・5 ACモータドライブに使用される電力変換器 ············· 33
1・2・6 三相フルブリッジ電圧形インバータと動作原理 ············· 35
1・3 インバータ変調方式 ································ 46
1・3・1 空間ベクトルの定義 ····························· 46
1・3・2 三相電圧形インバータの出力電圧ベクトル ············· 50
1・3・3 PWM（Pulse Width Modulation）制御の考え方 ········· 52
1・3・4 コモンモード電圧重畳による出力範囲の拡大 ············· 54
1・3・5 キャリヤ周期内での電圧ベクトルの切換え順序 ············· 58
1・3・6 PWM制御によるリプル電流 ··················· 59
1・4 デッドタイムによる電圧制御誤差とその補償法 ············· 63
1・4・1 デッドタイムによる電圧制御誤差 ············· 63
1・4・2 デッドタイムによる電圧誤差補償 ············· 67
1・5 モータ制御用各種センサ ·························· 70
1・5・1 電流センサ ··· 70
1・5・2 位置センサ ··· 74
1・5・3 電圧センサ ··· 78
引用・参考文献 ··· 78

2章　永久磁石同期電動機の制御系設計 ……………… **79**

2・1　永久磁石同期電動機の数学モデル ………………… **79**
- 2・1・1　三相交流で表した回路方程式 ……………………………… 81
- 2・1・2　二相交流で表した回路方程式 ……………………………… 83
- 2・1・3　d–q 座標系上で表した回路方程式 ………………………… 88
- 2・1・4　運動方程式 …………………………………………………… 92

2・2　永久磁石同期電動機のベクトル制御と制御系設計 …… **92**
- 2・2・1　ベクトル制御の構成 ………………………………………… 93
- 2・2・2　PMSM の制御系設計 ………………………………………… 97

2・3　永久磁石同期電動機（**SPMSM, IPMSM**）の高効率駆動・運転範囲拡大手法 ……………………………………… **110**
- 2・3・1　スピード–トルク特性と駆動条件 ………………………… 110
- 2・3・2　電流–トルク特性 …………………………………………… 112
- 2・3・3　電流位相制御の原理 ………………………………………… 113
- 2・3・4　出力限界と電流指令値の選択方法 ………………………… 119

2・4　位置センサレス制御と磁極位置推定 …………………… **124**
- 2・4・1　誘起電圧に基づく位置センサレス制御 …………………… 124
- 2・4・2　拡張誘起電圧ベクトルの推定 ……………………………… 128
- 2・4・3　停止・低速域における位置センサレスベクトル制御 …… 133

2・5　パラメータ測定および同定法 …………………………… **147**
- 2・5・1　パラメータ測定法 …………………………………………… 147
- 2・5・2　パラメータ同定法 …………………………………………… 149

引用・参考文献 …………………………………………………………… 151

3章　誘導電動機の制御系設計 ……………………………… **153**

3・1　誘導電動機の数学モデル ………………………………… **153**
- 3・1・1　三相交流で表した回路方程式 ……………………………… 155
- 3・1・2　二相交流で表した回路方程式 ……………………………… 157
- 3・1・3　等価回路 ……………………………………………………… 161

- 3・2 誘導電動機のベクトル制御とその制御系設計 …………………… **163**
  - 3・2・1 IM のベクトル制御 ……………………………………………… 163
  - 3・2・2 制御系の構成と設計 ……………………………………………… 165
- 3・3 誘導電動機の速度センサレスベクトル制御 …………………… **171**
  - 3・3・1 二次磁束誘起電圧方式 …………………………………………… 172
  - 3・3・2 二次 q 軸誘起電圧方式 …………………………………………… 173
  - 3・3・3 一次 q 軸電流偏差方式 …………………………………………… 174
- 3・4 誘導電動機の電気的パラメータ測定 …………………………… **176**
  - 3・4・1 パラメータ測定手順 ……………………………………………… 177
  - 3・4・2 誘導電動機パラメータの無回転測定 …………………………… 181
- 3・5 高性能化手法 …………………………………………………… **184**
  - 3・5・1 誘導電動機の「準オンライン」抵抗推定手法 ………………… 186
  - 3・5・2 速度センサレス制御誘導電動機の一次抵抗推定手法 ………… 187
  - 3・5・3 速度センサレス制御誘導電動機の二次抵抗推定手法 ………… 191
  - 3・5・4 速度センサレス制御誘導電動機の低速・回生安定化 ………… 192
- 引用・参考文献 …………………………………………………………… 199

4章 モータ制御系の実際 …………………………………… **201**

- 4・1 ディジタル制御系の構成 ………………………………………… **201**
  - 4・1・1 ディジタル制御系の全体構成図 ………………………………… 201
  - 4・1・2 ディジタル処理のタイムチャート ……………………………… 202
- 4・2 キャリヤ比較方式の PWM 発生方法 …………………………… **204**
  - 4・2・1 零相成分の加算と変調率への換算方法 ………………………… 204
  - 4・2・2 キャリヤ信号と割込信号 ………………………………………… 206
  - 4・2・3 キャリヤ比較方式による PWM 生成回路 ……………………… 208
- 4・3 電流検出方法と回転座標変換 …………………………………… **209**
  - 4・3・1 電流サンプルの PWM キャリヤ同期方式 ……………………… 209
  - 4・3・2 電流サンプルのキャリヤ同期と非同期方式との比較 ………… 211
  - 4・3・3 回転座標変換と位相の時間整合問題 …………………………… 212
- 4・4 ディジタル演算の手法 …………………………………………… **214**
  - 4・4・1 連続系と離散系の演算手法の比較 ……………………………… 214

4・4・2　PMモータモデルの離散化 …………………………………… 217
4・5　ディジタル演算技術（空間ベクトル座標系の単位法）………… **219**
　　4・5・1　フェーザベクトルの単位法 …………………………………… 220
　　4・5・2　三相交流（瞬時値）の単位法 ………………………………… 221
　　4・5・3　空間ベクトルの単位法 ………………………………………… 221
　　4・5・4　電圧電流方程式と時間の単位法 ……………………………… 222
　　4・5・5　単位法における連続系と離散系のPMモータモデル ……… 224
　　4・5・6　機械系の単位法変換 …………………………………………… 224
4・6　ディジタル制御実装のためのハードウェア ……………………… **226**
　　4・6・1　マイコンを用いたインバータ制御回路 ……………………… 226
　　4・6・2　電流検出，位置検出などの周辺回路技術 …………………… 229
引用・参考文献 ……………………………………………………………… 232

5章　センサレス制御の実用化例 …………………………… **233**

5・1　センサレス制御導入のメリット・デメリット …………………… **233**
5・2　産業分野への応用（低圧モータ）…………………………………… **234**
　　5・2・1　産業分野におけるセンサレス技術 …………………………… 234
　　5・2・2　汎用インバータにおける誘導電動機のセンサレス制御 …… 235
　　5・2・3　エンコーダレス位置制御への応用事例 ……………………… 236
5・3　産業分野への応用（高圧モータ）…………………………………… **238**
　　5・3・1　インバータの高圧・大容量化 ………………………………… 238
　　5・3・2　高圧インバータのセンサレスベクトル制御 ………………… 239
　　5・3・3　高圧インバータのセンサレスベクトル制御適用事例 ……… 241
5・4　鉄道分野への応用 …………………………………………………… **242**
　　5・4・1　鉄道車両駆動用ドライブシステムでの要求仕様 …………… 242
　　5・4・2　誘導電動機ドライブシステムへの適用事例 ………………… 243
　　5・4・3　永久磁石同期電動機ドライブシステムへの適用事例 ……… 243
5・5　自動車への応用 ……………………………………………………… **246**
　　5・5・1　電動機の自動車用途 …………………………………………… 246
　　5・5・2　センサレス制御の車載応用 …………………………………… 247
　　5・5・3　センサレスベクトル制御の適用課題 ………………………… 248

5・5・4　センサレス制御の今後の車載展望 …………………………… 250
5・6　家電分野への応用 …………………………………………………… **250**
5・6・1　家電における制御構成 ……………………………………… 250
5・6・2　エアコン圧縮機駆動におけるセンサレス制御 …………… 252
5・6・3　家電に適した簡易型のベクトル制御 ……………………… 253
引用・参考文献 …………………………………………………………………… 254

索　引 …………………………………………………………………… **257**

1章　モータドライブシステムの構成

1・1　モータドライブシステム
1・1・1　ハードウェアの構成

　ACモータを可変速駆動するためにはモータ本体のほかに，モータに任意の電圧や電流を印加するための電力変換器，モータが外部から与えられた指令（速度，位置，トルクなど）に追従するように，印加すべき電圧・電流を演算する制御器，モータの状態を測定するためのセンサ（電流センサ，位置センサなど），およびそれらを相互に接続するためのインタフェース部分から構成される（**図1・1**）．図では電力変換器に入力される電源が直流となっているが，交流の場合もある．

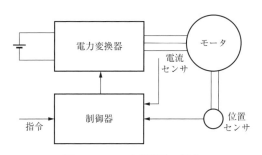

図1・1　モータ制御系の構成

　直流電源から可変電圧・可変周波数の交流電力に変換する電力変換器としては，電圧形インバータが一般的に用いられており，スイッチング素子（バルブデバイス）としてはIGBTやMOSFETが主流となっている．
　電力変換器については1・2節で，各種センサについては1・5節で詳細に説明する．

1·1·2　モータ制御器の構成

制御器に入力される指令としては位置（回転角度），速度（回転角速度），トルクなどがあり，制御器の構成は目的に応じて異なるが，ここでは速度制御器を例として説明する（図 **1·2**）．

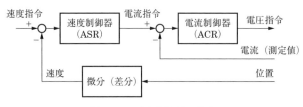

図 **1·2**　速度制御器の構成

速度制御器（ASR：Automatic Speed Regulator）は速度指令と速度の差（速度偏差）から電流指令を生成する．電流指令はトルクに比例していると考えてよいので，トルク指令と等価である．電流制御器（ACR：Automatic Current Regulator）は電流偏差から電圧指令を生成する．実際には電流・電圧は三相交流であるので，座標変換などが必要となる．速度制御器および電流制御器としてはPI（比例積分）補償器が使われることが多い．詳細は2章および3章で述べる．

これらの制御演算は一般にソフトウェアで実装される．電流センサの出力はアナログ信号であり，アナログ・ディジタル変換（A/D変換）機能が必要である．また，電力変換器に与える信号はスイッチング素子のオンオフ（PWM：Pulse Width Modulation，パルス幅変調）信号であるので，そのためのインタフェースも必要である．これらの機能はCPU・メモリなどとともに1チップ上に集約されたモータドライブ用のマイクロコントローラとして市販されている．

1·1·3　センサレスベクトル制御の実際

ベクトル制御とは磁束レベルを調整するための電流 i_d とトルクを調整するための電流 i_q とを独立に制御して，モータの発生トルクの瞬時値を制御する手法である．図 **1·3** にこの点を考慮に入れた電流制御器のブロック図を示す．図中の*は指令値であることを表す．また，θ は磁極あるいは磁束ベクトルの方向である．この方向は位置センサから得られる情報を用いることで容易に得ることができる．位置センサについては1・5節で述べるように，精密機器であることか

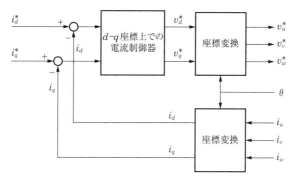

図 1·3　d–q 軸上での電流制御器

ら，一般に高価であり，モータに比べぜい弱である．また，位置センサを設置するスペースに制約がある場合もある．このため，位置センサを用いない「センサレスベクトル制御」が開発されてきた．

センサレスベクトル制御手法は電圧および電流から座標変換に必要な情報 θ の推定値を得る手法ということができる．一般に電流はセンサで測定されるので，すべてのセンサがないということではない．電圧については電圧指令を利用することが多い（**図 1·4**）．具体的な手法については 2 章および 3 章で述べる．

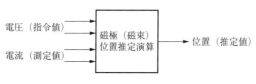

図 1·4　磁極位置推定器

1·2　電力変換器

1·2·1　電力変換器の概要と動作原理

パワーエレクトロニクスとは**図 1·5** に示すように，伝統的な電力工学，半導体工学，制御工学に囲まれた学際領域に位置する学問あるいは技術全般を指す．元来，パワーエレクトロニクスには，半導体デバイスを含む電力変換器の分野と電気機器ハードウェアを含むモータドライブの分野という 2 本の大きな柱がある．後者が今日のように隆盛をきわめたのも電力変換器のソフトウェアとハードウェアにおける技術革新のおかげといっても過言ではない．

1章 モータドライブシステムの構成

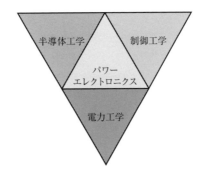

図 1・5 パワーエレクトロニクスの位置づけ

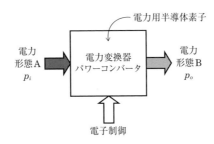

図 1・6 電力変換器の概要

ここで，パワーエレクトロニクスがもっぱら対象とする電力変換器とは，**図1・6**に示すように次の要件をすべて満たす装置をいう．

(a) ある形態の電力を別の形態の電力へ変換する装置
(b) 半導体素子を使用して電力変換を行う装置
(c) 電子制御により電力変換を行う装置

上記諸要件のうち，電力の形態とは電圧，電流，周波数，位相，相数などを指し，要件(a)は電力変換を定義する根幹である．電力変換器の優劣を決める最も重要な指標は電力変換効率 η であるが，これは図1・6において入力平均有効電力 P_{iav} に対する出力平均有効電力 P_{oav} の比と定義され次式で表される．

$$\eta = \frac{\dfrac{1}{T}\int_0^T P_o dt}{\dfrac{1}{T}\int_0^T P_i dt} \times 100 \,[\%] = \frac{P_{oav}}{P_{iav}} \times 100 \,[\%] \tag{1・1}$$

ここで，T は平均有効電力を求めるために定めた期間である．入力瞬時有効電

力 p_i，出力瞬時有効電力 p_o ともに脈動があったとしても平均的には常に $P_{oav} \leq P_{iav}$ であるから，必ず $0 \leq \eta \leq 100\ \%$ の値をとる．η が $100\ \%$ を下回るということは，電力変換器内部で何らかの電力損失が生じていることを意味し，すべての電力損失は熱となって放散，消費される．

要件(b)に記されているように，電力変換器ではダイオード，サイリスタ，トランジスタなどの電力用半導体素子が使用されるが，これら半導体素子を一種の可変抵抗器として使用するのではなく，スイッチとして使用する点でほかの増幅器と大きく異なる．例えばオーディオアンプやオペアンプに代表される線形増幅器では，トランジスタを能動領域で使用するため η が非常に低く，理論効率でも $\eta = 63.7$ 〔％〕（実際のオーディオアンプでは A 級増幅で $20\ \%$，AB 級増幅でも $50\ \%$ 程度）にしか達しないが，その代わり出力波形ひずみがきわめて小さく $0.03\ \%$ 前後の総合ひずみ率（THD：Total Harmonic Distortion）を実現することも可能である．

一方，トランジスタで構成された電力変換器の場合，その遮断領域（スイッチのオフ状態に相当）と飽和領域（スイッチのオン状態に相当）のみを用い，スイッチング動作をさせて電力変換，換言すれば入出力の電圧，電流波形を形成する．したがって，後述のように $90\ \%$ 台後半の電力変換効率を達成することも比較的容易である反面，出力波形がパルス状となるため線形増幅器に比べれば THD の点ではるかに劣る．これは電力変換器が電力変換効率を最重点評価指標として半導体素子を動作させるからにほかならず，それゆえに電力変換効率を犠牲にすることなくいかに入出力の電圧，電流波形ひずみを低減するかが大きな課題となってきた．

それでは，なぜ電力変換器が高い電力変換効率を実現できるのかを，**図 1・7**

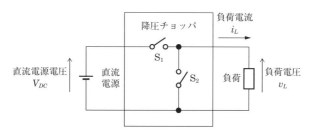

図 1・7　降圧チョッパの例

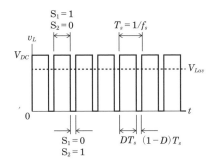

図 1・8 降圧チョッパの負荷電圧波形

に示す DC/DC 電力変換器の一種である降圧チョッパを例に説明してみよう．この電力変換器に前述の要件を当てはめると，次のように書き表すことができる．

(a) 一定電圧，可変電流の直流電源を入力とし，可変電圧，可変電流の直流を出力するので DC/DC 電力変換が行われる．したがって，周波数や位相の変換作用はもたない．

(b) 二つの理想スイッチに模式化した半導体素子を相補的にスイッチングする．

(c) 二つの半導体素子の相補的スイッチングにおいて，スイッチング周波数とデューティサイクルが電子的に制御される．

図 1・8 は理想スイッチ S_1, S_2 のスイッチング状態と，降圧チョッパの負荷（出力）電圧波形 v_L を示したものである．このように S_1 がオン（$S_1=1$）のとき S_2 はオフ（$S_2=0$），S_1 がオフ（$S_1=0$）のとき S_2 はオン（$S_2=1$）となるようにスイッチングを行い，常に

$$S_1 + S_2 = 1 \tag{1・2}$$

を満足するように動作する．このような動作を相補的スイッチングと呼ぶ．式 (1・2) は S_1, S_2 ともにオン（$S_1=S_2=1$）や，S_1, S_2 ともにオフ（$S_1=S_2=0$）を禁ずることも表現している．この降圧チョッパは電圧 V_{DC} で内部インピーダンス 0 の理想的な直流電圧源を電源としてもち，出力には誘導性負荷が接続されているので，これらの拘束条件は過電流防止のために電源短絡と，負荷電流の連続性を担保するために負荷開放を禁止していることに相当する．このように，スイッチング状態を表す S_1 や S_2 をスイッチング関数と呼ぶ．図 1・8 からもわかるように，両スイッチに関する制御上の自由度はスイッチング周波数 f_s あるいはスイッチング周期 $T_s=1/f_s$ と，S_1 がオンの期間 t_{on} の二つだけである．なぜな

ら，式 (1·2) から両スイッチの f_s または T_s は同一であり，t_{on} さえ指定すれば S_1 のオフ期間 $t_{off} = T_s - t_{on}$ はもちろんのこと，S_2 のオン期間およびオフ期間も自動的に決定するからである．ここで，デューティサイクル D を次式で定義する．

$$D = \frac{t_{on}}{T_s} = f_s t_{on} \tag{1·3}$$

D はスイッチング周期 T_s に占める $S_1 = 1$ の期間 t_{on} の割合を示すものであり，時比率とも呼ばれ $0 \leq D \leq 1$ の値をとる．図 1·8 で示したように，$S_1 = 1$ かつ $S_2 = 0$ の期間 t_{on} は S_1 によって直流電源が負荷に接続されるため，負荷電圧は $v_L = V_{DC}$ である．一方，$S_1 = 0$ かつ $S_2 = 1$ の期間 t_{off} は S_1 によって直流電源が切り離され，逆に S_2 で負荷両端が短絡されるため，負荷電圧は $v_L = 0$ となる．このように負荷電圧 v_L は，$t = t_{on} = DT_s$ の期間は $v_L = V_{DC}$，$t = t_{off} = (1-D)T_s$ の期間は $v_L = 0$ の値をとり不連続な波形となる．したがって，負荷平均電圧 V_{Lav} は

$$\begin{aligned} V_{Lav} &= \frac{1}{T_s} \int_0^{T_s} v_L dt \\ &= \frac{1}{T_s} (V_{DC} t_{on} + 0 \cdot t_{off}) \\ &= V_{DC} D + 0(1-D) \\ &= D V_{DC} \end{aligned} \tag{1·4}$$

のように D の関数として表される．これは図 1·7 に示した降圧チョッパの負荷平均電圧 V_{Lav} をデューティサイクル D，すなわち $S_1 = 1$ の期間 t_{on} によって $0 \leq V_{Lav} \leq V_{DC}$ の範囲で連続的に制御できることを示している．このように電圧のパルス幅を調整することにより平均的な電圧を制御する原理は，各種電力変換器の動作を理解するうえで非常に重要な基本概念である．なお，この降圧チョッパにおいて制御上の自由度はスイッチング周波数 f_s と D だけであると述べたが，V_{Lav} は D にだけ依存し f_s には関係ないことに注意して欲しい．図 1·9 は降圧チョッパのデューティサイクル D と負荷平均電圧 V_{Lav} の静的な関係を示したもので，このように f_s に関係なく D だけに比例して V_{Lav} を自在

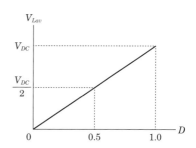

図 1·9　降圧チョッパの負荷平均電圧静特性

に制御することができる.

一方,降圧チョッパの瞬時的な負荷電圧 v_L は図 1·8 に示したとおりパルス状の不連続な波形となる.この負荷電圧波形をフーリエ級数で表現すると次式のように展開することができる.ただし,$\omega_s = 2\pi f_s$ であり,スイッチング角周波数である.

$$v_L = DV_{DC} + \frac{2V_{DC}}{\pi}\left(\sin \pi D \cos \omega_s t + \frac{1}{2}\sin 2\pi D \cos 2\omega_s t \right.$$
$$\left. + \frac{1}{3}\sin 3\pi D \cos 3\omega_s t + \cdots \right) \tag{1·5}$$

式 (1·5) から,負荷電圧波形には直流成分

$$v_{L0} = DV_{DC} = V_{Lav} \tag{1·6}$$

と,スイッチング周波数 f_s の整数倍周波数をもつ多数の交流成分 v_{Lh} が含まれていることがわかる.このように,最も低い周波数の交流成分に対して整数倍の周波数をもつ単一成分またはその集合を高調波と呼ぶ.式 (1·5) において高調波成分 v_{Lh} は

$$v_{Lh} = \frac{2V_{DC}}{\pi}\left(\sin \pi D \cos \omega_s t + \frac{1}{2}\sin 2\pi D \cos 2\omega_s t + \frac{1}{3}\sin 3\pi D \cos 3\omega_s t + \cdots \right)$$
$$\tag{1·7}$$

であり,降圧チョッパの負荷(出力)電圧をひずませる原因であるとともに不要な成分である.このため,降圧チョッパでは f_s を非常に高くして直流成分 v_{L0} から高調波成分 v_{Lh} が存在する周波数帯を高周波域に遠ざけることにより,小さな LC フィルタでも v_{Lh} を除去できるようにしている.

図 1·7 に示した降圧チョッパでは式 (1·2) で定義される相補的スイッチングが行われるが,S_1 がオン($S_1 = 1$)のとき S_2 はオフ($S_2 = 0$)であるから,S_1 の両端電圧は 0,S_2 に流れる電流は 0 となる.したがって,S_1,S_2 いずれの理想スイッチにおける消費電力も 0 である.また,逆の場合として S_1 がオフ($S_1 = 0$)と S_2 がオン($S_2 = 1$)の場合には,S_1 に流れる電流が 0,S_2 の両端電圧が 0 となるから,両理想スイッチの消費電力はやはり 0 である.降圧チョッパにはこれら 2 通りのスイッチング状態しかなく,どちらのスイッチング状態においても消費電力は 0 であるため,理想スイッチだけから構成された降圧チョッパは 100% の電力変換効率を達成することができる.以上に述べた理由により,電力

変換器では出力波形のひずみを犠牲にして電力変換効率を最優先とするためスイッチング動作が行われる．

1・2・2　電力変換器のシステム構成と使用される電気電子部品

図 1・10 は電力変換器のシステム全体構成を示したものである．このように通常の電力変換器は主回路，ドライブ回路，制御回路からなっている．前項の電力変換器の要件 (a) と (b) に対応するものが主回路であり，これに対して要件 (c) を実現するものが制御回路である．

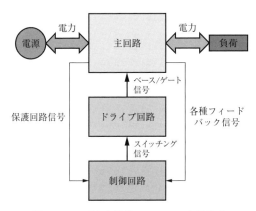

図 1・10　電力変換器のシステム全体構成

主回路は基本的に電力用半導体素子とインダクタ，キャパシタなどの受動素子から構成されており，電力変換効率を低下させないため抵抗器のような電力消費受動素子は必要最低限の使用にとどめられる．多くの電力変換器は電源として電圧源をもつ電圧形である．このため，誘導性の負荷が接続され，電力変換器の出力電圧はパルス状の不連続な波形となる代わりに出力電流は連続的な波形となる．

ドライブ回路は主回路と制御回路のインタフェースを担うものであり，主回路の電力用半導体素子を高速，高効率にスイッチングするための駆動信号（トランジスタの場合，BJT であればベース信号，MOSFET や IGBT であればゲート信号と呼ぶ）を生成する．通常，ドライブ回路は主回路と同じ電位で動作するため，制御回路からドライブ回路に送られてくるスイッチング信号にはフォトカプラなどを用いて信号絶縁が施される．また，主回路の各電力用半導体素子には個

別にドライブ回路が必要であるが，主回路の構成によっては電力用半導体素子が接続されている基準電位がそれぞれ異なるため，ドライブ回路の電源もトランスを用いて絶縁しなければならない．後述のように，ドライブ回路はディスクリート素子で構成することが多いが，最近ではドライブ回路用ICやドライブ回路を内蔵したフォトカプラなども利用される．

次に，制御回路はマイクロコントローラ（MC：Micro Controller），ディジタルシグナルプロセッサ（DSP：Digital Signal Processor），フィールドプログラマブルゲートアレイ（FPGA：Field Programmable Gate Array）のほか各種アナログ，ディジタルICやディスクリート素子を用いて構成される．制御回路の主な役割は主回路の電力用半導体素子に対するスイッチング信号を生成することであり，生成されたスイッチング信号はドライブ回路を通じて電力用半導体素子の駆動に用いられる．前述のように電圧形電力変換器ではスイッチング信号に応じたパルス状の電圧が負荷に出力されるが，電圧のパルス幅で平均電圧を制御する原理に基づいて電圧指令の大小をデューティサイクル D で置き換えたスイッチング信号が生成される．このスイッチング信号を生成する手法は多岐にわたり，生成の仕方によって電力変換効率や出力電圧波形のTHDが大きく左右される．電力変換器をモータドライブに適用する場合，多くのモータは効率向上やトルクリプル低減などの目的のため正弦波状の電圧と電流を要求するので，電力変換効率を犠牲にすることなく出力電圧のTHDを低減するスイッチング信号の生成アルゴリズムが非常に重要である．

電力変換器の核となる主回路は電力用半導体素子とインダクタ，キャパシタなどから構成されると述べたが，いずれも理想的な素子であればいっさい電力を消費せず発熱もしない．しかし，実際のこれら素子には電力を消費する要素が含まれており，これが電力変換器の電力変換効率を低下させる原因となっている．

まず，電力用半導体素子であるが，理想的なスイッチング動作を行う理想スイッチを**図 1・11** に示す．理想スイッチとは次に掲げる要件を満たすものである．

(a) オン状態の通流電流が双方向に無限大であり，オン電圧が0
(b) オフ状態の耐圧が双方向に無限大であり，漏れ電流が0
(c) ターンオンならびにターンオフに要する時間が0であり，オンオフ情報伝達とスイッチング動作に必要な電力は0

すなわち，**図 1・12** に示すスイッチの I–V 静特性において，縦軸はスイッチ両

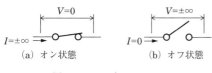

図1・11 理想スイッチ

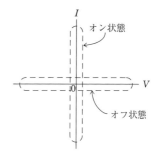

図1・12 理想スイッチのI–V静特性

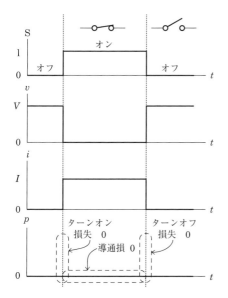

図1・13 理想スイッチのスイッチング動特性

端電圧が0であるためオン状態，横軸はスイッチに流れる電流が0であるためオフ状態に相当するが，スイッチング動作が両軸上だけで完結するものが理想スイッチである．このように，理想スイッチは完全な四象限動作が可能であり，I–V静特性の縦軸と横軸上だけで動作するので，必ずスイッチ両端の電圧か通流電流のどちらかが0であり定常的なオン状態とオフ状態の損失は0である．特に，オン状態における損失を導通損と呼び，電力用半導体素子における損失を考えるうえで重要である．

また，図1・13のスイッチング動特性に示すように理想スイッチはターンオンとターンオフに要する時間が0で瞬時にスイッチングを行うことができるので，その間に電圧波形と電流波形の重なりがまったく生じない．このため，スイッチ

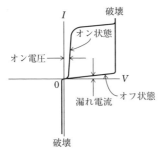

図 1・14　実際の半導体素子の
I–V 静特性

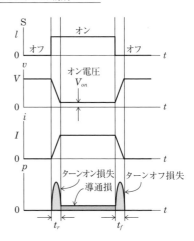

図 1・15　実際の半導体素子のスイッチング動特性

ング損（ターンオン損失とターンオフ損失の総称）も 0 である．スイッチング損は基本的にスイッチング周波数に比例し，導通損と並んで電力用半導体素子の主要な損失要因である．

　これに対し，実際の電力用半導体素子の典型的な I–V 静特性とスイッチング動特性を図 1・14 と図 1・15 に示す．図 1・14 に示したように実際の電力用半導体素子は，耐圧や通流電流が無限大であるようなことはなく，多くの場合，耐圧も通流電流も双方向ではない．換言すると，実際の電力用半導体素子は基本的に四象限動作を行うことができず，第一象限のみで使用するように作られている．このことは，オフ状態においては片方向の電圧にしか耐えることができず，オン状態における通流電流の方向も一方向だけであることを意味している．また，オン状態にあるときわずかではあるがオン電圧が発生するため，大きな電流が流れると導通損の原因になる．逆に，オフ状態において多くの電力用半導体素子の漏れ電流は数 mA 以下と無視できるほど小さいので，オフ状態における損失はほぼ理想スイッチと同等であるといえる．また，後述するように，電力変換器で多用されるトランジスタは図 1・14 の第三象限に示したように逆耐圧をもっておらず，きわめて簡単に破壊してしまう．ダイオードやサイリスタのように第三象限で逆耐圧をもつ素子もあるが，これらはオフ状態を維持できるだけでオン状態にすることはできない．

次に，図1・15に示したように実際の電力用半導体素子はターンオンとターンオフに有限の時間をかけてスイッチングする．したがって，このスイッチング期間で半導体素子両端の電圧波形と通流する電流波形とに重なりが生じる．この電圧波形と電流波形の重なりが原因となってスイッチング損が発生する．前項の降圧チョッパの例で述べたように，電力変換器では高調波成分v_{Lh}をできるだけ高周波域に置くようスイッチング周波数f_sを高くしたいところであるが，同時にスイッチング損を増大することにもつながるため，これらのトレードオフを考慮して適切なf_sを選択する必要がある．図1・15に例示したように，ターンオン時間をt_r，ターンオフ時間をt_fとして，それぞれの期間中に半導体素子両端電圧と通流電流が線形に変化したと仮定する．この場合，スイッチング損P_{sw}は次式のように計算することができる．

$$P_{sw} = \int_0^{t_r} vi\,dt\,f_s + \int_0^{t_f} vi\,dt\,f_s$$
$$= \frac{1}{6}VIt_r f_s + \frac{1}{6}VIt_f f_s \tag{1・8}$$

すなわち，スイッチング損はオフ状態で素子両端にかかる電圧Vとオン状態で素子に流れる電流Iに比例するとともに，スイッチング周波数f_sに比例し，デューティサイクルDには影響されない．一方，半導体素子がオン状態にある期間では導通損P_{cnd}が発生するが，これも定式化すると次のようになる．

$$P_{cnd} = \int_0^{D/f_s - t_r} vi\,dt\,f_s$$
$$= V_{on}I(D - t_r f_s) \tag{1・9}$$
$$\fallingdotseq V_{on}ID$$

式(1・9)においてV_{on}はオン状態にある半導体素子の両端電圧である．このように，導通損はオン電圧V_{on}とそのときに通流する電流Iに比例する．さらにデューティサイクルDにも比例するが，スイッチング周波数f_sの影響はほとんど受けないことがわかる．スイッチング損を低減するためには，式(1・8)に示されたようにスイッチング期間における素子両端電圧と通流電流の重なりを小さくすることが肝要である．この素子両端電圧と通流電流の重なりを小さくする手法としてソフトスイッチングが知られており，ゼロ電圧スイッチング（ZVS：Zero Voltage Switching）やゼロ電流スイッチング（ZCS：Zero Current Switching）

によってスイッチング損を効果的に低減することができる．また，電力変換効率やTHDの点で許容されるのであれば，スイッチング周波数を低くすることもスイッチング損を低減するのに有効である．

次に，高調波成分v_{Lh}を除去したり，回路中の電力バランスをとる目的で必要なエネルギーバッファを設けるためインダクタやキャパシタが主回路で使用されたりするが，これらにも電力変換器の損失要因が含まれている．

図1・16は理想的なインダクタLとキャパシタCを示している．理想インダクタLは磁界エネルギー，理想キャパシタCは電界エネルギーの蓄積と放出を行う受動素子であり，静的にエネルギーを貯蔵している間も，動的にエネルギーの出し入れを行っている間もいっさい電力を消費することはない．しかし，図1・17に示すように，実際のインダクタでは等価鉄損抵抗r_iやコイルの巻線抵抗r_cを考慮しなければならない．インダクタの磁気回路には磁性材料として鉄（電磁鋼板）やフェライトなどが使用されるが，この磁気回路における磁束の時間的変化により発生する鉄損（渦電流損とヒステリシス損の総和）を模擬するためにr_iが理想インダクタLと並列に接続された形となっている．r_cはLに直列接続した構成を考えればよいが，Lに電流が流れることによって銅損を発生させる．なお，インダクタに流れる電流が高周波の場合には，巻線の表皮効果や近接効果のほか巻線間の寄生容量c_pも考慮する必要があり，総じて実際のインダクタは低周波側で誘導性，高周波側では容量性を多分にもった素子とみるべきである．

一方，実際のキャパシタは等価直列抵抗（ESR：Equivalent Series Resistance）を表すr_s，漏れ電流に関係するr_pが理想キャパシタCに直並列接

図1・16　理想的な受動素子

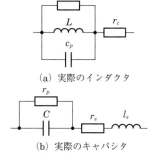

図1・17　実際の受動素子

続された等価回路とみなすことができる．特に重要なのは r_s であり，キャパシタの充放電や定常的に流入するリプル電流によって発熱する原因となる．実際のキャパシタも周波数によって性質は大きく変わり，低周波では容量性を維持できるが，高周波では等価直列インダクタ l_s の影響を受けて誘導性とみなされる．以上のように，電力変換器の主回路に使用される電気電子部品は，電力用半導体素子だけでなくインダクタやキャパシタのような受動素子も電力を消費する要因をもっており，いずれも素子の発熱源になるとともに電力変換効率を低下させる原因となる．

1・2・3　電力変換器で使用される電力用半導体素子

[1] ダイオード

図 1・18 に示すようにダイオードは 2 端子素子であり，それぞれアノード（A），カソード（K，本来は Cathode の略なので C とすべきであるが，トランジスタのコレクタ C と混同する恐れがあるため K とする）と呼ばれる．外部からターンオンやターンオフを制御することはできないが，アノードの電位がカソードの電位より高くなる順バイアス状態でターンオンし，アノードからカソードへ向けて通流する．これに対し，カソードの電位がアノードより高い逆バイアス状態ではターンオフし，基本的に電流は流れない．電力変換器用のダイオードは電圧定格 500～6 000 V，電流定格 800～5 000 A 程度のものが製造されており，電力変換器の装置容量に応じて適宜選択される．

(a) ダイオードの素子記号

(b) ダイオード絶縁モジュールの外観

図 1・18　ダイオード

図 1・19 はダイオードの I–V 静特性を示したものである．第一象限に相当するオン状態では順方向電圧降下（フォワードドロップ）V_F が生じるため導通損が発生する．この順方向電圧降下は一般的な pn 接合形ダイオードの場合，小信号

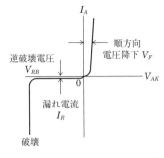

図 1・19　ダイオードの I–V 静特性

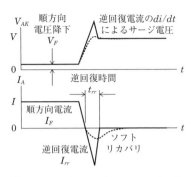

図 1・20　ダイオードのターンオフ時動特性

用ダイオードで 0.7 V 前後にとどまるが，高耐圧の電力用ダイオードでは 2 V を超えることもあるので導通損の増大に注意を払わねばならない．もし，順方向電圧降下をもっと小さくしたいのであれば，ショットキーバリヤダイオードを選択すればよく，定格電流が数百 A でも $V_F=0.6$〔V〕程度のものが入手可能である．ただし，一般的にこの種のダイオードは最大でも 100 V 程度と耐圧が低く，逆方向漏れ電流も大きいので使用に際して注意を要する．一方，第三象限は逆破壊電圧 V_{RB} までごくわずかな漏れ電流 I_R が流れるだけでオフ状態を維持できることを示している．

　ダイオードはターンオンやターンオフを能動的に制御できない半導体素子であるが，いずれの状態遷移期間中も端子間電圧波形と通流電流波形に重なりが生ずるためスイッチング損が発生する．また，ダイオードのスイッチングにおいてさらに大きな問題となるものが逆回復（リバースリカバリ）動作である．これは順バイアスがかかってオン状態にあったダイオードが，逆バイアス状態に切り換わることによりターンオフして耐圧が確保される状態へ復帰する動作を指す．この状態遷移の途中でカソードからアノードへ向けて図 1・20 に示すようなインパルス状の過大な逆回復電流 I_{rr} が流れ，スイッチング損をさらに悪化させる．特に，I_{rr} はその尖頭値だけでなく di/dt が非常に大きいため，アノードやカソード端子に存在する線路インダクタンスによって高いサージ電圧を発生させる原因にもなる．このため，ソフトリカバリと称して逆回復電流の尖頭値と di/dt を抑制したダイオードも製造されている．また，ファストリカバリをうたったダイオードも製造されており，逆回復時間 t_{rr} が 30〜100 ns のものが入手可能である．ダイ

オードのスイッチング周波数は上記の t_{rr} だけでなく, ターンオン損失, ターンオフ損失, さらには逆回復損失の合計を考慮してトレードオフで決めるべきものである.

〔2〕**BJT**（Bipolar Junction Transistor）

BJT は pn 接合を 2 組もったトランジスタであり, 電力変換器では大きな電力を取り扱えるように高耐圧, 大電流化を図った npn 形のものが使用される. 電力変換器用 BJT は電圧定格 100～800 V, 電流定格 1～300 A 程度のものが製造されている.

図 1·21 に示すように BJT はコレクタ（C）, エミッタ（E）, ベース（B）の 3 端子をもち, コレクタとエミッタ間をスイッチとして利用する. ベースはスイッチング信号を与える端子であり, ベースからエミッタに向けてベース電流 I_B を流すことによりターンオンするが, I_B を流さなければオフ状態を保つ. したがって, BJT は電流駆動形の半導体素子であり, I_B によってターンオンとターンオフを制御することができる.

図 1·22 は BJT の I-V 静特性を示したもので, 第一象限のみでスイッチングを行う. すなわち, I_B を流さないオフ状態は BJT の遮断領域を利用したものであり, 逆に十分な I_B を流すことによって BJT を飽和領域で動作させオン状態に移行する. BJT はこれら二つの領域だけを使うことによってスイッチング動作を実現する. コレクタ電流 I_C を完全に通流, 遮断するためには, $h_{FE}I_B \geq I_C$ を満足する I_B をベースに流す必要がある. この h_{FE} は直流電流増幅率と呼ばれ, BJT のデータシートから最悪値を読み取って I_B の決定に利用するが, BJT を確実にスイッチングさせるための重要なパラメータである. 一般的には電力用シン

(a) BJT の素子記号　　(b) BJT 絶縁モジュールの外観

図 1·21　npn 形 BJT　　　　　　図 1·22　BJT の I-V 静特性

グル BJT の h_{FE} は 10～100 と低いため数 A 以上のベース電流を流さなくてはならず，ドライブ回路を大形化させ消費電力も増大させる要因となる．

BJT がターンオンしたときのコレクタ・エミッタ間のオン電圧（飽和電圧）V_{CESat} は高耐圧の素子でも 0.5 V 程度と比較的小さく，導通損を抑制するのに効果的である．一方，BJT がターンオフするとコレクタ電位がエミッタ電位よりも高い順方向にのみ耐圧をもち，μA オーダのごくわずかな漏れ電流が流れるのみである．逆に，I-V 静特性の第三象限に当たる領域はエミッタ電位がコレクタ電位を上回る電圧印加条件であるが，BJT はベース・エミッタ間と同程度の逆耐圧しかもっていないため 5～7 V の電圧でも破壊に至る．ただし，多くの電力変換器用 BJT はコレクタ・エミッタ間に逆並列ダイオードが接続されたモジュールとして製造されており，逆バイアスをかけても逆並列ダイオードがターンオンするので，その順方向電圧降下分の電圧が BJT に印加されるだけで破壊するようなことはない．

次に，BJT のスイッチング動特性を図 1・23 に示す．高速なスイッチングを実現するため，ターンオン時にはオン状態を維持するのに必要な値よりも多めのベース電流を流すオーバドライブが行われる．これによりシングル BJT であれば 1～3 μs でターンオンを完了する．逆にターンオフはベース・エミッタ間に蓄積された電荷が問題となり，単純に I_B を 0 A としただけでは短時間でターンオフできない．このため，ターンオフの期間中のみベース・エミッタ間に逆バイアスをかけて高速に蓄積電荷を引き抜く手法がとられ，これを用いると 5～10 μs でターンオフを完了することができる．BJT を電力変換器に用いた場合，そのス

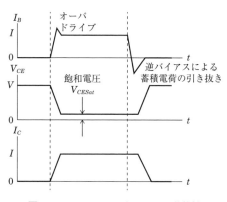

図 1・23 BJT のスイッチング動特性

イッチング周波数は 1〜5 kHz の範囲に設定するのが一般的である．BJT は 1970 年代終盤から種々の電力変換器に盛んに用いられたが，その後，1980 年代後半の IGBT の普及により現在ではあまり使われなくなった．

〔3〕MOSFET（Metal Oxide Semiconductor Field-Effect Transistor）

　MOSFET は電界効果形トランジスタの中で最も広く使用されている半導体素子である．電力変換器ではもっぱら n チャネル形 MOSFET が使用され，高耐圧，大電流化が図られている．しかし，高耐圧，大電流といっても後述する IGBT には後塵を拝しており，電圧定格で 100〜1 200 V，電流定格で 10〜300 A 程度のものしか製造されていない．これは，MOSFET の性質上，高耐圧化を図るほどオン抵抗 R_{on} が大きくなって導通損の点で優位性を失うからである．また，IGBT に比べて電流密度を大きくとることも難しく，チップ面積の拡大にも限界があるためである．

　図 1・24 に示すように，MOSFET はドレイン（D），ソース（S），ゲート（G）をもつ 3 端子素子であり，ゲートに入力するスイッチング信号によってスイッチの役割を果たすドレイン・ソース間を制御する．基本的に MOSFET は電圧駆動形の半導体素子であり，ソースを基準電位としたゲート電圧 V_{GS} によってターンオンとターンオフを制御することができる．換言すると，MOSFET のゲート入力インピーダンスはきわめて大きく，ゲート・ソース間は数千 pF の容量性とみなすことができる．このため，V_{GS} の変化があるときだけゲート電流 I_G が流れ，オン状態やオフ状態を維持するために定常的な電流はほとんど流れない．この点が BJT と大きく異なり，電圧駆動であることがドライブ回路の小形化と低消費電力化に大きく貢献する．図 1・24 に示した MOSFET の回路記号にはドレイン・ソース間に逆並列接続されたダイオードが描かれているが，これは

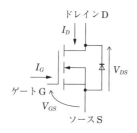

(a) MOSFET の素子記号

(b) MOSFET 絶縁モジュールの外観

図 1・24　n チャネル形 MOSFET

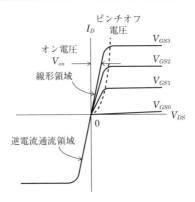

図 1・25 MOSFET の I–V 静特性

　MOSFET の構造上，必ず寄生的に生成されるダイオードであり切り離すことはできない．これをボディダイオードと呼ぶが，後述のようにスイッチング特性は決して良くない．

　次に，MOSFET の I–V 静特性を図 1・25 に示す．前述のように MOSFET はゲート・ソース間電圧 V_{GS} を印加することによりオン状態となり，ピンチオフ電圧以下ではわずかなオン電圧を残してドレイン・ソース間が導通する．V_{GS} には許容印加電圧（耐圧）が規定されており 10～30 V のものが多い．これを超えない範囲で V_{GS} を印加して MOSFET を完全にターンオンさせなければならない．MOSFET の V_{GS} に対するドレイン電流 I_D の比を伝達コンダクタンス g_m と呼び，I_D を完全に通流，遮断するためには

$$g_m V_{GS} \geq I_D \tag{1・10}$$

を満足する V_{GS} を印加する必要がある．このとき，MOSFET の R_{on}，I_D とドレイン・ソース間のオン電圧 V_{on} について次式が成立する．

$$V_{DS} = V_{on} = R_{on} I_D \tag{1・11}$$

　このような MOSFET の動作領域を線形領域と呼び，オン状態にある MOSFET は抵抗素子とみなせるので，R_{on} が導通損を決めるといっても過言ではない．R_{on} を小さくするためにスーパージャンクションという微細構造をもった MOSFET も開発されているが，後述する寄生容量が大きくなるためスイッチング速度が遅くなる傾向がある．一般的には MOSFET の導通損低減とスイッチングの高周波化とはトレードオフの関係にある．なお，MOSFET のドレイン・ソース間は正の温度係数をもつ抵抗とみなすことができるので，BJT のように

二次降伏現象は起こらない．一方，ソースを基準電位としてゲート・ソース間に $V_{GS}≤0$ の電圧を印加した場合，MOSFET はターンオフし，わずかな漏れ電流を残してドレイン・ソース間を遮断する．V_{GS} にはしきい値もあり，多くの MOSFET はエンハンスメント形でしきい値電圧 V_{th} が 1～5 V となるように製造されている．オフ状態の V_{GS} に十分なノイズマージンをもたせる場合はゲート・ソース間を短絡するのみでなく逆バイアス電圧を印加する．

図 1・25 の I–V 静特性は MOSFET の動作が第一象限だけでなく第三象限でもほぼ同等の特性をもつことを示している．すなわち，MOSFET はドレイン電流 I_D に関しては双方向性を有しており，この性質を利用して MOSFET を同期整流に用い導通損を抑制することができる．このような使用条件において I_D の通流経路は，前述のボディダイオードに通流するか，MOSFET 本体を逆流するかのどちらかであるが，電流値が小さなときはボディダイオードの順方向電圧降下よりも式 (1・11) で示される MOSFET 本体の V_{on} の方が小さくなるため，MOSFET 側に通流して導通損を低減することができる．逆に，ボディダイオードの順方向電圧降下が MOSFET 本体の V_{on} より小さくなるくらい電流値が大きくなった場合は，同期整流による導通損低減効果は得られないうえ，ボディダイオードの通流完了に伴うターンオフ時に過大な逆回復電流 I_{rr} が流れてスイッチング損を増大させる．このように MOSFET に寄生するボディダイオードは逆回復特性がきわめて悪いので注意を要する．

図 1・26 に MOSFET をスイッチングする際に問題となる寄生容量を示す．C_{GS} や C_{GD} は酸化膜ゲート構造に由来する静電容量であり，C_{DS} はボディダイオードの接合容量に由来するものである．MOSFET のデータシートなどで入力容量 C_{iss}，出力容量 C_{oss}，帰還容量 C_{rss} と表記されているものはそれぞれ，$C_{iss} = C_{GS} + C_{GD}$，$C_{oss} = C_{GS} + C_{DS}$，$C_{rss} = C_{GD}$ である．一般に C_{iss} は数千 pF のオーダであり，そのうち C_{rss} は比較的小さいので C_{GS} が支配的といえる．この C_{iss} は MOSFET のゲート信号に直接かかわり，ターンオン時間に重大な影響を及ぼす．すなわち，ドライブ回路から出力されるスイッチング信号は，ゲートに接続されたゲート抵抗 R_G と C_{iss} による時定数で緩慢に立ち上がる波形となるため，ターンオン時間中のゲートし

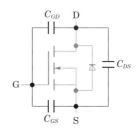

図 1・26　MOSFET の寄生容量

きい値電圧 V_{th} に達するまでの時間に遅れが生じる．その後も C_{iss} が原因でゲート・ソース間電圧 V_{GS} は緩やかに上昇するので，大きなドレイン電流 I_D を線形領域で通流できるようになるまでに時間を要し，結果的にオン状態への移行を遅くすることとなる．ターンオフについても同様に C_{iss} が原因で V_{GS} の立下りに時間がかかり，V_{GS} がゲートしきい値電圧 V_{th} に達するまでに遅れが生じる．しかし，ターンオフ動作で C_{iss} よりも問題視すべき寄生容量は C_{oss} である．MOSFET がターンオフするとそれまで流れていた I_D が遮断されるため，I_D はドレイン・ソース間の寄生容量 C_{DS} の充電を開始する．I_D の値が比較的小さな場合は C_{DS} を充電するのに相当の時間を要するため，結果的にドレイン・ソース間電圧 V_{DS} の立上りを緩慢にする．なお，R_G はドライブ回路からゲートへ至る線路のインダクタンスと C_{iss} による共振の防止や，C_{iss} に対する突入電流の抑制，サージ電圧やコモンモードノイズ電流に影響するスイッチング速度の抑制などを目的に挿入されるものであり，通常，数Ω～数百Ωの抵抗素子が用いられる．

　図 1・27 は MOSFET のスイッチング動特性を示したものである．まず，ターンオンであるが，入力容量 C_{iss} の充電に従いゲート・ソース間電圧 V_{GS} がしきい値電圧 V_{th} まで上昇したところでドレイン・ソース間が導通し始めドレイン，ソース間電圧 V_{DS} は急激に下降する．V_{GS} と V_{DS} が等しくなった頃からミラー効果が顕著となり V_{GS} は一定のまま V_{DS} をさらに低下させる．このミラー効果期間の終了とともにドレイン・ソース間のオン抵抗 R_{on} は最低となって，MOSFET は完全にオン状態となる．次に，ターンオフは C_{iss} に充電された電荷の放電により開始される．V_{GS} が低下しミラー効果期間に入ると，V_{GS} は一定のまま V_{DS} は

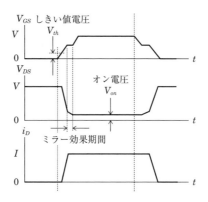

図 1・27　MOSFET のスイッチング動特性

徐々に上昇し始め，V_{GS} と V_{DS} が等しくなった頃にミラー容量が急激に小さくなる．これ以降はミラー容量が急速に充電されるので V_{DS} は急峻に立ち上がってオフ状態に移行する．ただし，MOSFET の出力容量 C_{oss} が大きかったり，ドレイン電流 I_D が小さかったりすると，V_{DS} の上昇は C_{oss} の充電により抑制されるので，特に高周波スイッチングなどの応用では注意を要する．MOSFET を電力変換器に用いた場合，そのスイッチング周波数は 10～300 kHz 程度で使用するのが一般的である．

〔4〕 IGBT（Insulated Gate Bipolar Transistor）

IGBT は絶縁ゲートバイポーラトランジスタという名称が示すとおり，ゲートは MOSFET と同様の構造をもち，スイッチとして使用する部分は BJT として動作する．したがって，IGBT は図 1・28 に示すようにコレクタ (C)，エミッタ (E)，ゲート (G) の3端子をもち，コレクタ・エミッタ間をスイッチとして利用する．ゲートはスイッチング信号を与える端子であり，エミッタを基準電位としてゲート電圧 V_{GE} を加えることによってターンオンとターンオフを制御することができる．このように，IGBT は MOSFET と同様に電圧駆動形半導体素子であるため，ドライブ回路を小形化できると同時に低消費電力化できる．V_{GE} には 20 V 程度の許容印加電圧（耐圧）が規定されているので，これを超えない範囲（通常は 15 V）で駆動するようにドライブ回路を設計する．なお，図 1・28 は IGBT の正式な素子記号ではないが，広く一般に使用されているので本書ではこの素子記号を使用する．

IGBT と MOSFET の大きな違いは次のように要約される．MOSFET の場合，線形領域のオン状態では式(1・11)に示したように抵抗素子とみなせるためドレイン電流 I_D が大きくなるほどオン電圧 V_{on} が増加するのに対し，IGBT では飽和

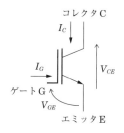
(a) IGBT の素子記号

(b) IGBT 絶縁モジュールの外観

図 1・28　IGBT

電圧 V_{CESat} がコレクタ電流 I_C にあまり依存せず，ほぼ一定とみなすことができる．また，MOSFET よりも IGBT の方が電流密度を高くすることが可能で，IGBT のオン電圧がほぼ一定であることも考慮すると，大きな電流が通流するほど MOSFET よりも導通損を低減することができる．一方，オフ状態においては耐圧をもたなければならないが，前述のように MOSFET は高耐圧化を図るほどオン抵抗 R_{on} が大きくなるので，ターンオン状態の導通損を考えると MOSFET の高耐圧化は容易ではない．これに対し，IGBT はオン電圧にほとんど影響を及ぼすことなく定格電圧を高くすることができる．一般に高電圧の応用には IGBT，低電圧の応用には MOSFET が有利とされており，その境界は 300〜400 V であるといわれている．

　図 **1・29** は IGBT の I–V 静特性である．IGBT は MOSFET と異なり第一象限のみで動作する素子であり，BJT と同様に遮断領域と飽和領域のみを利用してスイッチングを行う．IGBT は MOSFET のようにコレクタ・エミッタ間に寄生ダイオードをもたないので，第三象限においてはわずか数 V の電圧を印加しただけでも破壊に至る．ただし，多くの電力変換器用 IGBT はコレクタ・エミッタ間に逆並列ダイオードが接続されたモジュールとして製造されているので，逆電圧を印加しても破壊に至るようなことはない．IGBT の I–V 静特性において特徴的な点はオン状態のビルトイン電圧 $V_{CEBuilt}$ である．これは 0.7 V ほどのコレクタ，エミッタ間電圧であり，ダイオードの順方向電圧降下のような働きをするもので，IGBT の耐圧によらずほぼ一定の値をとる．IGBT の $V_{CEBuilt}$ は定格電圧（耐圧）が高くなるほど相対的に小さくなるため，IGBT は MOSFET よりも高電圧用途に適しており，I_C が小さな範囲では導通損が MOSFET に比べて大きくなる．IGBT はコレクタ・エミッタ間が BJT と同様の構造をもつため，等価的に負の温度係数をもつ抵抗とみなすことができる．このため，オフ状態における二次降伏には注意を要する．電力変換器用 IGBT は電圧定格 600〜6 500 V，電流定格 50〜1 500 A 程度のものが量産されていて，いまや電力変換器用半導体素子の代名詞にまでなっている．

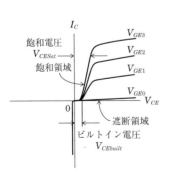

図 1・29　IGBT の I–V 静特性

図 **1・30** は IGBT のスイッチング動特性を例

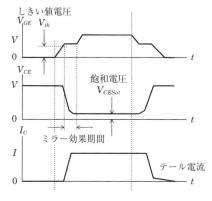

図 1・30 IGBT のスイッチング動特性

示したもので，ゲート・エミッタ間電圧 V_{GE}，コレクタ・エミッタ間電圧 V_{CE}，コレクタ電流 I_C は MOSFET に類似した過程を経て変化する．すなわち，ターンオンにおいてゲート・エミッタ間に存在する寄生容量 C_{GE} の充電が開始されると，V_{GE} がゲートのしきい値電圧 V_{th} に達するまではコレクタ・エミッタ間は非導通である．V_{GE} が V_{th} を超えると同時にコレクタ・エミッタ間の導通が始まって，I_C の通流開始とともに V_{CE} が急激に低下し始める．ミラー効果期間に入っても V_{CE} の下降は止まらず，V_{GE} と V_{CE} がほぼ等しくなった時点でミラー容量が急激に小さくなり，IGBT のコレクタ・エミッタ間は飽和状態に移行する．ターンオフも MOSFET と同様にターンオンと逆の過程をたどるが，ミラー効果期間が終了した頃から I_C のテール電流が流れる点が特徴的である．このテール電流は V_{CE} が十分高くなった後でも流れるため，IGBT のターンオフ損失を悪化させる大きな要因である．なお，IGBT を使用した電力変換器ではスイッチング周波数を 5～20 kHz の範囲に設定するのが普通である．

〔5〕 **IPM（Intelligent Power Module）**

IPM は多機能集積化電力用半導体モジュールのことであり，半導体素子の名称ではないが小容量電力変換器には頻繁に利用されるのでここで紹介しておきたい．図 1・31 に例示するように，多くの IPM は三相フルブリッジ電圧形インバータの主回路のほか，そのドライブ回路や各種保護回路までを一つの絶縁モジュール中に集積化したもので，電磁ノイズの発生原因とされる主回路配線の最適化が施されている．また，ドライブ回路についてはチャージポンプ回路やブースト

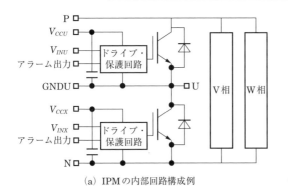

(a) IPMの内部回路構成例　　　　(b) IPM絶縁モジュールの外観

図 1・31　IPM

トラップ回路を内蔵して，上アームの半導体素子を駆動するための絶縁電源を確保しているものも存在する．この場合は上アームドライブ回路のために絶縁電源を外部で用意する必要がなくなる．IPMの電力用半導体素子にはもっぱら逆並列ダイオード付きIGBTが採用されており，電圧定格400～1 200 V，電流定格10～400 A程度の絶縁モジュールが製造されている．IPMには単純な三相フルブリッジ電圧形インバータだけでなく，三相フルブリッジダイオードレクティファイアやチョッパまで一つの絶縁モジュールに組み込んだものもあるので，用途に応じて適切な主回路構成を選択することができる．さらに，制御回路から送られてくるIGBTのスイッチング信号を直接取り込むことができるようなインタフェース回路も内蔵されており，電力変換器全体の構成を簡素化することができる．

IPMで特徴的な点は各種保護機能が充実していることである．例えば，上下アーム短絡，過電流，電源電圧低下，過熱などの検出を行う専用ICがモジュール内に埋め込まれており，主素子の保護動作時にはゲート電圧V_{GE}の絞込みや遮断を行う．このような保護回路が働くと制御回路に対してアラーム信号を出力するような機能も付属している．

1・2・4　MOSFET，IGBTのドライブ回路とスナバ

〔1〕MOSFET，IGBTのドライブ回路

前述のとおり，MOSFETやIGBTは電圧駆動形半導体素子であり，ゲートの入力インピーダンスはきわめて高いため，定常的なゲート電流I_Gはほとんど流

れない．しかし，ゲート・ソース（エミッタ）間には図 1・26 に示したような寄生容量が存在するため，その充放電に際して過渡的な I_G が流れる．この寄生容量とドライブ回路からゲートに至る線路のインダクタンスによる共振を抑制するとともに，寄生容量に対する突入電流を抑制する目的で，MOSFET や IGBT のゲートにはゲート抵抗 R_G が挿入される．I_G はターンオンとターンオフのときだけ流れ，ほぼ R_G とゲート・ソース（エミッタ）間の寄生容量 C_{GS}（C_{GE}）で決まる時定数で指数関数的に減衰する．いま，この指数関数的に減衰する I_G を鋸歯状波とみなして，ターンオンに必要な R_G を求めてみよう．MOSFET のターンオン時間を t_r，スイッチング周波数を f_s とすると，MOSFET や IGBT のゲート電荷 q_G は次式で近似することができる．

$$q_G = \frac{1}{2} I_{Gpk} t_r \tag{1・12}$$

ここで，q_G はデータシートから得られる値であり，I_G はそのピーク値 I_{Gpk} から 0 まで線形に t_r で減少する鋸歯状波であると仮定する．したがって，必要な R_G はゲート電圧 V_{CC} から次式で求められ，これより小さな値でなければならない．

$$R_G = \frac{V_{CC}}{I_{Gpk}} = \frac{V_{CC} t_r}{2 q_G} \tag{1・13}$$

電圧駆動形半導体素子である MOSFET または IGBT はオン状態を維持するために I_G を流し続ける必要がないので，R_G の消費電力はデューティサイクル D には無関係で，近似的に $V_{CC} q_G f_s$ と表され f_s に比例する．

このほか，ゲート耐圧を超えるような過電圧がゲート・ソース（エミッタ）間に印加されないよう，ツェナーダイオード ZD_1，ZD_2 を用いた保護回路も実装される．また，電源遮断時にゲート・ソース（エミッタ）間の寄生容量にたまった電荷を放電するため，R_G に影響を及ぼさない程度の抵抗値（5 kΩ 前後）をもった放電抵抗 R_1 も接続する必要がある．これにより，MOSFET や IGBT のゲートを静電破壊から保護することができる．

図 1・32 と図 1・33 は MOSFET と IGBT に共通したドライブ回路の例を示したものである．図 1・32 の構成はソース（エミッタ）を基準電位として，ターンオン時に正のゲート電圧 V_{CC} を加え，ターンオフ時に 0 V とするユニポーラ駆動の場合である．これに対して，図 1・33 はターンオン時に正のゲート電圧 V_{CC} を加え，ターンオフ時には負のゲート電圧 $-V_{EE}$ でゲートを逆バイアスするバイ

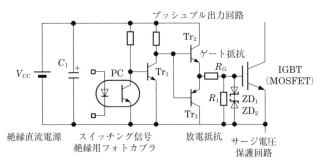

図 1・32 MOSFET, IGBT のドライブ回路（ユニポーラ駆動）

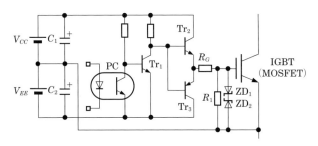

図 1・33 MOSFET, IGBT のドライブ回路（バイポーラ駆動）

ポーラ駆動の回路である．ユニポーラ駆動はドライブ回路の部品点数も少なく，二つの絶縁電源が必要ないためコスト的に有利であるが，ゲートのしきい値電圧 V_{th} は 1～5 V と低いことが多く，オフ状態におけるノイズマージンが小さいので実装に注意を要する．特に，主素子のスイッチングに伴う高い dV_{DS}/dt や dI_D/dt（dV_{CE}/dt や dI_C/dt）によってゲート電圧が励振されることがあるため，ユニポーラ駆動の場合は誤ってターンオンしないようにドレイン（コレクタ）やソース（エミッタ）周辺の線路インダクタンスを低減するよう慎重に設計しなければならない．ドライブ回路の電源電圧は各半導体素子のデータシートに記載されている値を参考に設定するが，ゲート・ソース（エミッタ）間 V_{GS}（または V_{GE}）には許容印加電圧（耐圧）が規定されているので，それを遵守する．一般に，MOSFET の場合 V_{CC} と V_{EE} を 5～20 V，IGBT では 10～20 V とすることが多い．

〔2〕スナバ

　電力変換器の主回路は電力用半導体素子とインダクタ，キャパシタなどの受動

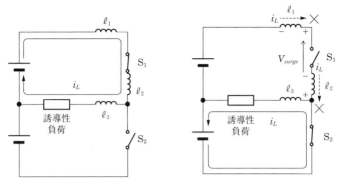

図 1・34 ターンオフ時のサージ電圧

素子から構成されるが,それぞれの素子を接続する線路も重要な構成要素である.主回路の配線の仕方によっては主素子がスイッチングする際にサージ電圧が発生し,その過電圧が原因で主素子の破壊をもたらすこともあるので,主回路の実装は熟考のうえ行わなければならない.

図 1・34 は最も単純な単相ハーフブリッジ電圧形インバータの主回路である.ここでは主素子として理想スイッチが描かれているが,実際には逆並列ダイオードをもつ BJT,MOSFET,IGBT などの電力用半導体素子が用いられる.前述のように理想スイッチ S_1 と S_2 は相補的スイッチングを行うので,S_1 がオン状態にあるときは S_2 がオフ状態になる.この場合,上アームの直流電源から線路インダクタンス ℓ_1,S_1,線路インダクタンス ℓ_2,線路インダクタンス ℓ_3,誘導性負荷を通じて負荷電流 i_L が流れているとしよう.$\ell_1 \sim \ell_3$ の線路インダクタンスには i_L^2 に比例したエネルギーが蓄えられ,i_L を流し続けようとする作用が働く.しかし,S_1 がターンオフすると,極短時間で ℓ_1 や ℓ_2 に流れていた電流はその経路が絶たれ,ターンオフの直前まで ℓ_1 と ℓ_2 に蓄積されていたエネルギーの放出ができなくなる.ℓ_1 と ℓ_2 には S_1 のターンオフ後も電流を流し続けようとする反作用として図のような極性で大きな誘導起電力が生ずる.この誘導起電力がターンオフした S_1 の両端に尖頭値が高いインパルス状のサージ電圧 V_{surge} となって現れる.

一方,ℓ_3 にも i_L^2 に比例したエネルギーが蓄えられるが,S_1 がターンオフすると同時に相補的スイッチングにより S_2 がターンオンするため,下アームの直流電源を通じて閉回路が構成され電流経路が確保される.このため,ℓ_3 に蓄えら

図 1・35　三相フルブリッジ電圧形インバータの主回路実装例

れていたエネルギーは下アームの直流電源に回収され S_1 にサージ電圧を発生させることはない．また，誘導性負荷のインダクタンスに蓄えられていたエネルギーも同様に下アームの直流電源に回収される．このように，電圧形インバータでは直流電源側と交流負荷側で線路インダクタンスのふるまいが大きく異なる．主素子のターンオフに伴って生ずるサージ電圧を未然に防止するためには，直流電源側の線路を無誘導化するような主回路構成とすることが肝要である．図 1・34 の回路で直流電源側線路の無誘導化は上アームと下アームの閉回路をそれぞれ小さなループとすることで達成できる．換言すれば，直流電源の正端子における電流振幅と負端子における電流振幅は必ず等しく極性だけが逆であるが，このように同じ振幅で逆方向の電流が流れる線路同士を密着させることによって，お互いの電流が作る磁界を打ち消すことができるため無誘導化することができる．例えば，直流電源側線路をツイストペアやサンドイッチバス（母線）とすることで線路インダクタンスを低減することが可能である．

図 1・35 は三相フルブリッジ電圧形インバータの主回路実装例を示したものである．黒い円筒形のものが直流バスの平滑キャパシタであり，銅で作られたバスバーで 3 個の平滑キャパシタが並列接続されている．この直流電源側線路は，テフロン樹脂シートを挟んで密着した 2 枚の P バスバーと N バスバーからなっており，サンドイッチバスを構成していることがわかるであろう．

　以上のような主素子ターンオフ時のサージ電圧対策を施して，なおもサージ電

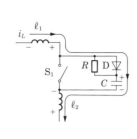 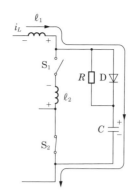

（a）素子個別充放電形RCDスナバ　　（b）レグ一括充放電形RCDスナバ

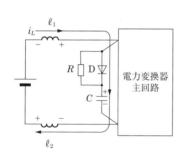 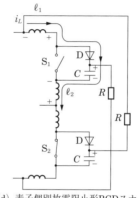

（c）全素子一括充放電形RCDスナバ　　（d）素子個別放電阻止形RCDスナバ

図1・36　RCDスナバの実装方法

圧が発生するような場合は，スナバと呼ばれるサージエネルギー吸収回路を主回路に設置する．スナバには種々の回路が存在するが，図1・36に抵抗器，キャパシタ，ダイオードからなる代表的なRCDスナバを示す．(a)は充放電形RCDスナバを各主素子に設ける場合であり，最もサージ電圧を抑制する効果が高いが，後述する放電阻止形RCDスナバよりスナバ損失が大きくなる．(b)は電圧形インバータのように上下アームで主回路が構成される場合に，レグごとに充放電形RCDスナバを設ける簡易手法である．(c)は(b)をさらに簡略化したもので，三相フルブリッジ電圧形インバータのような主回路構成に対して一つの充放電形RCDスナバだけで一括対処する場合である．(d)は放電阻止形RCDスナバで，スナバ損失が過大にならず高周波スイッチングにも適用できる．どの方式を採用

するかは，サージ電圧の度合いや回路構成の複雑さとコストによって決めるべきである．

図1・36(a)の充放電形RCDスナバを例にとってサージ電圧抑制動作を説明してみよう．まず，主素子S_1がターンオフすると線路インダクタンスℓ_1, ℓ_2にはスナバを通じて閉回路が提供される．すなわち，ℓ_1やℓ_2に流れていた電流i_LはS_1からスナバ内のDとCからなる直列回路に転流し，ℓ_1, ℓ_2に蓄えられていたエネルギーがDを通じてCに転送される．これによりℓ_1, ℓ_2に対して電流経路とともに蓄積されたエネルギーの放出先も与えられるため，ターンオフしたS_1の両端にサージ電圧が発生することはなくなる．続いて，S_1がターンオンすると，CとRによる閉回路が構成されるので，Cに転送され一時的に蓄えられたサージエネルギーはRによって消費されるとともに，主素子のオン電圧によって導通損としても消費される．このように充放電形RCDスナバでは結果的にサージエネルギーがすべて熱となって消費されるため，電力変換器の電力変換効率を悪化させる原因となる．次式は充放電形RCDスナバのスナバ損失P_{snb}を定式化したもので，ℓはサージ電圧を発生させる線路インダクタンスの総和，i_Lは理想スイッチがターンオフする際に流れていた負荷電流，V_{DC}は直流バス電圧，f_sはスイッチング周波数である．

$$P_{snb} = \left(\frac{1}{2}\ell i_L^2 + \frac{1}{2}CV_{DC}^2\right)f_s \tag{1・14}$$

前述のように，P_{snb}は電力変換効率を悪化させる要因であるため，抜本的にサージ電圧が発生しにくい主回路構成とすることが最も重要である．これに対し，Cに転送したサージエネルギーを直流電源に返還する回生スナバを用いれば，サージ電圧対策に伴う損失を軽減することができる．

スナバは主回路の電流経路に沿って存在する線路インダクタンスによって発生するサージ電圧を抑制する回路であるから，主素子の極近傍に設置せず離れた場所に実装しても効果が得られない．なぜならば，主素子とスナバ間の配線インダクタンスがスナバ内のCへの電流を阻害するからである．また，スナバ内のDには高速なターンオンとターンオフ特性をもつファストリカバリダイオードを用い，Cの端子電圧に対して十分な耐圧を確保したものを選定しなければならない．さらに，CにはESR（等価直列抵抗）が小さく周波数特性の良いフィルムキャパシタやセラミックキャパシタを用い，サージエネルギーの吸収，放出が高

速にできるものを選定する．一方，スナバ内の R は C のサージエネルギー吸収動作には関係ないが，C がエネルギーを放出する際に重要な役割を果たす．このため，R には無誘導抵抗を用い，主素子のオン期間にすべての吸収したエネルギーを消費できるような抵抗値と電力定格をもつものが必要である．

前記した図 1・35 の主回路実装例では，直流バスとヒートシンクの間に置かれた主素子の上面にプリント基板を用いて直接実装された個別スナバが見える．このようにスナバは主素子の極近傍に実装すべきものであり，その実装設計にあたっては配線インダクタンスの影響を十分に考慮する必要がある．

なお，RCD スナバよりさらに単純な RC 回路や C だけを主素子に接続する事例が散見されるが，D のような非線形素子が介在しないため，基本的には線路インダクタンスと C による共振（RC 回路の場合はダンピングがかかった共振）が発生するので注意を要する．

1・2・5　AC モータドライブに使用される電力変換器

電力変換器は単なる電力変換を目的とした電源装置だけでなく，電力を最終的に動力へ変換することを目的としたモータ駆動システムにも応用される．モータは電力変換器から入力された電力を動力（機械的パワー）に変換して回転速度とトルクという形で出力する装置である．一般論として，モータの速度起電力（逆起電力）は回転速度に比例し，トルクは電流に比例するので，モータの回転速度は電圧，トルクは電流で制御することができる．回転速度はモータの軸換算イナーシャを介してトルクにより制御することができるので，モータの出力を考えるうえで最も重要かつ本質的な事項はトルクの制御といえる．周知のとおり，モータのトルク発生原理はフレミングの左手則（iBl 則）で説明されるが，これによればトルクは回転子磁束鎖交数とそれに直交する電流の積で表される．したがって，モータ駆動システムにおいては磁束を発生させる電流（磁束分電流）とそれに直交するトルクを発生させる電流（トルク分電流）の両方を同時に制御できることが電力変換器に求められる．

AC モータを可変速駆動するシステムとして図 1・37 に典型的な構成例を掲げた．通常，電源として利用できるものは 50 Hz または 60 Hz の商用交流電源か，バッテリーのような直流電源である．商用交流電源の場合，多くの需要家には単相と三相で配電されており，電圧公称値は単相で 100 V または 200 V，三相で多

33

(a) 商用交流電源とAC/AC直接電力変換器による構成

(b) 商用交流電源とAC/DC/AC電力変換システムによる構成

(c) 直流電源とDC/AC電力変換器による構成

図1・37 ACモータと電力変換器の構成

くの場合200Vまたは400Vとなっている．図1・37(a)は商用交流電源からサイクロコンバータやマトリックスコンバータなどを介して直接的に可変電圧可変周波数（VVVF：Variable Voltage Variable Frequency）の電圧をACモータに印加する構成である．AC/AC直接電力変換器は電力変換を一段で完結することができるため，電力変換効率を高めることができる．特に，三相入力三相出力のAC/AC直接電力変換器においては，入出力の瞬時的なパワーバランスをとることができるのでインダクタやキャパシタのようなエネルギーバッファを内包する必要がない．

図1・37(b)に示した構成はAC/DC/AC電力変換システムを用いてACモータに対しVVVF電源として給電する場合である．この構成ではレクティファイアとインバータによって2段の電力変換を行うため，総合的な電力変換効率を高めることは困難である．また，レクティファイアとインバータの間には直流バスが存在し，両者の入力電力と出力電力の瞬時的な差を緩衝するためにエネルギーバッファとして容量の大きなインダクタやキャパシタを挿入する．

図1・37(b)の構成からインバータ以降を抜き出したものが同図(c)である．このようなDC/AC電力変換器だけからなる構成は自動車や建設機械，搬送ロボットのようにバッテリーを電源とする移動体の応用でよくみられる．

以降,ACモータの可変速駆動システムで最も広く使われるインバータについて詳述する.

1・2・6 三相フルブリッジ電圧形インバータと動作原理

　ACモータ可変速駆動システムの構成は図1・37に示したような形態をとるのが一般的であるが,ACモータと電力変換器の間はもっぱら三相3線式による電力伝送が行われる.すなわち,マトリックスコンバータやインバータが三相のVVVF電源として動作し,三相ACモータに対して任意電圧と任意周波数の三相交流電圧を与えることにより電力から動力(機械的パワー)への変換が行われる.正弦波電圧と正弦波電流を前提とした三相システムは単相システムと比べて,定常状態でも瞬時有効電力の脈動がないため,三相VVVF電源で駆動される三相ACモータは原理的に定常的な瞬時動力の脈動がない.このことは,時間的に変動しない一定の回転速度とトルクが得られることを意味している.前述のとおり,回転速度はモータの軸換算イナーシャを介してモータの出力トルクと負荷外乱トルクの差を積分することにより決まるから,仮に高周波のトルクリプルがあったとしてもイナーシャの平滑作用によって回転速度にほとんど影響しないが,低周波のトルクリプルは回転速度に大きな脈動を発生させる.したがって,低周波のトルクリプルを伴わず一定のトルクを発生できるようにACモータのトルク制御を実現することが肝要である.それでは,実際のACモータ可変速駆動システムで賞用される三相フルブリッジ電圧形インバータについて詳しく検討してみよう.

　図1・38は三相フルブリッジ電圧形インバータの主回路を示したものである.

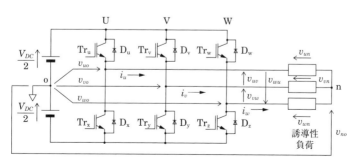

図1・38　三相フルブリッジ電圧形インバータ

各相をU相，V相，W相と呼ぶこととし，前述のように各相の出力端子は三相3線式にてスター結線された誘導性三相平衡負荷に接続されていると仮定する．このインバータは相補的スイッチングを行う2組の逆並列ダイオード付きIGBTで一つのレグを構成し，この構成のレグが各相のために3組用意されている．インバータの直流バス電圧はV_{DC}であるが，以降の説明のためこれを二つに分け，その中点oを基準電位とする．図中のv_{uo}, v_{vo}, v_{wo}はこの直流バス中点oを基準にとったインバータ相電圧で，各相の負荷電流i_u, i_v, i_wは負荷へ流入する向きを正と定義する．また，負荷線間電圧v_{uv}, v_{vw}, v_{wu}も同図に示された向きを正と定義する．

各相レグの動作は単相ハーフブリッジ電圧形インバータと同様で，各相の上下アームは相補的スイッチングを行う．いま，各相上下アームのスイッチング角周波数を$\omega_s = 2\pi f_s$，デューティサイクルを$D = 0.5 = 50$〔％〕とすると，直流バス中点oを基準に考えたインバータ相電圧は$v_L = V_{DC}/2$か$v_L = -V_{DC}/2$の2値をとり得る．このような各相上下アームにおける50％デューティサイクルの相補的スイッチングが行われることで，図1·39に例示するような方形波状のインバータ相電圧が出力される．この例はU相レグの動作を示しており，スイッチング関数S_uはU相レグ上アーム，S_xはU相レグ下アームのスイッチング信号，v_{uo}はU相のインバータ相電圧である．このS_uまたはS_xに対して，V相のスイッチング関数S_vとS_yを$2\pi/3$，W相のスイッチング関数S_wとS_zを$4\pi/3$だけ位相を遅らせて同様の相補的スイッチングを行う．このことを数学的に表現すると次のようになる．

$$\begin{cases} S_u + S_x = 1 \\ S_v + S_y = 1 \\ S_w + S_z = 1 \end{cases} \quad (1 \cdot 15)$$

図1·40に示すように，式(1·15)の相補的スイッチングにより，どのインバータ相電圧も$V_{DC}/2$か$-V_{DC}/2$の2値をとる方形波となる．したがって，v_{uo}, v_{vo}, v_{wo}を各相のスイッチング関数を用いて次のように数学的に表現することができる．

$$v_{uo} = \frac{V_{DC}}{2} S_u + \left(-\frac{V_{DC}}{2}\right) S_x = \frac{V_{DC}}{2}(S_u - S_x) = \frac{V_{DC}}{2}(2S_u - 1)$$

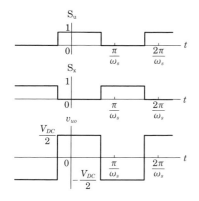

図 1・39 三相フルブリッジ電圧形インバータのスイッチング関数とインバータ相電圧

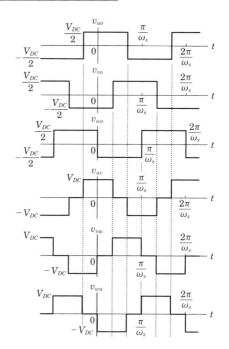

図 1・40 三相フルブリッジ電圧形インバータの6ステップ運転動作波形

$$\begin{cases} v_{vo} = \dfrac{V_{DC}}{2}S_v + \left(-\dfrac{V_{DC}}{2}\right)S_y = \dfrac{V_{DC}}{2}(S_v - S_y) = \dfrac{V_{DC}}{2}(2S_v - 1) \\ v_{wo} = \dfrac{V_{DC}}{2}S_w + \left(-\dfrac{V_{DC}}{2}\right)S_z = \dfrac{V_{DC}}{2}(S_w - S_z) = \dfrac{V_{DC}}{2}(2S_w - 1) \end{cases} \quad (1\cdot 16)$$

一方,このようなインバータ出力電圧を線間でみてみると,負荷線間電圧は各相のインバータ相電圧の差として次のように求められる.

$$\begin{cases} v_{uv} = v_{uo} - v_{vo} = \dfrac{V_{DC}}{2}(2S_u - 1) - \dfrac{V_{DC}}{2}(2S_v - 1) = V_{DC}(S_u - S_v) \\ v_{vw} = v_{vo} - v_{wo} = \dfrac{V_{DC}}{2}(2S_v - 1) - \dfrac{V_{DC}}{2}(2S_w - 1) = V_{DC}(S_v - S_w) \\ v_{wu} = v_{wo} - v_{uo} = \dfrac{V_{DC}}{2}(2S_w - 1) - \dfrac{V_{DC}}{2}(2S_u - 1) = V_{DC}(S_w - S_u) \end{cases} \quad (1\cdot 17)$$

これより,S_u,S_v,S_w は 1 か 0 の値しかとらないので,各線間電圧は V_{DC},0,

$-V_{DC}$ の 3 レベルをとり得ることがわかる．図 1·40 は負荷線間電圧 v_{uv} が基準位相となるようにスイッチングした場合を例示しているが，負荷線間電圧 v_{uv}, v_{vw}, v_{wu} も相互に $2\pi/3$ 位相がずれた交流波形となる．このような三相フルブリッジ電圧形インバータの動作を 6 ステップ運転と呼ぶ．負荷線間電圧 v_{uv} に着目すると，3 レベル動作時の単相フルブリッジ電圧形インバータと同様の 3 レベル電圧波形が得られる．ただし，単相フルブリッジ電圧形インバータの場合は，デューティサイクル D（半周期中 $v_L = V_{DC}$ が出力されている期間の時比率）を変化させる PWC によって出力電圧の振幅制御が可能であるが，三相フルブリッジ電圧形インバータの 6 ステップ運転では $D=2/3=66.7$〔%〕に固定されるので，3 レベル負荷線間電圧の基本波成分 v_{uvf} や高調波成分 v_{uvh} は次式のように振幅が固定された交流電圧となる．例えば，負荷線間電圧 v_{uv} は

$$v_{uv} = \frac{2\sqrt{3}\,V_{DC}}{\pi}\left(\cos\omega_s t - \frac{1}{5}\cos 5\omega_s t + \frac{1}{7}\cos 7\omega_s t - \frac{1}{11}\cos 11\omega_s t + \cdots\right) \tag{1·18}$$

のようにフーリエ級数展開される．したがって，基本波成分 v_{uvf} は

$$v_{uvf} = \frac{2\sqrt{3}\,V_{DC}}{\pi}\cos\omega_s t \tag{1·19}$$

であり，高調波成分 v_{uvh} は

$$v_{uvh} = \frac{2\sqrt{3}\,V_{DC}}{\pi}\left(-\frac{1}{5}\cos 5\omega_s t + \frac{1}{7}\cos 7\omega_s t - \frac{1}{11}\cos 11\omega_s t + \cdots\right) \tag{1·20}$$

である．式 (1·19) が示すように，基本波角周波数である ω_s を制御することにより任意周波数の交流電圧を負荷に出力することができる．しかし，v_{uvf} の振幅は一定で直流バス電圧 V_{DC} により決まった値 $2\sqrt{3}\,V_{DC}/\pi$ となる．したがって，三相フルブリッジ電圧形インバータにおける負荷線間電圧の基本波振幅は，単相フルブリッジ電圧形インバータの最大値 $4V_{DC}/\pi$ に対して $\sqrt{3}/2=86.6$〔%〕にとどまる．一方，式 (1·20) に示されたように v_{uvh} は奇数次高調波から構成されているが，第 3 次高調波をはじめとする 3 の倍数に相当する次数の高調波が完全に消去される．これは U 相のインバータ相電圧 v_{uo} と V 相のインバータ相電圧 v_{vo} に含まれる高調波成分の位相関係に起因する．すなわち，v_{uo} は

$$v_{uo} = \frac{2V_{DC}}{\pi}\left(\cos\omega_s t - \frac{1}{3}\cos 3\omega_s t + \frac{1}{5}\cos 5\omega_s t - \cdots\right) \tag{1·21}$$

のようにフーリエ級数展開されるが，それに対して $2\pi/3$ 位相が遅れた v_{vo} は

$$v_{vo} = \frac{2V_{DC}}{\pi}\left\{\cos\left(\omega_s t - \frac{2\pi}{3}\right) - \frac{1}{3}\cos 3\left(\omega_s t - \frac{2\pi}{3}\right) + \frac{1}{5}\cos 5\left(\omega_s t - \frac{2\pi}{3}\right) - \cdots\right\} \quad (1\cdot 22)$$

のように表される．負荷線間電圧 v_{uv} は式(1·21)と式(1·22)の差であるが，両式中の3の倍数次高調波はすべて同相となるため，その差が0となり線間に現れることはない．このため，$5\omega_s$，$7\omega_s$，$11\omega_s$，$13\omega_s$ などの成分が除去すべき低次高調波として残留し，これら低次高調波除去のほか基本波電圧振幅の制御も目的として各種変調技術が導入される．

三相フルブリッジ電圧形インバータを6ステップ運転した場合の負荷線間電圧 v_{uv} の真の実効値 V_{uvrms}，基本波成分 v_{uvf} の実効値 V_{uvfrms}，高調波成分 v_{uvh} の真の実効値 V_{uvhrms} は簡単に求められ，次式のようになる．

$$\begin{cases} V_{uvrms} = \dfrac{\sqrt{6}\,V_{DC}}{3} & (1\cdot 23) \\[2mm] V_{uvfrms} = \dfrac{\sqrt{6}\,V_{DC}}{\pi} & (1\cdot 24) \\[2mm] V_{uvhrms} = \dfrac{\sqrt{6}\,V_{DC}\sqrt{\pi^2 - 9}}{3\pi} & (1\cdot 25) \end{cases}$$

このように，基本波実効値は固定となるため，VVVF電源としては使用できない．

さて，これまでは直流バス中点oからみたインバータ相電圧と負荷線間電圧に焦点を当ててきたが，負荷中性点nからみた負荷相電圧はどうなるであろう．これを検討するためには直流バス中点oを基準にした負荷中性点nの電位を考えなければならない．三相の誘導性負荷は平衡しているので，負荷中性点nの電位 v_{no} は次式で与えられる．

$$v_{no} = \frac{1}{3}(v_{uo} + v_{vo} + v_{wo}) \quad (1\cdot 26)$$

すなわち，v_{no} は各相のインバータ相電圧 v_{uo}，v_{vo}，v_{wo} を合計した電圧に比例し，これに従って v_{no} の電圧波形を描くと，**図1·41**の4段目のように振幅が $V_{DC}/6$ でインバータ出力電圧の基本波に対して3倍の周波数をもつ方形波となる．このように，直流バス中点oと負荷中性点nの電位は異なるので，これら

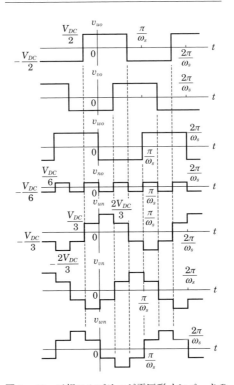

図 1・41 三相フルブリッジ電圧形インバータの
負荷中性点電圧と負荷相電圧

を何も介さずに直接接続することは許されない.

一方,負荷相電圧 v_{un}, v_{vn}, v_{wn} は v_{uo}, v_{vo}, v_{wo} と v_{no} の差で求められる.

$$\begin{cases} v_{un} = v_{uo} - v_{no} \\ v_{vn} = v_{vo} - v_{no} \\ v_{wn} = v_{wo} - v_{no} \end{cases} \tag{1・27}$$

これより,v_{un}, v_{vn}, v_{wn} は図 1・41 の5段目から7段目に描かれたような4レベルの電圧波形となる.この電圧波形は $2V_{DC}/3$,$V_{DC}/3$,$-V_{DC}/3$,$-2V_{DC}/3$ の4レベルをもち,当然のことながら基本波周波数はインバータ相電圧,負荷線間電圧と同じである.前述のインバータ相電圧 v_{uo}, v_{vo}, v_{wo} が2レベルであるのに対し,負荷相電圧 v_{un}, v_{vn}, v_{wn} は4レベルと異なった波形になるが,それぞれの相電圧基本波は同相である.この4レベルとなった負荷相電圧 v_{un} についてフーリエ級数展開を行い,その基本波成分 v_{unf} と高調波成分 v_{unh} について

考察してみよう．

まず，v_{un} は

$$v_{un} = \frac{2V_{DC}}{\pi}\left\{\cos\left(\omega_s t - \frac{\pi}{6}\right) + \frac{1}{5}\cos 5\left(\omega_s t - \frac{\pi}{6}\right)\right.$$
$$\left. + \frac{1}{7}\cos 7\left(\omega_s t - \frac{\pi}{6}\right) + \frac{1}{11}\cos 11\left(\omega_s t - \frac{\pi}{6}\right) + \cdots\right\} \quad (1\cdot28)$$

のようにフーリエ級数展開されるので，基本波成分 v_{unf} だけを取り出すと

$$v_{unf} = \frac{2V_{DC}}{\pi}\cos\left(\omega_s t - \frac{\pi}{6}\right) \quad (1\cdot29)$$

となる．一方，高調波成分 v_{unh} は

$$v_{un} = \frac{2V_{DC}}{\pi}\left\{\frac{1}{5}\cos 5\left(\omega_s t - \frac{\pi}{6}\right) + \frac{1}{7}\cos 7\left(\omega_s t - \frac{\pi}{6}\right) + \frac{1}{11}\cos 11\left(\omega_s t - \frac{\pi}{6}\right) + \cdots\right\}$$
$$(1\cdot30)$$

である．前述のように，負荷線間電圧 v_{uv} は 3 レベルの電圧波形となり，式(1・18)のようにフーリエ級数展開される．v_{uv} の主要な低次調波は $5\omega_s$，$7\omega_s$，$11\omega_s$，$13\omega_s$ などの成分である．これに対して負荷相電圧 v_{un} は 4 レベル電圧波形となるので，一見，THD が改善され正弦波に近づいたようにみえるが，実際には式(1・28)に示したように $5\omega_s$，$7\omega_s$，$11\omega_s$，$13\omega_s$ などの低次調波を多く含んでいる．しかも，負荷線間電圧と負荷相電圧の低次調波は位相が異なるだけで，基本波に対する振幅比はまったく同じであり，何ら THD の改善はなされていない．したがって，負荷相電圧の真の実効値 V_{unrms}，基本波成分 v_{unf} の実効値 V_{unfrms}，高調波成分 v_{unh} の真の実効値 V_{unhrms} は，次のように負荷線間電圧の式(1・23)〜(1・25)に対して単純に $1/\sqrt{3}$ の値となる．

$$\begin{cases} V_{uvrms} = \frac{\sqrt{2}}{3}V_{DC} & (1\cdot31) \\[2mm] V_{uvfrms} = \frac{\sqrt{2}}{\pi}V_{DC} & (1\cdot32) \\[2mm] V_{uvhrms} = \frac{\sqrt{2}\,V_{DC}\sqrt{\pi^2-9}}{3\pi} & (1\cdot33) \end{cases}$$

それでは，以上に述べた負荷相電圧が誘導性負荷に印加されたときの負荷電流 i_u，i_v，i_w について検討してみよう．誘導性負荷の抵抗を R，インダクタンスを

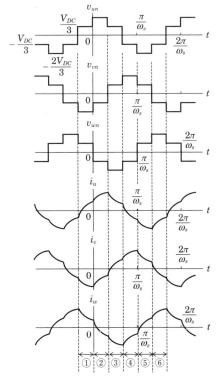

図1・42 三相フルブリッジ電圧形インバータの負荷相電圧と負荷電流

L として，**図1・42**をみながら i_u の周期性を考慮して動作モード①，②，③の繰り返し過渡現象を解くと次式が得られる．まず，動作モード①では

$$i_u = \frac{V_{DC}}{3R}\left\{1 - \frac{2 + e^{-\frac{R}{L}\frac{\pi}{3\omega_s}} - e^{-\frac{R}{L}\frac{2\pi}{3\omega_s}}}{1 + e^{-\frac{R}{L}\frac{\pi}{\omega_s}}} e^{-\frac{R}{L}\left(t + \frac{\pi}{3\omega_s}\right)}\right\} \tag{1・34}$$

次に，動作モード②では

$$i_u = \frac{2V_{DC}}{3R}\left\{1 - \frac{1}{2}\frac{1 + 2e^{-\frac{R}{L}\frac{\pi}{3\omega_s}} + e^{-\frac{R}{L}\frac{2\pi}{3\omega_s}}}{1 + e^{-\frac{R}{L}\frac{\pi}{\omega_s}}} e^{-\frac{R}{L}t}\right\} \tag{1・35}$$

最後に，動作モード③では

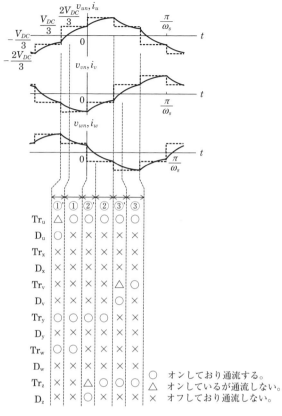

図 1・43 三相フルブリッジ電圧形インバータの IGBT と還流ダイオードの動作

$$i_u = \frac{V_{DC}}{3R}\left\{1 - \frac{-1 + e^{-\frac{R}{L}\frac{\pi}{3\omega_s}} + 2e^{-\frac{R}{L}\frac{2\pi}{3\omega_s}}}{1 + e^{-\frac{R}{L}\frac{\pi}{\omega_s}}} e^{-\frac{R}{L}\left(t - \frac{\pi}{3\omega_s}\right)}\right\} \tag{1・36}$$

となる．なお，動作モード④〜⑥については，式(1・34)〜(1・36)の極性を反転すればよい．各相とも誘導性負荷が接続されているため，負荷相電圧に対して遅れ位相の電流が流れる．

負荷電流 i_u，i_v，i_w をさらに詳しくみたものが**図 1・43** である．この図では，紙面の都合上，半周期だけが描かれている．同図に示されたように，誘導性負荷が接続されているため，負荷相電圧 v_{un}，v_{vn}，v_{wn} がステップ的に変化しても，i_u，i_v，i_w は俊敏に変化せず一次遅れの波形になる．例えば U 相に着目すると，

$t=-\pi/3\omega_s$ において v_{un} が $-V_{DC}/3$ から $V_{DC}/3$ にステップ変化しているが，それまで負の i_u が流れていたため，正の v_{un} に切り換わっても i_u は極性を急変することはできない．しかし，$v_{un}=V_{DC}/3$ の期間中に i_u の振幅は徐々に減少してその極性は正に転ずる．負荷相電圧のステップ変化のたびに，三相のうちどれかの相に同様の遅れ電流が流れる．

　そこで，負荷相電圧とは逆極性の遅れ電流が流れる期間を分離して，①'，②'，③' のような記号で表すこととする．図1·43には6組の還流ダイオード付き IGBT の通流状態も示しているが，①'，②'，③' の期間は IGBT がオン状態であるにもかかわらず IGBT には通流せず，その IGBT に逆並列接続された還流ダイオードが導通する．このような通流経路によって，前述のように電流振幅は減少し，やがて極性が反転する．電流極性が反転すると，それまで導通していた還流ダイオードはターンオフするとともに，すでにオン状態にあった IGBT に電流が流れ始める．

　図1·43と**図1·44**を照らし合わせながら，以上の動作モードと通流経路の関係についてさらに理解を深めよう．まず，動作モード①' では v_{un} は正であるにもかかわらず i_u は負，v_{vn}，i_v はともに負，v_{wn}，i_w はともに正である．したがって，U 相は上アームの還流ダイオード D_u に i_u が流れ，V 相は下アームの Tr_y，W 相は上アームの Tr_w にそれぞれ i_v と i_w が流れる．このとき，U 相に関しては直流バスの高電位側へ向けて i_u が流れるので，その振幅は徐々に減少し，負荷インダクタンス L に蓄えられたエネルギーがインバータに回収される．i_u が 0 になると同時に動作モードは①へ移行する．動作モード①では D_u はターンオフして，もともとオン状態にあった Tr_u に正の i_u が流れ始める．V 相の i_v は振幅が増加する一方で，W については i_w の振幅が減少し続ける．動作モード①' と①の切り換わりは，スイッチングによって強制的に引き起こされているわけではなく，i_u の極性変化に伴い自然にもたらされている点に注意されたい．これに対し，動作モード①から②' への切換えは Tr_w のターンオフによって強制的に行われ，W 相の i_w が Tr_w から D_z へ転流する．動作モード①で i_w は正であったため，動作モード②' になっても正方向へ流れ続けるが，D_z がターンオンすることによって，この正の i_w を流す通流経路を確保することができる．動作モード②' と②では Tr_z がオン状態にあるが，②' の i_w が 0 になるまでの期間は Tr_z には通流しない．i_w が 0 を経て，極性が負になると Tr_z に i_w が流れ始め，i_u とともに i_w の

1・2 電力変換器

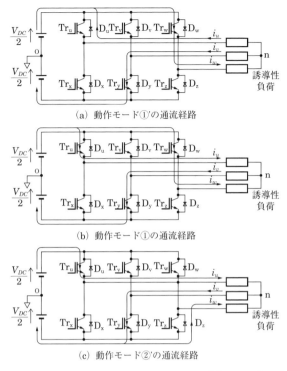

図1・44 三相フルブリッジ電圧形インバータの動作モードと通流経路

振幅は増加する．以降，V相のレグにおいて②→③'→③の動作モードが同様に切り換わっていく．

次に，直流電源電流 i_{DC} を調べて直流電源と誘導性負荷とのエネルギーの授受について考えてみよう．i_{DC} の極性は直流電源の高電位側からの流出を正と定義する．図1・44から明かなように，動作モード①'および①では $i_{DC} = -i_v$，動作モード②'および②では $i_{DC} = i_u$，動作モード③'および③では $i_{DC} = -i_w$ である．以降の半周期についても同様に考えると，i_{DC} は図1・45に示すように各相の電流のうち最も波高値が

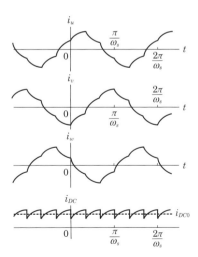

図1・45 三相フルブリッジ電圧形インバータの直流電源電流

高い相の電流（絶対値）を動作モードごとに継ぎはぎした波形となる．i_{DC} は直流成分 i_{DC0} と高調波成分 i_{DCh} から構成されているが，単相インバータの場合と比較して，明確に i_{DC0} をみてとることができる．i_{DC} の脈動周波数はインバータ出力基本波周波数に対して6倍で，単相インバータが2倍であることとは対照的である．直流電源の瞬時電力 p_{DC} は

$$p_{DC} = v_L i_L$$
$$= V_{DC} i_{DC0} + V_{DC} i_{DCh} \qquad (1\cdot 37)$$

で与えられるが，直流電源電圧 V_{DC} は完全な直流量であるので，$V_{DC} i_{DC0}$ が誘導性負荷の抵抗 R に対して有効電力を供給する平均電力 P_{DCav} に相当する成分である．また，$V_{DC} i_{DCh}$ の交流成分は負荷インダクタンス L の無効電力に対応した成分で，直流電源と L とのエネルギー授受を表す．直流電源からみたこのエネルギーの授受はインバータ出力基本波の1周期に6回行われるが，エネルギーの収支は平均的に0である．

このように，インバータの直流バスにおける電力は脈動をもっているので，電力変換効率を測定するときなどは留意する必要がある．また，直流電源にはこのエネルギーの授受を行う能力が求められるため，大容量のキャパシタを直流電源に並列接続するなどして，直流バスの低インピーダンス化を図る．ただし，単相インバータが出力基本波周波数に対して2倍の周波数で直流バスの電力脈動をもつのに対して，三相インバータは6倍の周波数で電力脈動が生じるので，より小さなキャパシタンスで直流バスのエネルギーバッファとすることができる．

1・3 インバータ変調方式

1・3・1 空間ベクトルの定義

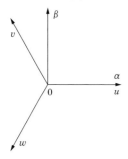

図1・46 座標軸の関係

交流電動機の三相巻線は回転角度に対し互いに120°（電気角換算）の空間的位相差をもつよう配置されて，三相巻線の対称性が確保されている．**図1・46**は各三相巻線の作る磁束の方向を示したものであり，u相巻線の作る磁束の方向（u 軸）を複素平面の実軸（α 軸）に一致させ，v相およびw相巻線の作る磁束の方向（v 軸，w 軸）を u 軸に対してそれぞれ120°，240°に配置している．

空間ベクトルは，各相の電流（電圧）の瞬時値と巻線の方向から，次式に従って，三相全体の電流（電圧）を一つのベクトル（複素数）として表したものである．

$$\begin{cases} \boldsymbol{i}_{\alpha\beta} = \sqrt{\dfrac{2}{3}}\left(i_u + e^{j\frac{2\pi}{3}} \cdot i_v + e^{j\frac{4\pi}{3}} \cdot i_w\right) \\ \boldsymbol{v}_{\alpha\beta} = \sqrt{\dfrac{2}{3}}\left(v_u + e^{j\frac{2\pi}{3}} \cdot v_v + e^{j\frac{4\pi}{3}} \cdot v_w\right) \end{cases} \quad (1\cdot 38)$$

なお，電流（電圧）にコモンモード成分が存在しても $1 + e^{j\frac{2\pi}{3}} + e^{j\frac{4\pi}{3}} = 0$ であるため空間ベクトルの値にはコモンモード成分は影響しない．

簡単のためコモンモード成分を0とすると $i_u + i_v + i_w = 0$，$v_u + v_v + v_w = 0$ の条件が成り立ち，三相電流（電圧）の自由度は2となるため，一つの複素数により三相全体の電流（電圧）を表すことができる．

この空間ベクトルによる表現の最も有利な点は，回転座標系への変換がきわめて容易であることである．また，三相全体の瞬時電力は次式に示すように，電圧ベクトルと電流ベクトルの内積（演算子 • で表す）として求めることができる．

$$\begin{aligned} p(t) &= \boldsymbol{v}_{\alpha\beta} \bullet \boldsymbol{i}_{\alpha\beta} = v_\alpha i_\alpha + v_\beta i_\beta \\ &= \frac{2}{3}\left(v_u + e^{j\frac{2\pi}{3}} \cdot v_v + e^{j\frac{4\pi}{3}} \cdot v_w\right) \bullet \left(i_u + e^{j\frac{2\pi}{3}} \cdot i_v + e^{j\frac{4\pi}{3}} \cdot i_w\right) \\ &= \frac{2}{3}\left\{v_u\left(i_u - \frac{1}{2}i_v - \frac{1}{2}i_w\right) + v_v\left(i_v - \frac{1}{2}i_w - \frac{1}{2}i_u\right) + v_w\left(i_w - \frac{1}{2}i_u - \frac{1}{2}i_v\right)\right\} \\ &= v_u i_u + v_v i_v + v_w i_w \end{aligned} \quad (1\cdot 39)$$

上式により三相電力が計算できるのも，式(1·38)の係数を $\sqrt{2/3}$ に選んだ結果である．また，電流と電圧が同じ定義式に従うことから，電動機の通常の等価回路（一相分）における定数の値はそのまま使用することができる．

空間ベクトルから各相の電流（電圧）は次式により算出することができる．ただし，コモンモード成分が0でない場合には，コモンモード成分を除いた値となることに注意が必要である．

$$\begin{cases} i_u = \sqrt{\dfrac{2}{3}}\,(\boldsymbol{i}_{\alpha\beta} \bullet 1) = \sqrt{\dfrac{2}{3}}\,\mathrm{Re}(\boldsymbol{i}_{\alpha\beta}) \\ i_v = \sqrt{\dfrac{2}{3}}\left(\boldsymbol{i}_{\alpha\beta} \bullet e^{j\frac{2}{3}\pi}\right) = \sqrt{\dfrac{2}{3}}\,\mathrm{Re}\left(\boldsymbol{i}_{\alpha\beta} e^{-j\frac{2}{3}\pi}\right) \end{cases}$$

$$\left\{ i_w = \sqrt{\frac{2}{3}} \operatorname{Re}\left(\boldsymbol{i}_{\alpha\beta} e^{-j\frac{4}{3}\pi}\right) \right. \tag{1・40}$$

以上のように,式(1・38)により定義される空間ベクトルは,数学的な対称性には優れるが,相電圧や相電流の大きさを直感的に議論しにくい欠点がある.これを解決するため,式(1・38)の係数を変更し,空間ベクトルを次式により定義する場合もある.

$$\begin{cases} \boldsymbol{i}_{\alpha\beta} = \dfrac{2}{3}\left(i_u + e^{j\frac{2\pi}{3}}\cdot i_v + e^{j\frac{4\pi}{3}}\cdot i_w\right) \\ \boldsymbol{v}_{\alpha\beta} = \dfrac{2}{3}\left(v_u + e^{j\frac{2\pi}{3}}\cdot v_v + e^{j\frac{4\pi}{3}}\cdot v_w\right) \end{cases} \tag{1・41}$$

この場合,空間ベクトルから相電流(相電圧)瞬時値への変換は次式による.

$$\begin{cases} i_u = (\boldsymbol{i}_{\alpha\beta} \bullet 1) = \operatorname{Re}(\boldsymbol{i}_{\alpha\beta}) \\ i_v = (\boldsymbol{i}_{\alpha\beta} \bullet e^{j2\pi/3}) = \operatorname{Re}(\boldsymbol{i}_{\alpha\beta} e^{-j2\pi/3}) \\ i_w = (\boldsymbol{i}_{\alpha\beta} \bullet e^{j4\pi/3}) = \operatorname{Re}(\boldsymbol{i}_{\alpha\beta} e^{-j4\pi/3}) \end{cases} \tag{1・42}$$

電圧と電流が同じ定義式に従うことから,電動機の等価回路を変更する必要はないが,瞬時電力の計算では次式のように係数 3/2 を乗じる必要がある.

$$p(t) = \frac{3}{2}(\boldsymbol{v}_{\alpha\beta} \bullet \boldsymbol{i}_{\alpha\beta}) \tag{1・43}$$

本書では基本的には式(1・38)の定義に従うものとし,式(1・41)の定義に従う空間ベクトルを使用する場合にはその旨を明記する.

フェーザと空間ベクトル

交流回路では正弦波電圧・電流をベクトル表現したフェーザ(単にベクトルと表現される場合もある)が一般的に使用されている.フェーザは時間軸での位相差を用いて電圧や電流の相互関係を考えるものである.

一方,空間ベクトルは,複数の巻線が空間的にある角度隔てて配置されていることを考慮し,ベクトル表現したものである.一般的には空間的に 90° 隔てて配置した仮想の直交二相巻線(α, β)の電流や電圧をベクトルで表したものである.

電流・電圧のベクトル表現

本節では電流・電圧の α 軸成分を実部，β 成分を虚部として

$$\boldsymbol{i}_{\alpha\beta} = i_\alpha + j i_\beta$$

のように複素数で表現しているが

$$\boldsymbol{i}_{\alpha\beta} = \begin{bmatrix} i_\alpha \\ i_\beta \end{bmatrix}$$

のようにベクトルで表現することもできる．

後者の表現では，式(1.38)は

$$\begin{bmatrix} i_\alpha \\ i_\beta \end{bmatrix} = \sqrt{\frac{2}{3}} \begin{bmatrix} 1 & -\frac{1}{2} & -\frac{1}{2} \\ 0 & \frac{\sqrt{3}}{2} & -\frac{\sqrt{3}}{2} \end{bmatrix} \begin{bmatrix} i_u \\ i_v \\ i_w \end{bmatrix}$$

式(1.40)は

$$\begin{bmatrix} i_u \\ i_v \\ i_w \end{bmatrix} = \sqrt{\frac{2}{3}} \begin{bmatrix} 1 & 0 \\ -\frac{1}{2} & \frac{\sqrt{3}}{2} \\ -\frac{1}{2} & -\frac{\sqrt{3}}{2} \end{bmatrix} = \begin{bmatrix} i_\alpha \\ i_\beta \end{bmatrix}$$

となる．

　複素数表現を用いると，方程式を簡単に表現できる利点がある．特に，二次回路をもつ誘導電動機については，ベクトル表記では基本式として 4 行 4 列の行列を考えるが，複素数表現では 2 行 2 列の行列となり，逆行列の演算などが簡単になる．突極形の電動機の場合や制御が座標軸により異なる場合には，2 軸要素を区別した表現をしなければならない．

座標変換

　$\boldsymbol{v} = \boldsymbol{Z}\boldsymbol{i}$ で表せる回路を別の座標（例えば電流の取り方を変える）で表すことを考える．$\boldsymbol{i}' = \boldsymbol{C}\boldsymbol{i}$ という変換行列 $\boldsymbol{C}$ で座標変換をする．（ここでは $\boldsymbol{C}$ は実行列とする）

絶対変換

　変換前後で電力不変とすると，もとの座標での電力は $P = \boldsymbol{i}^T \boldsymbol{v}$ で表せ，新座標での電力は $P' = \boldsymbol{i}'^T \boldsymbol{v}'$ で表せる（瞬時値を考えているので，複素共役は考慮しない）

から，変換前後で等しいためには

$$P' = i'^T v' = (Ci)^T v' = i^T C^T v'$$

より $v = C^T v'$ である必要がある．

相対変換（計算上，電力不変とは限らない）

電圧・電流ともに同じ変換をする．

$$i' = Ci$$

$$v' = Cv$$

直交変換

相対変換において $C^{-1} = C^T$ であるとき，絶対変換でもある．

次の座標変換では，変換行列を転置して，もとの行列と乗算をすると単位行列となっているので直交変換となっている．

$$\begin{bmatrix} i_\alpha \\ i_\beta \\ i_0 \end{bmatrix} = \sqrt{\frac{2}{3}} \begin{bmatrix} 1 & -1/2 & -1/2 \\ 0 & \sqrt{3}/2 & -\sqrt{3}/2 \\ 1/\sqrt{2} & 1/\sqrt{2} & 1/\sqrt{2} \end{bmatrix} \begin{bmatrix} i_u \\ i_v \\ i_w \end{bmatrix}$$

$$\begin{bmatrix} i_\alpha \\ i_\beta \end{bmatrix} = \sqrt{\frac{2}{3}} \begin{bmatrix} 0 & -\dfrac{1}{2} & -\dfrac{1}{2} \\ 1 & \dfrac{\sqrt{3}}{2} & -\dfrac{\sqrt{3}}{2} \end{bmatrix} \begin{bmatrix} i_u \\ i_v \\ i_w \end{bmatrix}$$

（前式において零相成分が 0 であることから i_0 を省略している）

$$\begin{bmatrix} i_d \\ i_q \end{bmatrix} = \begin{bmatrix} \cos\theta & \sin\theta \\ -\sin\theta & \cos\theta \end{bmatrix} \begin{bmatrix} i_\alpha \\ i_\beta \end{bmatrix}$$

1・3・2 三相電圧形インバータの出力電圧ベクトル

電圧形インバータにおいて，直流電圧 V_D の中点を基準として各相の出力電圧を考えると，上の素子がオン（下の素子はオフ）の場合は $V_D/2$，下の素子がオン（上の素子はオフ）の場合は $-V_D/2$ となる．また，三相の出力電圧の平均がコモンモード電圧となり，各相の出力電圧からこのコモンモード電圧を差し引いた電圧が負荷の中性点を基準とする有効な出力電圧となる．**表 1・1** に，三相電圧形インバータが瞬時値として出力可能な電圧について，各相の素子の状態と空間ベクトルの関係を示す．なお，しばらくの間，相電圧の瞬時値について議論するため，空間ベクトルは定義式(1・41)によるものとする．

この結果より，三相電圧形インバータが，瞬時値として出力可能な電圧ベクト

1・3 インバータ変調方式

表 1・1 三相電圧形インバータが瞬時値として出力可能な空間ベクトル（各電圧は直流電圧 V_D に対する比率を表す）

ベクトル	オンの素子			直流中点基準電圧			コモンモード電圧 $(e_u+e_v+e_w)/3$	三相出力電圧			$V_{\alpha\beta}$	
	u相	v相	w相	e_u	e_v	e_w		v_u	v_v	v_w	大きさ	角度
V_0	下	下	下	$-1/2$	$-1/2$	$-1/2$	$-1/2$	0	0	0	0	—
V_1	上	下	下	$1/2$	$-1/2$	$-1/2$	$-1/6$	$2/3$	$-1/3$	$-1/3$		0
V_2	上	上	下	$1/2$	$1/2$	$-1/2$	$1/6$	$1/3$	$1/3$	$-2/3$		$\pi/3$
V_3	下	上	下	$-1/2$	$1/2$	$-1/2$	$-1/6$	$-1/3$	$2/3$	$-1/3$	$2/3$	$2\pi/3$
V_4	下	上	上	$-1/2$	$1/2$	$1/2$	$1/6$	$-2/3$	$1/3$	$1/3$		π
V_5	下	下	上	$-1/2$	$-1/2$	$1/2$	$-1/6$	$-1/3$	$-1/3$	$2/3$		$4\pi/3$
V_6	上	下	上	$1/2$	$-1/2$	$1/2$	$1/6$	$1/3$	$-2/3$	$1/3$		$5\pi/3$
V_7	上	上	上	$1/2$	$1/2$	$1/2$	$1/2$	0	0	0	0	—

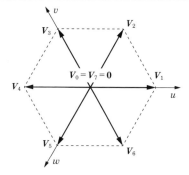

図 1・47 三相電圧形インバータが出力可能な電圧ベクトル

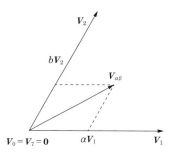

図 1・48 出力可能ベクトルの組合せによる電圧制御

ルは**図 1・47** に示すように，六角形の頂点と中心（原点）のみであることがわかる．なお，V_1～V_6 のベクトルの大きさは $(2/3)V_D$（式(1・41)の定義による）であり，原点に相当する状態は，すべての相で下側がオンとなる V_0 とすべての相で上側がオンとなる V_7 の二つの状態がある．

図 1・47 において，ある電圧ベクトル $v_{\alpha\beta}$ は，それを囲む3点（原点と二つの頂点）に相当する電圧ベクトルを組み合わせることにより実現できる．その一例を**図 1・48** に示す．

この例は，$v_{\alpha\beta}$ が V_1，V_2，V_0（V_7）で囲まれる三角形の中に存在する場合であり，$v_{\alpha\beta}$ に相当する各相のキャリヤ周期での平均電圧については $v_u \geq v_v \geq v_w$ の関係が成り立つ．さて，V_1 を選択する比率を a，V_2 を選択する比率を b とすると，V_0（または V_7）を選択する比率は $c = 1-a-b$ となり，次式が成り立つ．

$$\boldsymbol{v}_{\alpha\beta} = a\boldsymbol{V}_1 + b\boldsymbol{V}_2 = \frac{2}{3}V_D(a + be^{j\pi/3}) \tag{1・44}$$

一方,空間ベクトルの定義より,次式が成り立つ.

$$\boldsymbol{v}_{\alpha\beta} = \frac{2}{3}\left(v_u + v_v e^{j\frac{2\pi}{3}} + v_w e^{j\frac{4\pi}{3}}\right) = \frac{2}{3}\left\{v_u - v_v\left(1 + e^{j\frac{4\pi}{3}}\right) + v_w e^{j\frac{4\pi}{3}}\right\}$$

$$= \frac{2}{3}\left\{(v_u - v_v) + (v_w - v_v)e^{j\frac{4\pi}{3}}\right\} = \frac{2}{3}\left\{(v_u - v_v) + (v_v - v_w)e^{j\frac{\pi}{3}}\right\} \tag{1・45}$$

これらの式を比較すると,次の関係が成り立ち,出力したい三相電圧に応じて a および b が決定される.

$$a = \frac{v_u - v_v}{V_D}, \quad b = \frac{v_v - v_w}{V_D}, \quad c = 1 - a - b \tag{1・46}$$

式(1・44)の考え方を空間ベクトル変調と呼ぶことが多いが,キャリヤ周期内で空間ベクトル V_1, V_2, V_0 (V_7) をどのように配置するかについては自由度があり,次項で述べる PWM 制御を行う必要がある.

また,式(1・46)の結果より,a, b, c の大きさ,したがって $\boldsymbol{v}_{\alpha\beta}$ は,三相電圧にコモンモード成分を重畳しても変化しないことに注意が必要である.

1・3・3　PWM (Pulse Width Modulation) 制御の考え方

最も基本的な三角波比較方式の原理を図 **1・49** に示す.三相インバータの一相の上下の素子のオンオフを決めるため,周期 T の三角波(1と−1の間で変化)と制御信号 m を比較し,m の方が小さい場合には下の素子,m の方が大きい場合には上の素子をオンとする.直流中点を基準としたこのときの出力電圧波形について,周期 T での平均電圧 v を考えると

$$v = m\frac{V_D}{2} \tag{1・47}$$

となり,制御信号 m を $-1\sim1$ の間で変更することにより,v を $-V_D/2$ から $V_D/2$ の間で調整することができる.なお,三角波の周波数に比べて制御信号が変化する周波数は十分小さく,三角波の周期内では m を一定と考えるものとする.

三相電圧形インバータでは,各相の出力電圧 v_u, v_v, v_w に相当する三つの制御信号 m_u, m_v, m_w を一つの三角波と比較し,六つの素子のゲート信号を発生する.

1・3 インバータ変調方式

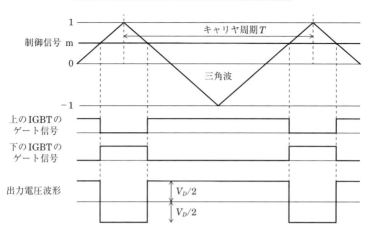

図1・49 三角波比較方式によるPWM制御

$$m_u = \frac{v_u}{V_D/2}, \quad m_v = \frac{v_v}{V_D/2}, \quad m_w = \frac{v_w}{V_D/2} \tag{1・48}$$

ただし，$m_u + m_v + m_w = 0$ とする．

三相正弦波を発生する場合には，m_u, m_v, m_w を次式のように制御する．

$$m_u = k\cos(\omega t), \quad m_v = k\cos(\omega t - 2\pi/3), \quad m_w = k\cos(\omega t - 4\pi/3) \tag{1・49}$$

コモンモード成分を重畳しない場合には制御信号が±1の範囲に収まるよう制御する必要があり，各相の出力電圧は$-V_D/2$から$V_D/2$の間に制限される．その状況を**図1・50**に示すが，外側の六角形が図1・47の出力可能範囲に相当し，

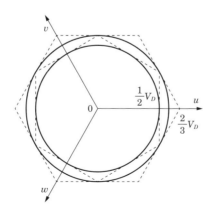

図1・50 PWM制御による出力可能範囲

内側の六角形がコモンモード成分を重畳しない場合の出力可能範囲を示す．

　三相正弦波を出力する場合，空間ベクトルは円を描き，その半径が相電圧波高値になる．コモンモード成分を重畳しない場合には，相電圧の波高値が $V_D/2$ に制限されるのに対し，適切なコモンモード成分を重畳することにより，相電圧の波高値を $V_D/\sqrt{3}$ （線間電圧波高値で考えると V_D）まで大きくすることができる．

1・3・4　コモンモード電圧重畳による出力範囲の拡大

　三角波比較方式により PWM を行う場合，適切なコモンモード電圧 v_0 に相当する m_0 を制御信号に重畳することにより電圧制御範囲を拡大することができる．

$$m_0 = \frac{v_0}{V_D/2} \tag{1・50}$$

m_0 として各種のものが提案されているが，その代表的なものを以下に示す．

〔1〕**第3次高調波重畳方式**

　出力電圧が三相正弦波であることを前提として，制御信号の波高値が小さくなるように，基本相電圧振幅の 1/6 の振幅で第3次高調波を加算する方式である．三相の制御信号が式（1・49）で与えられる場合，コモンモード成分を次式で与える．

$$m_0 = -\frac{1}{6} k \cos(3\omega t) \tag{1・51}$$

このとき

$$\begin{cases} m_u + m_0 = k\left\{\cos(\omega t) - \dfrac{1}{6}\cos(3\omega t)\right\} \\ \dfrac{d}{dt}(m_u + m_0) = -k\omega\left\{\sin(\omega t) - \dfrac{1}{2}\sin(3\omega t)\right\} = 0 \end{cases} \tag{1・52}$$

として，$m_u + m_0$ の最大値を求めると，$\omega t = \pm\pi/6$ のとき，$m_u + m_0 = k\sqrt{3}/2$ となる．したがって，コモンモード成分を重畳することにより，k の値を $2/\sqrt{3}$ まで大きくできることがわかる．

　図 **1・51** に，$k=1$ の場合について m_0 を重畳した制御信号の波形を示す．

　ほぼ同じものとして，図 **1・52** に示すように制御信号のピークを $\pi/3$ の区間幅で $\pm k\sqrt{3}/2$ に保つように m_0 を選ぶ方式がある．同図で，m_u の正側のピークの部分では次のように m_0 を定めることになる．この方式でも，k の値を $2/\sqrt{3}$ ま

1・3 インバータ変調方式

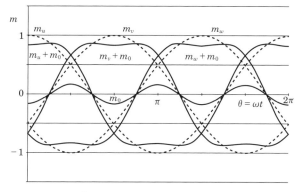

図1・51 第3次高調波重畳方式での制御信号の波形

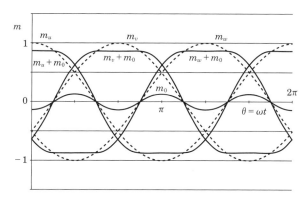

図1・52 制御信号のピークを一定とする高調波重畳方式

で大きくできる.

$$m_0 = -k\left\{\cos(\omega t) - \frac{\sqrt{3}}{2}\right\} \quad \text{ただし,} \quad -\frac{\pi}{6} \leq \omega t \leq \frac{\pi}{6} \tag{1・53}$$

〔2〕二相スイッチング方式

　出力電圧の絶対値が最も大きい相のスイッチングを行わず,ほかの二相のみをスイッチングして平均電圧を調整する.一例として,$m_u \geq m_v \geq m_w$ で $m_u \geq -m_w$ の場合を考えると

$$m_0 = 1 - m_u \tag{1・54}$$

のようにコモンモード成分を重畳することになる.図1・53に三相正弦波 ($k=1$) を出力する場合の制御電圧波形を示す.なお,式(1・54)は次式のように変形できる.

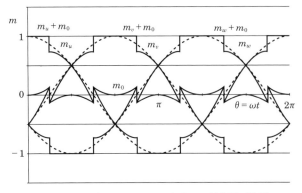

図 1・53 二相スイッチング方式での制御電圧波形

$$m_0 = 1 - m_u = 1 - k\cos(\omega t) = 1 - k\frac{\sqrt{3}}{2} - k\left\{\cos(\omega t) - \frac{\sqrt{3}}{2}\right\} \quad (1\cdot 55)$$

この結果より，図 1・52 でのコモンモード成分に加え，3 倍周波数の方形波（大きさは $\pm(1 - k\sqrt{3}/2)$）を加算していると考えることができる．

[3] 中間電圧 1/2 加算方式

制御信号 m_u, m_v, m_w の中で中間電圧の 1/2 をコモンモード成分 m_0 として加算する方式である．一例として，$m_u \geq m_v \geq m_w$ の場合を考えると，次式が成り立つ．

$$\begin{cases} m_0 = m_v/2 \\ m_u + m_0 = m_u + m_v/2 \\ m_v + m_0 = m_v + m_v/2 = (3/2)m_v \\ m_w + m_0 = m_w + m_v/2 = -(m_u + m_v) + m_v/2 = -(m_u + m_v/2) \end{cases} \quad (1\cdot 56)$$

$m_u + m_0 = -(m_w + m_0)$ であることから，$m_u + m_0$ の上限 1 に対する余裕度と，$m_w + m_0$ の下限 -1 に対する余裕度が同じとなる点に特徴がある．

図 1・54 に三相正弦波（$k=1$）を出力する場合の制御信号の波形を示す．m_0 を重畳した波形では，最大値が $\sqrt{3}/2$ に低減されており，ほかの方式と同様に k を $2/\sqrt{3}$ まで大きくすることができる．

なお，出力電圧波形は正弦波に制限されることはなく，中間電圧の 1/2 をコモンモード成分として加算すれば，図 1・50 の外側の六角形の内部で電圧を自由に調整することができる．例えば，$m_u = 4/3$，$m_v = m_w = -2/3$ として $m_0 = -1/3$ とすれば，図 1・48 のベクトル V_1 を実現することができる．

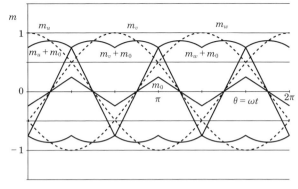

図1・54 中間電圧1/2加算方式での制御電圧波形

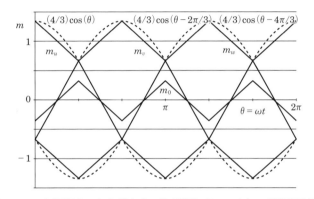

図1・55 中間電圧1/2加算方式の過変調時（$k=4/3$）の制御信号波形

　この方式では，kを$2/\sqrt{3}$より大きくしても，三つの制御信号（コモンモード成分を含む）の中で最大のものと最小のものが同時に飽和するため，中間の制御信号が-1から1の間にあればコモンモード成分は飽和の影響を受けず，中間電圧は指令値どおり出力できる．**図1・55**は三相制御電圧の振幅kを$4/3$とした場合の出力電圧波形を示したものである．破線の三相波形が図1・50の外側の六角形の外接円に相当する制御電圧波形である．このように電圧制御範囲（$0 \leq 2/\sqrt{3} \leq k$）を超えた動作を過変調と呼ぶ．過変調での運転では線間電圧が直流電圧に制限されるため原理的に波形ひずみが生じるが，中間電圧1/2加算方式では$2/\sqrt{3} \leq k \leq 4/3$の範囲でも図1・55のような比較的良好な波形を容易に実現できる．

1・3・5 キャリヤ周期内での電圧ベクトルの切換え順序

これまでの議論はキャリヤ周期内での平均電圧を考えてきたが，実際の出力電圧波形は，出力可能な電圧ベクトルを制御周期内で6回切り換えて得られるパルス的な波形となる．したがって，電流波形には比較的大きなリプル成分が重畳することになり，性能上問題となる場合がある．この電流リプルを計算するには，電圧ベクトルがどのような順序で切り換わるかを具体的に検討する必要がある．制御周期内での選択ベクトルとその順序，各ベクトルの時間幅の制御周期 T に対する比率は，表 1・2 に示すように，$v_{\alpha\beta}$ の振幅および角度（α 軸を基準とする）に依存する．なお，時間の基準は三角波の山のタイミングとした．

表 1・2 三角波比較方式における制御周期内での選択ベクトルの順序と選択ベクトルの時間幅の T に対する比率

$$\left(\text{ただし } a = \frac{m_+ - m_\pm}{2},\ b = \frac{m_\pm - m_-}{2},\ c_+ = \frac{1}{2}(1 - m_+ - m_0),\ c_- = \frac{1}{2}(1 + m_- + m_0)\right)$$

領域	平均電圧ベクトル $v_{\alpha\beta}$ の方向 θ	制御信号の大小関係 最大 m_+	中間 $m_\pm$	最小 m_-	制御周期内での選択ベクトルとその順序，ベクトルの時間幅の T に対する比率 $c_+/4$	$a/2$	$b/2$	$c_-/2$	$b/2$	$a/2$	$c_+/4$
I	$0 \sim \pi/3$	m_u	m_v	m_w	V_0	V_1	V_2	V_7	V_2	V_1	V_0
II	$\pi/3 \sim 2\pi/3$	m_v	m_u	m_w	V_0	V_3	V_2	V_7	V_2	V_3	V_0
III	$2\pi/3 \sim \pi$	m_v	m_w	m_u	V_0	V_3	V_4	V_7	V_4	V_3	V_0
IV	$\pi \sim 4\pi/3$	m_w	m_v	m_u	V_0	V_5	V_4	V_7	V_4	V_5	V_0
V	$4\pi/3 \sim 5\pi/3$	m_w	m_u	m_v	V_0	V_5	V_6	V_7	V_6	V_5	V_0
VI	$5\pi/3 \sim 2\pi$	m_u	m_w	m_v	V_0	V_1	V_6	V_7	V_6	V_1	V_0

図 1・56 は，平均電圧ベクトルが表 1・2 の領域Ⅰにある場合について，状況を説明したものである．三角波の山のタイミングをスタートとすると，すべての相で下側素子がオンの状態である電圧ベクトル V_0 から始まり，三角波の下降とともに u 相，v 相，w 相の順に上側素子がオンの状態に切り換わることから，V_1，V_2 を経て V_7 となる．その後は，三角波の上昇により，逆に，w 相，v 相，u 相の順に下側素子がオンに切り換わり，V_2，V_1 を経て V_0 に戻る．なお，この例は中間電圧 1/2 加算方式であるため，零ベクトルである V_0 と V_7 の時間比率が等しい．

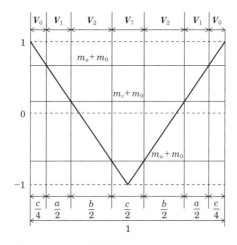

図1・56 三角波比較方式における選択ベクトルの切り換わり（領域Ⅰ）（中間電圧1／2加算方式，時間軸：キャリヤ周期で規格化）

1・3・6 PWM制御によるリプル電流

キャリヤ周波数は通常，数kHz以上に選ばれるため，PWMによるリプル電流は，各相の抵抗を0と近似し，一相あたりの電機子インダクタンス（誘導機の場合は漏れインダクタンス）L のみを考慮し，瞬時電圧ベクトル $V(t)$ から平均電圧ベクトル $v_{\alpha\beta}$ を差し引いたリプル電圧ベクトル $V(t)-v_{\alpha\beta}$ より次式のように計算することができる．

$$\Delta i_{\alpha\beta}(t) = \frac{1}{L}\int_0^t \{V(t)-v_{\alpha\beta}\}dt \tag{1・57}$$

リプル電流は平均電圧ベクトルと出力可能な瞬時電圧ベクトルに依存する．ここでは，**図1・57**に示す3点（A, B, C）の場合について説明する．

〔1〕動作点Aの場合

点Aは $v_{\alpha\beta}$ が領域Ⅰで電圧ベクトル V_1，V_2 および V_0（V_7）が作る三角形の重心にある場合で，リプル電圧のベクトル $-v_{\alpha\beta}$，$V_1-v_{\alpha\beta}$，$V_2-v_{\alpha\beta}$ が**図1・58**のように同じ大きさで互いに120°の位相差をもつ．また，$a=b=c=1/3$ であり，選択順序を考慮して，$\Delta i_{\alpha\beta}(t)$ の動きを求めると，**図1・59**(a)の結果となる．なお，この動作点を含む $v_{\alpha\beta}$ の角度 $\theta=\pi/6$ では，二相スイッチング以外のPWM方式

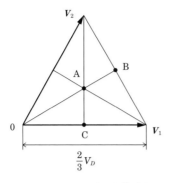

図1・57 リプル電流を検討する動作点A, B, C（領域Ⅰ）

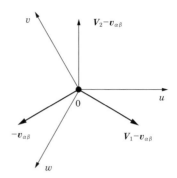

図1・58 動作点Aにおけるリプル電圧ベクトル

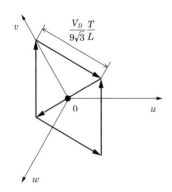

(a) 第3次高調波重畳, 中間電圧1/2加算

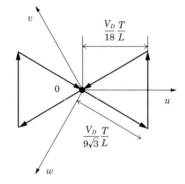

(b) 二相スイッチング方式

図1・59 動作点Aにおけるリプル電流ベクトルの動き

ではコモンモード成分は0であり，リプル電流は同じとなる．図1・59(a)および各ベクトルが$T/6$ずつ選択されることを考慮して，各相のリプル電流の大きさを求めると，次の結果を得る．

$$\begin{cases} \Delta i_{v\_P-P} = 2\frac{1}{L}\frac{V_D}{3}\frac{T}{6} = \frac{V_D T}{9L} \\ \Delta i_{u\_P-P} = \Delta i_{w\_P-P} = \frac{1}{2}\Delta i_{v\_P-P} = \frac{V_D T}{18L} \end{cases} \quad (1\cdot58)$$

図1・60に図1・59(a)の場合の各相のリプル電圧，リプル電流の波形を示す．一方，二相スイッチング方式では，V_0が選択されず，V_7が$T/3$の期間選択され

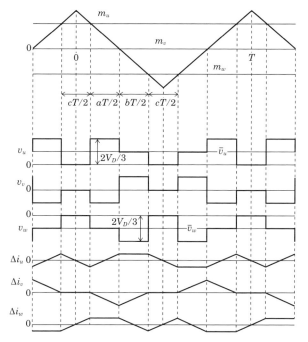

図 1・60 各相のリプル電圧およびリプル電流の波形（動作点 A）

て，図 1・59(b) のリプル電流ベクトルとなる結果，リプル電流 Δi_u, Δi_w の大きさが 2 倍となる．

[2] **動作点 B の場合**

動作点 B では零ベクトルは選択されず，$a=b=1/2$ となるため，リプル電圧・電流は PWM の制御方式には依存しない．図 1・61(a) に示す二つのリプル電圧ベクトルから，リプル電流波形を求めると図 1・61(b) が得られる．リプル電流の大きさは，点 A に比べ，1.5 倍となる．

$$\Delta i_{v\_P-P}=\frac{V_D T}{6L}, \ \Delta i_{u\_P-P}=\Delta i_{w\_P-P}=\frac{1}{2}\Delta i_{v\_P-P}=\frac{V_D T}{12L} \qquad (1\cdot59)$$

[3] **動作点 C の場合**

動作点 C では $b=0$ で V_2 は選択されず，リプル電圧ベクトルは図 1・62(a) の二つとなる．$a=c=1/2$ であるが，零電圧ベクトルの V_0（最初と最後に選択）と V_7（周期の中間で選択）への配分がコモンモード成分により異なる．このため，リプル電流は PWM の方式により異なり，図 1・62(b) のような波形となる．

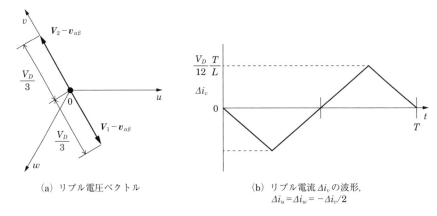

図 1・61 動作点 B におけるリプル電圧ベクトルとリプル電流 Δi_v の波形

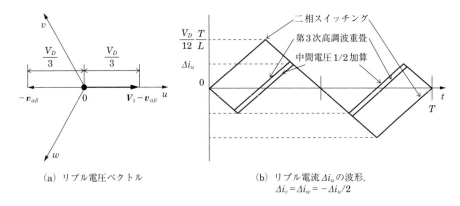

図 1・62 動作点 C におけるリプル電圧ベクトルとリプル電流 Δi_u の波形

二相スイッチング方式のリプル電流が最も大きく,相は異なるが,動作点 B での値(式(1・59))と同じ大きさとなる.

$$\Delta i_{u\_P-P} = \frac{V_D T}{6L}, \quad \Delta i_{v\_P-P} = \Delta i_{w\_P-P} = \frac{1}{2}\Delta i_{u\_P-P} = \frac{V_D T}{12L} \tag{1・60}$$

一方,V_0 と V_7 の選択時間幅が同じとなる中間電圧 1/2 加算方式が最もリプル電流が小さく,式(1・60)の半分となる.また,第 3 次高調波重畳方式では,V_0 と V_7 の選択時間幅が異なり,中間電圧 1/2 加算方式に比べ,リプル電流の大きさが若干大きく(7/6 倍)なる.

以上の結果を要約すると,中間電圧 1/2 加算方式による PWM 制御が,リプ

ル電流が小さく，最も適切である．二相スイッチング方式はスイッチング回数が2/3に低減できるメリットはあるが，リプル電流が2倍となる動作点もあり，電機子インダクタンスが小さい場合には注意が必要である．

最後に，電流リプルを考慮したデッドタイム電圧補償で必要となる六つのスイッチングタイミング $t_1 \sim t_6$ でのリプル電流を求める．常に零ベクトルを均等に配分する中間電圧1/2加算方式を考えると，各時刻でのリプル電流ベクトルの値は次のように計算できる．

$$\begin{cases} \Delta \boldsymbol{i}_{\alpha\beta}(t_1) = -\frac{T}{L}\frac{c}{4}\boldsymbol{v}_{\alpha\beta} = -\frac{T}{4L}(1-a-b)(a\boldsymbol{V}_a+b\boldsymbol{V}_b) \\ \Delta \boldsymbol{i}_{\alpha\beta}(t_2) = \Delta \boldsymbol{i}_{\alpha\beta}(t_1) + \frac{T}{L}\frac{a}{2}(\boldsymbol{V}_a-\boldsymbol{v}_{\alpha\beta}) = \frac{T}{4L}\{(1-a+b)a\boldsymbol{V}_a+(1-3a-b)b\boldsymbol{V}_b\} \\ \Delta \boldsymbol{i}_{\alpha\beta}(t_3) = -\Delta \boldsymbol{i}_{\alpha\beta}(t_1) \\ \Delta \boldsymbol{i}_{\alpha\beta}(t_4) = -\Delta \boldsymbol{i}_{\alpha\beta}(t_3) \\ \Delta \boldsymbol{i}_{\alpha\beta}(t_5) = -\Delta \boldsymbol{i}_{\alpha\beta}(t_2), \ \Delta \boldsymbol{i}_{\alpha\beta}(t_6) = -\Delta \boldsymbol{i}_{\alpha\beta}(t_1) \end{cases}$$

(1・61)

ただし，$\boldsymbol{V}_a$ は $\boldsymbol{V}_1$，$\boldsymbol{V}_3$，$\boldsymbol{V}_5$ のいずれか，$\boldsymbol{V}_b$ は $\boldsymbol{V}_2$，$\boldsymbol{V}_4$，$\boldsymbol{V}_6$ のいずれかであり，表1・2に従って，出力電圧の位相で選択する．これらのリプル電流ベクトルを各相の成分に変換することにより，相電流のリプル成分を求めることができる．

1・4 デッドタイムによる電圧制御誤差とその補償法

1・4・1 デッドタイムによる電圧制御誤差

インバータの各相で上下のIGBTが同時にオンしないよう，通常，オン信号の立上りを少し遅らせる．この時間をデッドタイムと呼ぶ．デッドタイム期間の間は上下いずれのIGBTもオフとなるが，IGBTの出力容量の影響を考慮すると，各素子の電圧は瞬時には変化できず，出力電流の極性や大きさに依存して変化する．以下に単純化モデル（スイッチング時間は十分短い，出力容量は一定，出力電流は一定）を用いて，デッドタイム期間で電圧波形を考える．

図1・63に示す回路で，下側のIGBTから上側のIGBTへの切り換わりを考える．初期状態でキャパシタ電圧は上側が V_D，下側は0である（素子のオン電圧を0と仮定）．この状態で下側のIGBTがターンオフした場合の出力電圧 e_u（直流中点を基準）の変化は出力電流 i の大きさに依存する．なお，デッドタイム期

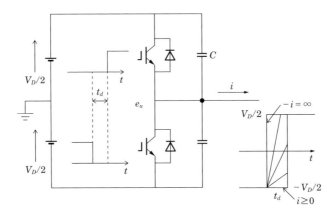

図 1・63 下側の IGBT から上側の IGBT への切換えの電圧波形

間では i の大きさは一定とする.

　さて，$i≥0$ の場合には初期状態で下側のダイオードに電流が流れており，下側の IGBT をターンオフしても e_u は変化せず，上側の IGBT をターンオンして初めて e_u が $-V_D/2$ から $V_D/2$ にステップ的に上昇する．この e_u の立上りの遅れは平均電圧の減少となるが，減少分の電圧時間積は $V_D t_d$ である．

　一方，$i≤0$ の場合には，初期状態で下側の IGBT に電流が流れており，これをターンオフすると，$-i$ により下側 C の充電および上側 C の放電が行われ，e_u は $-V_D/2$ から $V_D/2$ に向かって直線的に増加する．$-i$ の大きさが小さい場合，e_u が $V_D/2$ に達する前に上側の IGBT がターンオンし，その時点で e_u がステップ的に $V_D/2$ となる．

　このように，下側の IGBT がターンオフするタイミングを基準とすると，e_u の立上りは出力電流 i の大きさに依存して遅れ，出力電圧平均値が減少する．この立ち上がりの遅れにより減少する電圧の時間積分は**図 1・64** より，電流の大きさに応じて，長方形，台形，三角形の面積として求めることができ，次式を得る．

$$S_{up}=\begin{cases} -V_D t_d & (i≥0 \text{ のとき}) \\ -V_D t_d \left(1+\dfrac{1}{2}\dfrac{i}{I_0}\right) & (-I_0≤i≤0 \text{ のとき}) \\ V_D t_d \dfrac{1}{2}\dfrac{I_0}{i} & (i≤-I_0 \text{ のとき}) \end{cases} \quad (1\cdot 62)$$

ただし

1・4 デッドタイムによる電圧制御誤差とその補償法

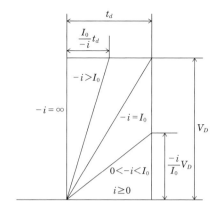

図1・64 IGBTへの切換え（下から上）時の
デッドタイム期間で電圧変化

$$I_0 = \frac{2CV_D}{t_d} \tag{1・63}$$

I_0 は，図1・64に示すように時間 t_d で e_u がちょうど V_D だけ変化する場合の電流値である．また，電圧時間積の減少分であることから面積に−1を乗じたものを S_{up} とした．

上側のIGBTから下側のIGBTへの切換え時も同様に電流に依存した遅れが生ずるが，この場合には平均電圧の増加の原因となる．この立下りの遅れにより増加する電圧の時間積分 S_{down} は次式で与えられる．

$$S_{down} = \begin{cases} V_D t_d & (i \leq 0 \text{のとき}) \\ V_D t_d \left(1 - \frac{1}{2}\frac{i}{I_0}\right) & (0 \leq i \leq I_0 \text{のとき}) \\ V_D t_d \frac{1}{2}\frac{I_0}{i} & (i \geq I_0 \text{のとき}) \end{cases} \tag{1・64}$$

図1・65にデッドタイムを考慮した場合の出力電圧波形（直流電圧中点を基準）を出力電流の大きさをパラメータとして示す．ただし，キャリヤ周期内で電流は一定としており，リプル電流の影響は考慮していないことに注意が必要である．

重要なパラメータである I_0 は式(1・63)で表される．代表的なIGBT（600 V，100 A）を考え，出力容量を 0.4 nF 程度（0〜300 V で 120 nC に相当），直流電圧を 300 V，デッドタイムを 4 μs と仮定すると，I_0 は 60 mA 程度と小さな値と

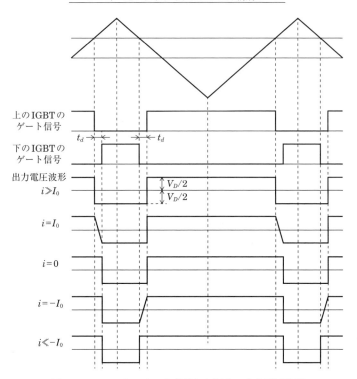

図 1・65 デッドタイムを考慮した場合の出力電圧波形

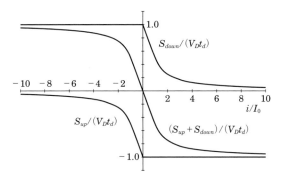

図 1・66 デッドタイムによる誤差電圧の時間積分と相電流の関係

なる．図 1・66 に出力電流 i と電圧制御誤差積分 S_{up}, S_{down} の関係を示す．リプル電流の大きさが無視できる場合には $S_{up} + S_{down}$ が制御周期内での 2 回のスイッチング（下から上，上から下）による電圧制御誤差積分となる．

1・4・2 デッドタイムによる電圧誤差補償

電圧誤差の補償の考え方として，キャリヤ周期 T の平均誤差を考えて補償する場合と，その半分の周期 $T/2$ ごとに平均誤差を考えて補償を行う場合がある．前者が一般的であるが，リプル電流を考慮した補償を行うには後者の考え方が有効である．

また，特に重要なのが，電圧制御の時間遅れ（制御周期 T）を考慮すると，検出した電流ではなく，次の制御周期の中点や実際のスイッチングタイミングでの電流推定値を使用して補償電圧を定めることである．

〔1〕キャリヤ周期ごとの補償

基本的にはキャリヤ周期での平均電圧誤差をキャンセルするよう次式の補償電圧を各相の指令値電圧に加算する．

$$\varDelta v = -\frac{S_{up}+S_{down}}{T} \tag{1・65}$$

実用的には演算の簡素化が不可欠であり，広く用いられている最も簡単な方式は，I_0 が十分小さいとして，図 1・67 の中の曲線 A のように相電流の極性のみで補償電圧を決定する方法である．

問題となるのは，電流 i をどのように推定するかである．簡単なモータモデルを考え，電機子抵抗 i，電機子インダクタンスを L，逆起電力の空間ベクトルを e_L とすると，電圧電流方程式は次式で表される．

$$\boldsymbol{v}_{\alpha\beta} = R\boldsymbol{i}_{\alpha\beta} + L\frac{d}{dt}\boldsymbol{i}_{\alpha\beta} + \boldsymbol{e}_L \tag{1・66}$$

制御周期 T ごとの電流ベクトルを $\boldsymbol{i}_{\alpha\beta\_k}$ $=\boldsymbol{i}_{\alpha\beta}(kT)$，$kT \leq t \leq (k+1)T$ の期間一定に保たれる平均電圧ベクトルを $\boldsymbol{v}_{\alpha\beta\_k+1/2}$ と表すものとすると，$t=(k+1)T$ および $t=(k+2)T$ での電流ベクトルは $t=kT$ での検出電流と現在の出力電圧ベクトル $\boldsymbol{v}_{\alpha\beta\_k+1/2}$，次に出力しようとしている電圧ベクトル $\boldsymbol{v}_{\alpha\beta\_k+1+1/2}$ および逆起電力のベクトルより，次のように推定できる．

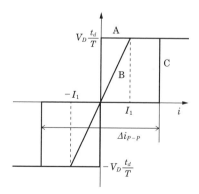

図 1・67　簡素化したデッドタイム誤差電圧補償

$$\begin{cases} \boldsymbol{i}_{\alpha\beta\_k+1} = \dfrac{T}{L}(\boldsymbol{v}_{\alpha\beta\_k+1/2} - \boldsymbol{e}_{L\_k+1/2}) + \dfrac{1-(T/L)R/2}{1+(T/L)R/2}\boldsymbol{i}_{\alpha\beta\_k} \\ \boldsymbol{i}_{\alpha\beta\_k+2} = \dfrac{T}{L}(\boldsymbol{v}_{\alpha\beta\_k+1+1/2} - \boldsymbol{e}_{L\_k+1+1/2}) + \dfrac{1-(T/L)R/2}{1+(T/L)R/2}\boldsymbol{i}_{\alpha\beta\_k+1} \end{cases} \quad (1\cdot 67)$$

ただし

$$\boldsymbol{e}_{L\_k+1/2} = \frac{1}{T}\int_{kT}^{(k+1)T}\boldsymbol{e}_L dt, \qquad \boldsymbol{e}_{L\_k+1+1/2} = \frac{1}{T}\int_{(k+1)kT}^{(k+2)T}\boldsymbol{e}_L dt$$

したがって，補償電圧を決めるための電流値として，次の制御周期の中点での電流ベクトルを次式で計算し，各相電流の値に変換して，電圧補償に利用する必要がある．

$$\boldsymbol{i}_{\alpha\beta\_k+1+1/2} = \frac{1}{2}(\boldsymbol{i}_{\alpha\beta\_k+1} + \boldsymbol{i}_{\alpha\beta\_k+2}) \qquad (1\cdot 68)$$

I_0 の値がある程度大きい場合には，図 $1\cdot 67$ 中の曲線 B のように $-I_1 \leq i \leq I_1$ の間に直線近似を追加する．なお I_1 の値は I_0 の2～3倍が適切と考えられる．

過渡状態や電流リプルが無視できない場合には，各相について二つのスイッチングタイミングでの電流瞬時値を予測し，式($1\cdot 69$)により補償電圧を決定する必要がある．

$$\Delta v = -\frac{S_{up}(i_{up}) + S_{down}(i_{down})}{T} \qquad (1\cdot 69)$$

I_0 が十分小さく，平均電流の変化も十分小さい場合には，リプル電流を考慮した補償曲線は図 $1\cdot 67$ の中の曲線 C のように近似できる場合が多い．例えば，リプル電流の波形を示した図 $1\cdot 60$ を詳しくみると，各相の下から上へスイッチングの時刻では，リプル電流が負であり，逆に，上から下へスイッチングの時刻では，リプル電流が正となっており，この差を考慮すると曲線 C が求められる．

式($1\cdot 69$)で，i_{up} は下から上へのスイッチング時刻での瞬時電流，i_{down} は上から下へのスイッチング時刻での瞬時電流であり，各相の制御信号 m（コモンモード成分を含む），空間電流ベクトルから求めた相電流 i_{k+1}, i_{k+2} ($t=(k+1)T$, $(k+2)T$ での値) およびスイッチング時刻でのリプル電流 Δi から，次式により計算できる．

$$\begin{cases} i_{up} = \dfrac{3+m}{4} i_{k+1} + \dfrac{1-m}{4} i_{k+2} + \Delta i \\ i_{down} = \dfrac{1-m}{4} i_{k+1} + \dfrac{3+m}{4} i_{k+2} - \Delta i \end{cases} \tag{1・70}$$

〔2〕1/2 キャリヤ周期ごとの補償

　図 1・65 に示したデッドタイムを考慮した電圧波形より，デッドタイムにより平均電圧が影響を受けるとともに，電圧波形に遅れが生じることがわかる．電流 $i=0$ では電圧波形の立上り，立下りとも t_d だけ遅れ，$i \gg I_0$ では立上りのみが，$i \ll -I_0$ では立下りのみがそれぞれ t_d だけ遅れる．結果として，全体の波形も $t_d \sim t_d/2$ の遅れとなるが，キャリヤ周期での平均電圧の補償ではこれらの時間遅れを補償できない．また，リプル電流の計算ではデッドタイムを無視するため，原理的に電圧補償に誤差を生じる．これらの問題を解決するには，三角波の山と谷で電流検出を行い，半周期 $T/2$ ごとに電圧制御，したがってデッドタイム誤差電圧の補償を行うことが有効である．式(1・67)で T を $T/2$ で置き換えた式より，相電流 i_{k+1}，i_{k+2}（それぞれ，$t = (k+1)T/2$，$(k+2)T/2$ での値）を求めることができ，各相のスイッチングタイミングでの相電流（リプル電流を除く）は次式により得られる．

$$i = \dfrac{1+m}{2} i_{k+1} + \dfrac{1-m}{2} i_{k+2} \tag{1・71}$$

　この電流とリプル電流により，スイッチング時点での相電流瞬時値を求め，スイッチング方向を考慮して補償電圧を次式により決定する．

$$\Delta v = \begin{cases} -\dfrac{S_{up}(i+\Delta i)}{T/2} \\ -\dfrac{S_{down}(i+\Delta i)}{T/2} \end{cases} \tag{1・72}$$

　この方法によると，相電流瞬時値が 0 の場合においても，$S_{up} = -t_d V_d$，$S_{down} = t_d V_d$ となり，三角波の前半では $\Delta v = V_d t_d/(T/2)$，後半では $\Delta v = -V_d t_d/(T/2)$ となって，スイッチングの遅れをキャンセルすることができる．

1・5 モータ制御用各種センサ
1・5・1 電流センサ

　ベクトル制御のような高性能なモータ制御では，モータ電流の検出が不可欠である．電流センサは，電流制御（ACR）やセンサレス制御のための状態フィードバックに必要となる．また，インバータの主回路素子，モータの巻線や永久磁石を過電流から保護する機能も兼ねる．電流センサは，モータドライブシステムの性能を左右する重要な部品であり，コスト，サイズ（形状）や制御回路との絶縁などの要求を考慮してから選定する必要がある．**表1・3**に，一般的なモータ電流の検出方法を示す．

〔1〕**DCCT方式**

　電流検出に用いられるセンサとして最も一般的な方法は，ホール素子（磁気センサ）による電流センサを使用したDCCT方式である．インバータの出力回路に3個（または2個（$i_u + i_v + i_w = 0$））用いられる．直流と交流が重畳した電流を非接触（絶縁）で測定可能であり，PWM変調によるモータ相電流のリプル電流の平均値が測定可能な周波数特性と直線性があるため高性能なモータドライブでは適用される事例が多い．ホール素子による電流センサには，主に磁気比例式（オープンループ方式），磁気平衡式（クローズドループ方式）の2種類がある．

　図1・68に磁気比例式（オープンループ方式）の原理図を示す．アンペールの法則により，被測定電流が流れるとその周囲には電流に比例した大きさの磁界が

表1・3　モータ電流検出の方法

	DCCT方式	3シャント方式	1シャント方式	出力シャント方式
構成図	DCCT	R_u R_v R_w	R_{dc}	絶縁
検出原理	ホール素子利用	電流検出用シャント抵抗の電圧をアンプで増幅（高性能A/D変換が可能なCPUが必要）	電流検出用シャント抵抗の電圧をアンプで増幅（高性能A/D変換が可能なCPUが必要）	電流検出用シャント抵抗の電圧を絶縁アンプで増幅
性能	◎	○（過変調での検出不可）	△（リプル電流の平均値検出が不可）	◎
コスト	△	○	◎	△

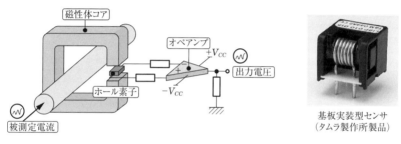

図 1・68　磁気比例式（オープンループ方式）[1]

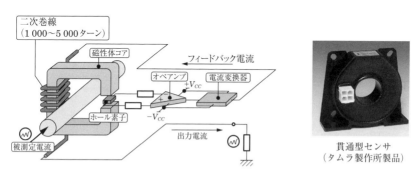

図 1・69　磁気平衡式（クローズドループ方式）[1]

発生する．感度を高めるためにその電流経路を1周するように磁性体コアを配置し，その磁性体コアのギャップ部に配置したリニア型ホール素子で磁束密度を電圧に変換する．ホール素子の出力電圧は数十 mV と低いために，マイコンのA/D コンバータの入力電圧（5 V 程度）になるようにオペアンプにより増幅調整する．被測定電流に比例した磁束密度を直接ホール素子で検出/増幅していることから磁気比例式と呼ばれ，通常の出力形式は電圧になる．電流センサの特性（精度，直線性，応答性，温度特性，高周波電流など）は，磁気平衡式よりも少し劣るが，形状寸法やコストを抑えることができる．

図 1・69 に磁気平衡式（クローズドループ方式）の原理図を示す．磁気平衡式は，磁性体コアの磁束密度がきわめて 0 に近い条件で被測定電流を検出する．したがって，磁性体コアの磁束密度は，動作領域において B–H カーブの原点付近で動作し，コアの非線形性などの影響を受けにくく，高精度の電流センシングが可能となる．

本方式は，磁性体コアに二次巻線（N ターン）を施しフィードバック制御に

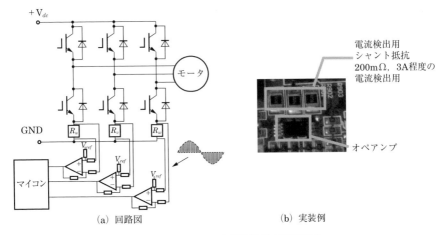

(a) 回路図　　　　　　　　　(b) 実装例

図 1・70　3 シャント電流検出の回路構成

より，被測定電流が生成する磁束を打ち消すように二次巻線にフィードバック電流を流す．被測定電流が生成する磁束とフィードバック電流が生成する磁束同士が打ち消しあい，磁性体コアの磁束が限りなく 0 になったときに二次巻線を流れるフィードバック電流は被測定電流の $1/N$ となる．磁気平衡式の電流センサはこのフィードバック電流を電流検出値として出力する．

〔2〕3 シャント方式

　図 1・70 に 3 シャント方式の回路構成を示す．3 シャント方式では，インバータの各相の下アームのスイッチング素子と GND 間に電流検出用シャント抵抗を設置する．シャント抵抗の電圧は微小であるため，マイコンの A/D コンバータの入力電圧に合わせるようにオペアンプで増幅され，その電圧は，パルス波形となり高速に検出する必要がある．近年では，マイコンにプログラマブルな増幅ゲインを設定できるオペアンプが内蔵されているため，一層の低コスト化が進んでいる．マイコンの A/D コンバータは，下アームのスイッチング素子がオンするタイミング（PWM 変調の三角波の頂点）に同期して電流値を取得するため，DCCT 同様にリプル電流の平均値を検出可能である．一般的にシャント方式は，シャント抵抗の損失と高精度で低い抵抗値の製作が難しいことなどから数 kW 程度以下のモータドライブシステムに用いられる．

〔3〕1 シャント方式

　図 1・71 に 1 シャント方式の回路構成を示す．1 シャント方式は，インバータ

1・5 モータ制御用各種センサ

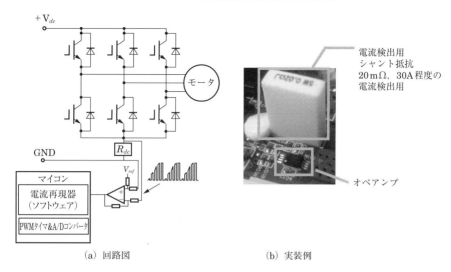

(a) 回路図 　　　　　　　　　(b) 実装例

図1・71　1シャント電流検出の回路構成

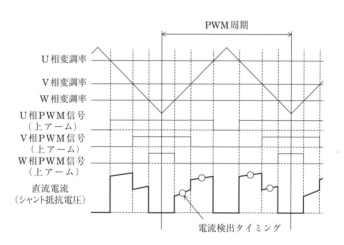

図1・72　PWMスイッチングパターンと直流電流

の下アーム三つのスイッチング素子とGND間にシャント抵抗を設置する．この検出回路は，インバータの過電流保護用にもともと使用されているものであり，3シャント電流検出に対しても1/3の回路構成となり，最も安価な電流検出方式である．図1・72に示すようにPWMキャリヤ1周期内の直流電流（シャント抵抗電圧）の変化からモータ電流を再現するため，PWMキャリヤの1周期で最低

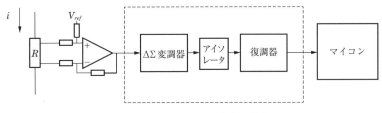

図1・73　出力シャント方式の構成図

2回，A/D コンバータにより直流電流検出を行う必要がある．このため，マイコンには電流検出タイミングの決定と二つの直流電流検出値，および PWM スイッチングパターンからモータ電流を再現する演算器（ソフトウェア）が必要となる．近年では，1シャント電流検出に適した PWM タイマと A/D コンバータが内蔵されたマイコンが普及しており，エアコン用のコンプレッサモータ駆動などの民生機器のインバータ回路では，一般的な方式となっている．

〔4〕出力シャント方式

表 1・3 に示したように，インバータ出力とモータ間にシャント抵抗を設置しモータ電流を検出する．図1・73 に，出力シャント方式の構成例を示す．シャント抵抗に発生する電圧をΔΣ変調器と絶縁回路を内蔵した専用 IC を用いてマイコンに入力する方法がある．直線性やオフセット電圧が小さいことなどから高精度に電流を検出することが可能であり，サーボモータなどの高性能なモータドライブでは適用される事例が多い．

1・5・2　位置センサ

センサ付きベクトル制御では，速度制御（ASR）や回転子の磁極位置の検出のため位置または速度の検出が必要となる．これに使用される位置（速度）センサは，性能と信頼性を左右する重要な部品であり，精度，コスト，サイズ（モータ側の制約），耐環境性や信頼性などの要求を考慮して選定する必要がある．表1・4 に，一般的な位置（速度）検出方法を示す．

〔1〕インクリメンタルエンコーダ

インクリメンタルエンコーダは回転速度に比例した周波数のパルスを発生する．図1・74 に示すように，光学式インクリメンタルエンコーダは回転円盤，固定スリット，発光ダイオード，フォトトランジスタなどで構成される．固定スリ

1・5 モータ制御用各種センサ

表 1・4 位置検出の方法

	インクリメンタル／アブソリュートエンコーダ	レゾルバ	磁気式（1Xタイプ）
検出原理	フォトトランジスタによるパルス信号出力	磁気回路を利用したアナログセンサ（R/D変換器によりパルス変換）	着磁した磁石の発生磁界を検出
精度（センサ単体）	◎ (0.02〜0.1°)	△ (0.3〜1°)	△ (0.3〜0.5°)
耐熱性	−10〜+85℃	−55〜+155℃	−40〜+150℃
耐ノイズ性	△	◎	○
コスト	△	◎	○

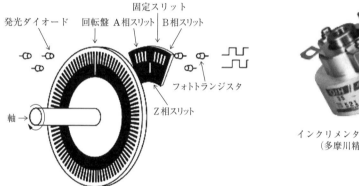

インクリメンタルエンコーダ
（多摩川精機製品）

図 1・74 インクリメンタルエンコーダの原理と実物写真[2]

ットは，円盤のスリットに対して 90°位相差ができるよう構成されている．出力信号は 90°位相差の A 相と B 相の二つの信号があり，これで回転方向を検出できる．原点信号である Z 相を出力するものもあり，永久磁石同期モータの回転子角度を検出するために必要となる．

[2] アブソリュートエンコーダ

アブソリュートエンコーダは，回転角度の絶対値を出力するエンコーダである．図 1・75 に示すように，回転スリットが中心から同心円に並び，2 進符号列として絶対位置を出力する．

[3] VR 型レゾルバ

図 1・76 に VR 型レゾルバの原理図を示す．ロータとステータで構成されており，ロータは電磁鋼板のみ，ステータコアには一相の励磁コイルと二相の出力コ

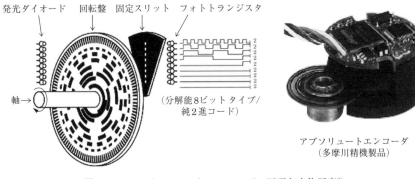

図1・75 アブソリュートエンコーダの原理と実物写真[2]

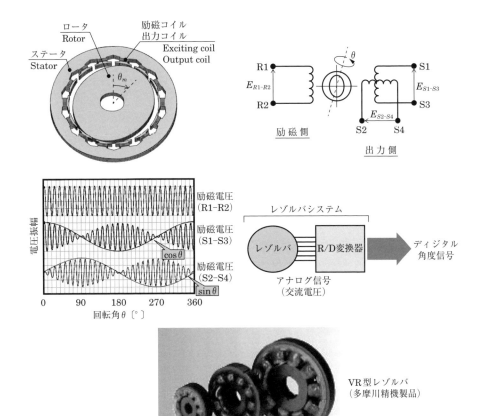

図1・76 VR型レゾルバの原理と実物写真[2]

イルが巻かれている．励磁側巻線を交流電圧で励磁すると，ロータ形状により，磁路中に設けたギャップ（透磁率）が回転角に対して周期的に変化するため，その電圧を読み取ることにより角度を検出することができる．励磁コイルに交流電圧を印加すると，各出力コイルには $\sin\theta$ と $\cos\theta$ の二相電圧が発生する．この出力電圧は，励磁電圧の周波数成分が含まれ，レゾルバ/ディジタル（R/D）変換器 IC による処理，またはマイコンの A/D コンバータで読み込みディジタル処理を行う必要がある．

〔4〕磁気式（1X タイプ）

　磁気式は，耐環境性に優れ，工作機械の主軸モータや真空モータなどに採用されている．中でも 1X タイプは，超小形化・薄形化が可能で，高速回転，中空構造への対応が容易であるため，超小形サーボモータやロボット用中空モータなどに採用されている．

　図 1・77 に示す 1X タイプの検出方式は，2 極に着磁した磁石が発生する磁界を磁界検出素子で検出した信号が，1 回転で 1 周期の正弦波形であることを利用している（1X：1 回転で 1 周期の信号を発生する構成）．一対の磁界検出素子（＋A と－A，＋B と－B）から磁石の 1 回転につき 1 周期の正弦波および余弦波のアナログ信号が得られ，これらの信号の逆正接を求めることで回転角度（1 回転内の絶対位置）が得られる．1X タイプの磁気式エンコーダは，連続性の磁界を検出対象としていて，エンコーダの出力信号精度や分解能は，磁界検出精度および信号処理精度に依存するため，小径でも高精度・高分解能が可能である．

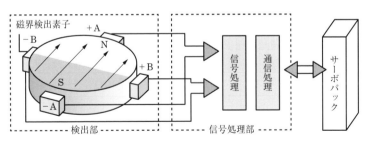

図 1・77　磁気式（1X タイプ）エンコーダの構成[4]

1・5・3　電圧センサ

インバータの直流電圧は，PWM 変調率の演算で必要となる．図 1・78 に示すように主回路と制御回路が非絶縁の構成では，抵抗分圧回路によりマイコンに入力できる電圧レベルに変換する．また，絶縁が必要な場合は，絶縁アンプを用いる．

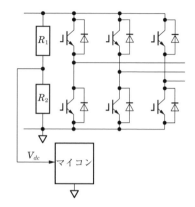

図 1・78　直流電圧検出回路

■引用・参考文献

1) 株式会社タムラ製作所：電流センサ回路方式の説明および製品写真
   http://www.tamura-ss.co.jp/electronics/sensor.html
2) 多摩川精機株式会社：位置センサの説明および製品写真
   http://www.tamagawa-seiki.co.jp
3) 川端幸雄，遠藤常博，高倉雄八：「位置センサレス・モータ電流センサレス永久磁石同期モータ制御に関する検討」，平成 14 年電気学会産業応用部門大会講演論文集，No.171（2002）
4) 株式会社安川電機：「安川電機ニュース」，YASKAWA NEWS, No.287, pp.10-11（2009）

2章 永久磁石同期電動機の制御系設計

2・1 永久磁石同期電動機の数学モデル

永久磁石同期電動機（PMSM：Permanent Magnet Synchronous Motor）を所望のトルク・速度・位置に制御するためには，この電動機の特徴を理解し，電気的・機械的なふるまいを把握することが必要である．本節では，まず，大きく2種類に大別されるPMSMについて，その特徴を整理しつつ，これらの電動機のふるまいを表す数学モデルを導出する．

図2・1にPMSMの概略図を示す．同図では簡単化のため2極3スロットのものを示している．PMSMは回転子に永久磁石を有する同期電動機であり，永久磁石の配置方法により，同図(a)に示す表面磁石同期電動機（SPMSM：Surface Permanent Magnet Synchronous Motor）と同図(b)に示す埋込磁石同期電動機（IPMSM：Interior Permanent Magnet Synchronous Motor）に大別される．表2・1にSPMSMとIPMSMの特徴および比較をまとめる．

SPMSMは永久磁石を回転子表面に配置した構造をしており，回転子による起磁力分布が正弦波状になるため，一般的に，正弦波状の電流を流すことでトル

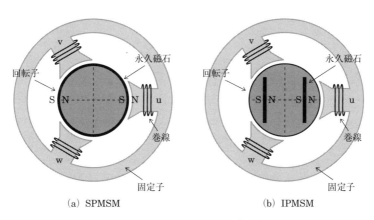

(a) SPMSM　　　(b) IPMSM

図2・1　PMSMの概略図（2極）

表2・1 SPMSM と IPMSM の特徴および比較

	SPMSM	IPMSM
永久磁石の配置方法	回転子表面	回転子内部
永久磁石の飛散防止対策	必要	不要
発生トルク	マグネットトルクのみ	マグネットトルクとリラクタンストルク
制御系設計	簡易	複雑
高速域での出力トルク	低	高
停止・低速域での位置センサレス制御	困難	比較的容易
トルク脈動抑制	比較的容易	困難
主な用途	位置決めなど低トルク脈動が求められる用途	高出力密度・高効率が求められる用途

クを一定に制御することができる．このため，制御系設計が簡易かつ低トルク脈動化が図りやすく，主にサーボ用途に用いられている．一方，IPMSM は永久磁石を回転子内部に配置した突極性を有する構造をしており，回転子による起磁力分布が正弦波状にならず，SPMSM に比べて制御系設計は複雑化する．しかしながら，突極性を利用することで，後述するリラクタンストルクの併用が可能となるために高出力密度化・高効率化が図りやすく，また，停止・低速域での位置センサレス制御も SPMSM に比べて比較的容易に実現可能となることから，家電機器・産業機器をはじめ，自動車用途にも広く用いられている．

　これら二つの電動機における特徴的な差異として，発生トルクの差異が挙げられる．SPMSM は回転子の永久磁石による起磁力と固定子の電機子反作用による起磁力との影響により，吸引・反発が生じることで得られるマグネットトルクのみであるのに対し，IPMSM ではこれに加えて，回転子の突極性に起因する磁気抵抗の差異によって，回転子の鉄心部分と固定子の電機子反作用による起磁力との影響により，吸引・反発が生じることで得られるリラクタンストルクも併用可能となる．IPMSM ではこれら二つのトルクを合成したトルクが発生トルクとなるため，高出力密度化・高効率化が図りやすくなる．ただし，IPMSM ではリラクタンストルクを併用可能となる反面，回転子位置によって自己インダクタンスおよび相互インダクタンスが変動するため，SPMSM と比べて数学モデルおよび制御系設計は複雑化する．これらを踏まえて，2・1・1 項では SPMSM および IPMSM の電気的なふるまいを表す数学モデル（回路方程式）を導出する．

2·1·1　三相交流で表した回路方程式

図 2·1 に示した PMSM の概略図から，SPMSM および IPMSM の回路方程式を導出する．本項では簡単化のため，以下の制約・仮定のもと回路方程式を導出する．

- 三相の PMSM を対象とする．
- 回転子の永久磁石による起磁力分布は正弦波状となる．
- 三相平衡の正弦波電圧を印加した際，流れる電流は正弦波となり，固定子の電機子反作用による起磁力分布は正弦波状となる．

上述の制約・仮定のもと，図 2·1 における固定子および回転子をモデル化すると図 2·2 に示す PMSM の物理モデルが得られる．同図の中央部分の円は回転子であり，棒磁石により永久磁石の磁極位置を表現している．また，外周部分の抵抗およびインダクタは固定子巻線を表現している．本書では回転子位置 θ_r を u 相から永久磁石の磁極までの位相と定義しており，回転子の回転角速度（電気角）を ω_r としている．

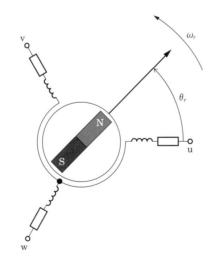

図 2·2　三相交流で表した PMSM の物理モデル

まず，三相交流で表した SPMSM の回路方程式を導出する．図 2·1(a) および図 2·2 より，三相の電動機の場合，u 相は v 相および w 相からの磁気的な干渉を受けるといったように，電気角 $\pm\dfrac{2\pi}{3}$ rad の位相差をもつ他相の電流による干

渉を受けることとなる．また，前述の仮定より，回転子の永久磁石による磁束が正弦波分布であれば，三相交流で表したSPMSMの回路方程式は式(2・1)で表される．

$$\begin{bmatrix} v_u \\ v_v \\ v_w \end{bmatrix} = \begin{bmatrix} R+pL' & pM' & pM' \\ pM' & R+pL' & pM' \\ pM' & pM' & R+pL' \end{bmatrix} \begin{bmatrix} i_u \\ i_v \\ i_w \end{bmatrix} + \omega_r \Psi' \begin{bmatrix} -\sin\theta_r \\ -\sin\left(\theta_r - \dfrac{2\pi}{3}\right) \\ -\sin\left(\theta_r - \dfrac{4\pi}{3}\right) \end{bmatrix}$$

(2・1)

ここで，$[v_u \ v_v \ v_w]^T$，$[i_u \ i_v \ i_w]^T$，R，p，L'，M'，Ψ' はそれぞれu-v-w相電圧，u-v-w相電流，巻線抵抗，微分演算子 $\left(=\dfrac{d}{dt}\right)$，各相巻線の自己インダクタンス，各相巻線間の相互インダクタンス，永久磁石に起因する各相巻線への磁束鎖交数である．このθ_rは回転子に依存する成分，すなわち，SPMSMにおいては速度起電力の変化を示すために用いている．

次に，三相交流で表したIPMSMの回路方程式を導出する．IPMSMでは，SPMSMと同様に他相の電流による干渉を受けることには変わりないが，その受け方はより複雑化する．SPMSMの場合は回転子表面がすべて永久磁石に覆われているため，自己インダクタンスおよび相互インダクタンスはほぼ一定として取り扱うことができるが，図2・1(b)より，IPMSMの場合は回転子表面が永久磁石ですべて覆われているわけではないことから，回転子の磁気抵抗は方向によって異なるため，固定子からみた自己インダクタンスおよび相互インダクタンスは回転子位置によって変動するといった突極性を有することになる．同図より，この変動は，永久磁石（N極）→鉄心→永久磁石（S極）→鉄心→永久磁石（N極）のように，電気角1周期に対して2周期の成分として表される．したがって，三相交流で表したIPMSMの回路方程式は式(2・2)で表される．

$$\begin{bmatrix} v_u \\ v_v \\ v_w \end{bmatrix} = \begin{bmatrix} R+pL_u & pM_{uv} & pM_{wu} \\ pM_{uv} & R+pL_v & pM_{vw} \\ pM_{wu} & pM_{vw} & R+pL_w \end{bmatrix} \begin{bmatrix} i_u \\ i_v \\ i_w \end{bmatrix} + \omega_r \Psi' \begin{bmatrix} -\sin\theta_r \\ -\sin\left(\theta_r - \dfrac{2\pi}{3}\right) \\ -\sin\left(\theta_r - \dfrac{4\pi}{3}\right) \end{bmatrix}$$

(2・2)

ここで，L_u, L_v, L_w, M_{uv}, M_{vw}, M_{wu} はそれぞれ各相巻線の自己インダクタンス，各相巻線間の相互インダクタンスであり

$$\begin{cases} L_u = L_{ave} - L_{amp} \cos 2\theta_r \\ L_v = L_{ave} - L_{amp} \cos\left(2\theta_r + \dfrac{2\pi}{3}\right) \\ L_w = L_{ave} - L_{amp} \cos\left(2\theta_r + \dfrac{4\pi}{3}\right) \\ M_{uv} = -\dfrac{1}{2} L_{ave} - L_{amp} \cos\left(2\theta_r + \dfrac{4\pi}{3}\right) \\ M_{vw} = -\dfrac{1}{2} L_{ave} - L_{amp} \cos 2\theta_r \\ M_{wu} = -\dfrac{1}{2} L_{ave} - L_{amp} \cos\left(2\theta_r + \dfrac{2\pi}{3}\right) \end{cases}$$

となる．また，L_{ave}, L_{amp} はそれぞれ各相の有効インダクタンスの平均値および脈動の振幅である．SPMSM の回路方程式である式(2·1)と比較すると，IPMSM の回路方程式は複雑なものとなることがわかる．

2·1·2　二相交流で表した回路方程式

PMSM の制御には前項で導出した三相交流で表した回路方程式よりも，これを変形した二相交流または二軸の直流で表した回路方程式が用いられることが多い．本項では二相交流で表した回路方程式について，二相交流で表すことの概念を述べた後に，その導出を行う．

二相交流で表す合理性を述べるために，まず，三相交流の極座標表現（ベクトル表記）について簡単に説明する．図 **2·3** に三相交流電圧と瞬時空間電圧ベクトルについて整理したものを示す．

モータドライブの分野において，三相交流は u 相を右向きにし，反時計回りを正回転とした座標系で表現されることが一般的であるので，本稿においてもこの通例に従って表現している．例えば，同図の(A)点では u 相の振幅が最大かつ符号は正，v 相および w 相の振幅が等しくかつ符号は負といった状況であり，この場合の各相電圧をベクトルで表現すると同図の左端のように表現され，その合成ベクトルの向きは u 相方向となる．同様に，各点において電圧ベクトルを

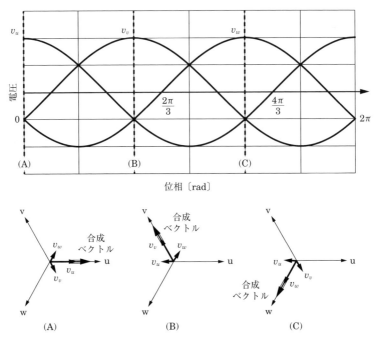

図 2・3 三相交流電圧と電圧ベクトルの関係

表現するとそれぞれ同図下部のように表現される．したがって，図2・3より，三相交流は振幅および位相での表現，すなわち，極座標表現が可能であることがわかる．このため，原理的に，三相交流は極座標を表現するための直交二軸の二相交流で表現し直すことが可能である．これは三相交流が振幅および位相の二次元で表現されることからも妥当であるといえる．**図2・4** に三相の座標系と二相の座標系との関係をまとめたベクトル図を示す．

ここで，二相交流はu相と同位相のα軸およびその直交方向のβ軸によって表現されている．同図より，三相交流を用いて二次元平面上に表したベクトルは二相交流によっても表現可能であることがわかる．

上述の議論に基づき，三相交流で表した回路方程式を二相交流，すなわち，α–β座標系で表した回路方程式へ変換することを考える．図2・4に示すように，α軸はu相，v相の$\cos\dfrac{2\pi}{3}$およびw相の$\cos\dfrac{4\pi}{3}$成分の和として表現されることがわかる．また，β軸はv相の$\sin\dfrac{2\pi}{3}$およびw相の$\sin\dfrac{4\pi}{3}$成分の和として表現される．したがって，三相交流と二相交流の間には式(2・3)の関係が成立する．

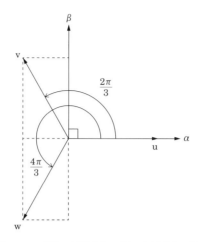

図 2・4 三相の座標系と二相の座標系との関係

$$\begin{bmatrix} \alpha \\ \beta \end{bmatrix} = \begin{bmatrix} 1 & -\dfrac{1}{2} & -\dfrac{1}{2} \\ 0 & \dfrac{\sqrt{3}}{2} & -\dfrac{\sqrt{3}}{2} \end{bmatrix} \begin{bmatrix} u \\ v \\ w \end{bmatrix} \quad (2\cdot 3)$$

ただし,式(2・3)による変換では座標変換前後の電力を演算すると,座標変換後の方が $\dfrac{3}{2}$ 倍大きく見積もられる.これは三相交流で表された電圧に電流を乗じたものの和と式(2・3)を用いて三相交流電圧および電流を座標変換し,得られた二相交流で表された電圧に電流を乗じたものの和とを比較することで確認することができる.すなわち,式(2・4)と式(2・5)を比較することで確認できる.

$$\begin{bmatrix} i_u & i_v & i_w \end{bmatrix} \begin{bmatrix} v_u \\ v_v \\ v_w \end{bmatrix} = v_u i_u + v_v i_v + v_w i_w \quad (2\cdot 4)$$

$$\begin{aligned}
\begin{bmatrix} i_\alpha & i_\beta \end{bmatrix} \begin{bmatrix} v_\alpha \\ v_\beta \end{bmatrix} &= v_\alpha i_\alpha + v_\beta i_\beta \\
&= \left(v_u - \frac{1}{2} v_v - \frac{1}{2} v_w \right) \left(i_u - \frac{1}{2} i_v - \frac{1}{2} i_w \right) + \left(\frac{\sqrt{3}}{2} v_v - \frac{\sqrt{3}}{2} v_w \right) \left(\frac{\sqrt{3}}{2} i_v - \frac{\sqrt{3}}{2} i_w \right) \\
&= \frac{9}{4} v_u i_u + \frac{3}{4} \{ v_v i_v - v_v (-i_u - i_v) - v_w (-i_u - i_w) + v_w i_w \}
\end{aligned}$$

$$= \frac{9}{4} v_u i_u + \frac{3}{2} (v_v i_v + v_w i_w) - \frac{3}{4} v_u i_u$$

$$= \frac{3}{2} (v_u i_u + v_v i_v + v_w i_w) \tag{2・5}$$

このため,座標変換後の電力が不変となるように,電圧および電流で均等に補正した式(2・6)の座標変換も用いられる.

$$\begin{bmatrix} \alpha \\ \beta \end{bmatrix} = \sqrt{\frac{2}{3}} \begin{bmatrix} 1 & -\frac{1}{2} & -\frac{1}{2} \\ 0 & \frac{\sqrt{3}}{2} & -\frac{\sqrt{3}}{2} \end{bmatrix} \begin{bmatrix} u \\ v \\ w \end{bmatrix} \tag{2・6}$$

式(2・6)を用いた座標変換は絶対変換と呼ばれる.本書では,式(2・6)による座標変換を用いて議論を展開することにする.SPMSMの回路方程式である式(2・1)を式(2・6)により座標変換すると,α-β座標系上で表した回路方程式である式(2・7)が得られる.

$$\begin{bmatrix} v_\alpha \\ v_\beta \end{bmatrix} = \begin{bmatrix} R+pL & 0 \\ 0 & R+pL \end{bmatrix} \begin{bmatrix} i_\alpha \\ i_\beta \end{bmatrix} + \omega_r \Psi \begin{bmatrix} -\sin\theta_r \\ \cos\theta_r \end{bmatrix} \tag{2・7}$$

ここで,$[v_\alpha \ v_\beta]^T$, $[i_\alpha \ i_\beta]^T$, L, Ψはそれぞれα-β座標系上における各軸の電圧,電流,自己インダクタンス,α-β座標系上における永久磁石に起因する磁束鎖交数であり

$$\begin{cases} L = L' - M' \\ \Psi = \sqrt{\dfrac{3}{2}} \Psi' \end{cases}$$

となり,巻線抵抗は座標変換しても値は変わらない.同様に,IPMSMの回路方程式である式(2・2)を式(2・6)により座標変換すると,α-β座標系上で表した回路方程式である式(2・8)が得られる.

$$\begin{bmatrix} v_\alpha \\ v_\beta \end{bmatrix} = \begin{bmatrix} R+pL_\alpha & pL_{\alpha\beta} \\ pL_{\beta\alpha} & R+pL_\beta \end{bmatrix} \begin{bmatrix} i_\alpha \\ i_\beta \end{bmatrix} + \omega_r \Psi \begin{bmatrix} -\sin\theta_r \\ \cos\theta_r \end{bmatrix} \tag{2・8}$$

ここで,L_α, L_β, $L_{\alpha\beta}$, $L_{\beta\alpha}$はそれぞれα軸自己インダクタンス,β軸自己インダクタンス,各軸間の相互インダクタンスであり

$$\begin{cases} L_\alpha = \dfrac{3}{2}L_{ave} + \dfrac{3}{2}L_{amp}\cos 2\theta_r = L_0 + L_1\cos 2\theta_r \\ L_\beta = \dfrac{3}{2}L_{ave} - \dfrac{3}{2}L_{amp}\cos 2\theta_r = L_0 - L_1\cos 2\theta_r \\ L_{\alpha\beta} = L_{\beta\alpha} = \dfrac{3}{2}L_{amp}\sin 2\theta_r = L_1\sin 2\theta_r \end{cases}$$

となる．式(2・7)と式(2・8)を比較すると，SPMSMにおいては他軸の干渉成分がキャンセルされ，より簡易な回路方程式となるが，IPMSMにおいては突極性を有するために他軸の干渉成分が残存したままである．また，インダクタンス成分も2倍角周期で変動する点に変わりはない．ここで，図2・2に示したPMSMの物理モデルをα-β座標系に座標変換すると**図2・5**のように表される．

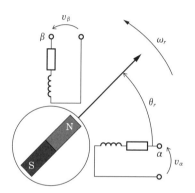

図2・5 α-β座標系上で表したPMSMの物理モデル

同図の外周部分の抵抗およびインダクタンスは各軸成分に換算した固定子巻線を表している．α-β座標系上に座標変換することにより，三相平衡の条件には従うものの，各軸に与える電圧は任意に決定することができるため，同図のように表現している．

次に，式(2・7)および式(2・8)の回路方程式に基づいたトルク方程式を導出する．ここでは出力トルクは入力P_{in}から抵抗で消費される電力およびインダクタンスに蓄えられる電力の時間変化を差し引いたものを回転子の回転角速度（電気角）ω_rで除し，極対数P_nを乗ずることで算出する．式(2・7)および式(2・8)に対して各軸電流を乗じて整理することで，それぞれ式(2・9)および式(2・10)が得ら

れる．

$$P_{in} = \begin{bmatrix} i_\alpha & i_\beta \end{bmatrix} \begin{bmatrix} v_\alpha \\ v_\beta \end{bmatrix}$$

$$= R(i_\alpha{}^2 + i_\beta{}^2) + \frac{1}{2}(pLi_\alpha{}^2 + pLi_\beta{}^2) + \omega_r \Psi(-i_\alpha \sin\theta_r + i_\beta \cos\theta_r)$$

(2・9)

$$P_{in} = \begin{bmatrix} i_\alpha & i_\beta \end{bmatrix} \begin{bmatrix} v_\alpha \\ v_\beta \end{bmatrix}$$

$$= R(i_\alpha{}^2 + i_\beta{}^2) + \frac{1}{2}p(L_\alpha i_\alpha{}^2 + L_\beta i_\beta{}^2 + L_{\alpha\beta} i_\alpha i_\beta)$$

$$+ \omega_r[\Psi(-i_\alpha \sin\theta_r + i_\beta \cos\theta_r) + \{(L_\alpha - L_\beta)i_\alpha i_\beta + L_{\alpha\beta}(-i_\alpha{}^2 + i_\beta{}^2)\}]$$

(2・10)

ここでは，簡単化のため，$pL=0$，$pL_0=0$，$pL_1=0$，すなわち，インダクタンスの平均値および振幅は変動しないものとしている．式(2・9)および式(2・10)の右辺第1項は抵抗で消費される電力，第2項はインダクタンスに蓄えられる電力の時間変化，第3項は出力を表している．同式の右辺第3項をω_rで除し，極対数を乗ずることで，式(2・11)および式(2・12)に示すSPMSMおよびIPMSMのトルク方程式が導出される．

$$\tau = P_n \Psi(-i_\alpha \sin\theta_r + i_\beta \cos\theta_r) \qquad (2・11)$$
$$\tau = P_n[\Psi(-i_\alpha \sin\theta_r + i_\beta \cos\theta_r) + \{(L_\alpha - L_\beta)i_\alpha i_\beta + L_{\alpha\beta}(-i_\alpha{}^2 + i_\beta{}^2)\}]$$

(2・12)

ここで，τは出力トルクである．式(2・11)および式(2・12)の右辺第1項はマグネットトルクを表しており，式(2・12)の右辺第2項はリラクタンストルクを表している．同式より，各軸電流を適切に制御することで，トルク制御が可能となることがわかる．

2・1・3　d-q 座標系上で表した回路方程式

PMSMの制御系設計が複雑であることの大きな要因に，電圧や電流といった諸量が交流であることが挙げられる．前項では電流を制御することでトルク制御が可能であることを述べたが，α-β座標系の電流は交流成分であるため，トルクを制御しようとした場合，振幅・周波数・位相差を適切に決定する必要があり，

さらに，交流電流の指令値に対して実際の電流値を追従させようとすると，次数の高い制御器を用意しなければならない．これらの問題に対する有力な解決手法にベクトル制御が挙げられる．前項までの回路方程式はu-v-w座標系，α-β座標系といったあくまで固定子を基準とした座標系で表されていたのに対し，ベクトル制御では回転子を基準とした座標系で表される回路方程式を用いる点に大きな差異がある．詳しくは後述するが，d-q座標系上で回路方程式を表すと，電流振幅の制御のみでトルク制御が可能となり，制御系設計が非常に容易となる．

そこで，本項では回転子を基準とした座標系であるd-q座標系について述べるとともに，d-q座標系上で表した回路方程式を導出する．**図2・6**にα-β座標系とd-q座標系との関係を示す．

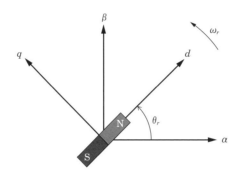

図2・6 α-β座標系とd-q座標系との関係

図2・6では，回転子の磁極方向を強調するため，棒磁石を用いて回転子を表現している．同図のように，PMSMにおいては永久磁石の磁極方向をd軸，その直交方向をq軸と定義することが一般的である．このため，d-q座標系は回転子に同期して回転する回転座標系となる．また，α軸とd軸との位相差はθ_rで表される．

通常，θ_rはパルスエンコーダやレゾルバといった位置センサを用いて取得する．これらを踏まえると，α-β座標系とd-q座標系との間には式(2・13)の関係式が成立する．

$$\begin{bmatrix} d \\ q \end{bmatrix} = \begin{bmatrix} \cos\theta_r & \sin\theta_r \\ -\sin\theta_r & \cos\theta_r \end{bmatrix} \begin{bmatrix} \alpha \\ \beta \end{bmatrix} \tag{2・13}$$

α-β座標系で表した回路方程式である式(2・7)および式(2・8)をそれぞれ式(2・

13)により座標変換すると, d-q 座標系上で表した回路方程式(2・14)および式(2・15)が得られる.

$$\begin{bmatrix} v_d \\ v_q \end{bmatrix} = \begin{bmatrix} R+pL & -\omega_r L \\ \omega_r L & R+pL \end{bmatrix} \begin{bmatrix} i_d \\ i_q \end{bmatrix} + \omega_r \Psi \begin{bmatrix} 0 \\ 1 \end{bmatrix} \quad (2 \cdot 14)$$

$$\begin{bmatrix} v_d \\ v_q \end{bmatrix} = \begin{bmatrix} R+pL_d & -\omega_r L_q \\ \omega_r L_d & R+pL_q \end{bmatrix} \begin{bmatrix} i_d \\ i_q \end{bmatrix} + \omega_r \Psi \begin{bmatrix} 0 \\ 1 \end{bmatrix} \quad (2 \cdot 15)$$

ここで, L_d, L_q はそれぞれ d 軸インダクタンスおよび q 軸インダクタンスであり

$$\begin{cases} L_d = L_0 + L_1 \\ L_q = L_0 - L_1 \\ L_0 = \dfrac{L_d + L_q}{2} \\ L_1 = \dfrac{L_d - L_q}{2} \end{cases}$$

となる. 式(2・14)および式(2・15)より, SPMSM では d-q 座標系に座標変換しても各軸に表れるインダクタンス成分は同一であるのに対し, IPMSM では突極性を有するために各軸に表れるインダクタンス成分が異なることがわかる. また, d-q 座標系の定義より, IPMSM においては, d 軸は永久磁石を通る経路, q 軸は鉄心のみを通る経路となるため, 一般的に $L_d < L_q$ となる傾向にあり, 巻線界磁形とは異なり逆突極性をもつ. ここで, 図2・5 に示した α-β 座標系上における PMSM の物理モデルを d-q 座標系に座標変換すると**図2・7**のように表される.

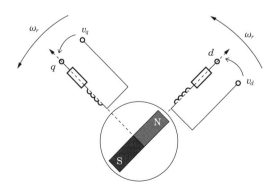

図2・7 d-q 座標系上で表した PMSM の物理モデル

同図の外周部分の抵抗およびインダクタンスは各軸成分に換算した固定子巻線を表している．$α-β$ 座標系と同様，各軸に与える電圧は任意に決定することができるため，同図のように表現している．$d-q$ 座標系上に座標変換することにより，各軸の固定子巻線は回転子と同期して回転する巻線として表される．これにより，回転子と $d-q$ 座標系上に座標変換した各巻線は相対的に静止しているのと等価になるため，各巻線を直流回路として扱うことが可能となる．このため，$d-q$ 座標系上では電流振幅の制御のみでトルク制御が可能となる．

次に，式(2・14)および式(2・15)の回路方程式に基づいたトルク方程式を導出する．前項と同様，出力トルクは入力電力から抵抗で消費される電力およびインダクタンスに蓄えられる電力の時間変化を差し引いたものを回転子の回転角速度(電気角) $ω_r$ で除し，極対数 P_n を乗じることで算出する．式(2・14)および式(2・15)に対して各軸電流を乗じて整理することで，それぞれ式(2・16)および式(2・17)が得られる．

$$P_{in} = \begin{bmatrix} i_d & i_q \end{bmatrix} \begin{bmatrix} v_d \\ v_q \end{bmatrix}$$

$$= R(i_d^2 + i_q^2) + \frac{1}{2}(pLi_d^2 + pLi_q^2) + ω_r Ψ i_q \tag{2・16}$$

$$P_{in} = \begin{bmatrix} i_d & i_q \end{bmatrix} \begin{bmatrix} v_d \\ v_q \end{bmatrix}$$

$$= R(i_d^2 + i_q^2) + \frac{1}{2}(pL_d i_d^2 + pL_q i_q^2) + ω_r \{Ψ i_q + (L_d - L_q) i_d i_q\} \tag{2・17}$$

ここでは，簡単化のため，$pL_d = 0$，$pL_q = 0$ としている．式(2・16)および式(2・17)の右辺第1項は抵抗で消費される電力，第2項はインダクタンスに蓄えられる電力の時間変化，第3項は出力を表している．同式の右辺第3項を $ω_r$ で除し，極対数を乗じることで，式(2・18)および式(2・19)に示す SPMSM および IPMSM のトルク方程式が導出される．

$$τ = P_n Ψ i_q \tag{2・18}$$

$$τ = P_n \{Ψ i_q + (L_d - L_q) i_d i_q\} \tag{2・19}$$

式(2・18)および式(2・19)の右辺第1項はマグネットトルクを表しており，式(2・19)の右辺第2項はリラクタンストルクを表している．同式より，各軸電流を適切に制御することで，トルク制御が可能となることがわかる．また，一定の

トルクに制御する場合は各軸電流を一定値，すなわち，各軸電流の直流成分を制御すればよいこともわかる．これは，交流の諸量を制御するために必要な位相差を，検出したθ_rで補ったために可能となったものと考えることもできる．

d–q座標系を用いることで，SPMSMおよびIPMSMのトルク制御が非常に簡易化するが，デメリットとして位相θ_rの検出が必要となるといった課題がある．1・1・3項でも述べたように，位置センサの設置にはいくつかの問題や課題があるため，用途によっては好ましくない場合がある．これらの問題への有力な解決策が位置センサレスベクトル制御である．位置センサレスベクトル制御の詳細については2・4節で述べる．

2・1・4　運動方程式

前項までにSPMSMおよびIPMSMの電気的なふるまいを表す数学モデルを導出した．本項では機械的なふるまいを示す数学モデル（運動方程式）を示す．

電動機の運動方程式は回転系の運動方程式をそのまま用いることができ，式(2・20)で表すことができる．

$$\tau - \tau_L = J_m p(\omega_r / P_n) \tag{2・20}$$

ここで，τ_L，J_mはそれぞれ負荷トルク，慣性モーメントである．交流電動機であるSPMSMおよびIPMSMでは機械的な接触部分がベアリング部分のみであり，誘導電動機のような冷却ファンもないことから，機械損は小さい．このため，制御系設計においては摩擦項を無視する場合が多い．

2・2　永久磁石同期電動機のベクトル制御と制御系設計

永久磁石同期電動機（PMSM）の制御方法として，一般的に"ベクトル制御"が適用される．ベクトル制御は，1968年頃，HasseおよびBlaschkeによって提案されたもので[3)~5)]，交流電動機の電流を，トルクを発生する成分と磁束を発生する成分とに分解し，それぞれの電流成分を独立に制御する方式である．また，ベクトル制御は，結果として回転機の磁界の方向を制御することになるため，磁界方向制御（Field Oriented Control）とも呼ばれている．

本節では，PMSMにおけるベクトル制御の構成について解説し，その後，電流制御，速度制御の設計法について説明する．

2・2・1 ベクトル制御の構成

ベクトル制御の原理を説明する前に，まず直流電動機におけるトルク発生の原理について解説する．モータのトルク発生の原理はフレミングの左手の法則によっており，発生する力の大きさ F と磁束ベクトル $\boldsymbol{\Phi}$，電流ベクトル $\boldsymbol{i}$ の間には次の関係がある．

$$F = K \cdot \boldsymbol{i} \times \boldsymbol{\Phi} = K \cdot |\boldsymbol{\Phi}| \cdot |\boldsymbol{i}| \sin \theta \tag{2・21}$$

ただし，K は巻線数や導体の長さから得られる定数，$\times$ はベクトル積（外積），θ は磁束と電流ベクトルとのなす角である．

直流電動機では，図 2・8 に示すように，ブラシと整流子の整流作用により，永久磁石による界磁磁束 $\boldsymbol{\Phi}$ と電機子電流 I_a とのなす角は 90°に固定さているため，瞬時トルク τ は次のようになる．

$$\tau = K' \cdot |\boldsymbol{\Phi}| \cdot I_a = K_\tau \cdot I_a \tag{2・22}$$

ただし，K' は電機子巻線の長さ，巻数や回転子半径等から得られる定数，
K_τ はトルク定数

つまり，瞬時トルク τ は電機子電流 I_a にのみ比例する．これは，電機子電流の瞬時値を制御することによって，瞬時トルクを容易に制御できることを示している．

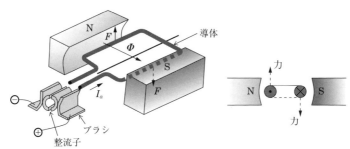

図 2・8　直流電動機の原理図

一方，PMSM では，回転子側に永久磁石があり，磁束方向と電流方向は機械的には固定されない．磁束と電流の角度を一定に保つためには，電気的に電流の方向を調整する必要がある．図 2・9 に PMSM のトルク発生原理を示す．磁束が永久磁石のみによるものとすると，同図に示すように，磁束 $\boldsymbol{\Phi}$ を横切るように配置された巻線に電流を流すと，磁束方向と電流の角度が 90°となる．このとき，固定子に磁束 $\boldsymbol{\Phi}$ と電流 i_a の積に比例したトルクが発生し，回転子は反作用トル

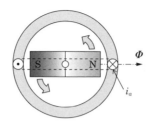

図2・9 PMSMトルク発生原理図

クにより反時計方向に回転する．つまり，磁束の位置と大きさ（磁束ベクトル）を検出し，これを基に電流の方向と所望のトルクとなる電流の大きさ（電流ベクトル）を制御することによって，直流電動機と同等の瞬時トルク制御が可能となる．これがベクトル制御の原理である．

ここで，d-q座標系上で表した回路方程式である式(2・15)を式(2・23)に再掲する．

$$\begin{bmatrix} v_d \\ v_q \end{bmatrix} = \begin{bmatrix} R+pL_d & -\omega_r L_q \\ \omega_r L_d & R+pL_q \end{bmatrix} \begin{bmatrix} i_d \\ i_q \end{bmatrix} + \omega_r \Psi \begin{bmatrix} 0 \\ 1 \end{bmatrix} \qquad (2・23)$$

式(2・23)において，右辺第1項の1行1列と2行2列の成分は，電機子巻線抵抗による電圧降下と電流変化によるインダクタンスの電圧降下を示す．定常状態では電流が一定となるため，インダクタンスの電圧降下は0となる．右辺第1項1行2列と2行1列はd, q軸の電機子反作用による誘起電圧を表している．第2項は永久磁石の電機子鎖交磁束による誘起電圧を示す．式(2・23)に基づき，d軸電流が0，q軸電流が一定値とした場合の定常状態におけるベクトル図を**図2・10**に示す．

また，式(2・18)で導出したSPMSMの発生トルクを直流電動機の発生トルクである式(2・22)と対比させると，発生トルクは電機子鎖交磁束ベクトルΨ_oと電流ベクトル$\boldsymbol{i}_{dq} = (i_d, i_q)$の外積より求まり，次のようになる．

$$\tau = P_n \cdot \Psi_o \times \boldsymbol{i}_{dq} = P_n \cdot \Psi \cdot i_q \qquad (2・24)$$

つまり，永久磁石による磁束が一定であれば，瞬時トルクτはq軸電流i_qに比例する．

ところで，電動機の磁束成分として，永久磁石のほかに電機子電流によって生じる電機子反作用がある．図2・10における$L_q i_q$は，q軸電流による電機子反作用を示している．同図からわかるように，q軸電流のみを流す場合，電流ベクト

2・2 永久磁石同期電動機のベクトル制御と制御系設計

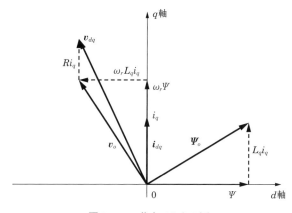

図 2・10　基本ベクトル図

ルと電機子反作用ベクトルとは同じ方向となるためトルクを発生することはない．しかし $L_d \neq L_q$ の場合に d 軸電流を与えると，電機子反作用ベクトルと電流ベクトルとの方向に差が生じるためにトルクが発生する．**図 2・11**(a) に $L_d = L_q$，同図(b)に $L_d < L_q$ の場合における電流ベクトルと電機子反作用ベクトルを示す．同図より，L_d，L_q の大きさの違いによって，電流ベクトルと電機子反作用ベクトルの方向に差が生じることがわかる．なお，図 2・11 における二つのベクトルの単位は異なり，大きさは比較できないので，方向のみを参照されたい．

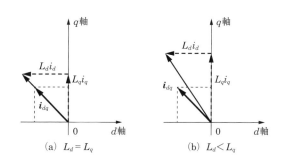

図 2・11　電機子反作用ベクトル図

前節で説明したように，永久磁石同期電動機には，大きく分けてロータ表面に永久磁石をはり付けた表面磁石同期電動機（SPMSM）とロータ内部に磁石を埋め込んだ埋込磁石同期電動機（IPMSM）がある．SPMSM は，ロータ表面に永久磁石があり，永久磁石の透磁率が真空中とほぼ同じであるため，回転子位置に

よる磁気抵抗変化が生じない（$L_d = L_q$）．そのため，永久磁石の電機子鎖交磁束によるトルク（マグネットトルク）のみを利用することができ，図2・10や式(2・24)に示したように，q軸電流i_qによってトルクを制御することができる．

一方，IPMSMでは，ロータ表面の鉄心により磁気抵抗が変化するため（$L_d \neq L_q$），電機子反作用によるトルク，つまりリラクタンストルクが利用できる．IPMSMの場合，$L_d < L_q$の逆突極性を有するため，負のd軸電流を流すことによってリラクタンストルクを有効に利用できる．IPMSMの定常状態におけるベクトル図は図2・12となる．電機子反作用を考慮した電機子鎖交磁束$|\boldsymbol{\Psi}_o|$は次式となる．

$$|\boldsymbol{\Psi}_o| = \sqrt{(\Psi + L_d i_d)^2 + (L_q i_q)^2} \tag{2・25}$$

式(2・19)で導出したIPMSMにおける発生トルクを直流電動機の発生トルクである式(2・22)と対比させると，発生トルクは電機子鎖交磁束ベクトル$\boldsymbol{\Psi}_o$と電機子電流ベクトル$\boldsymbol{i}_{dq}$の外積より次のようになる．

$$\begin{aligned}\tau &= P_n \cdot \boldsymbol{\Psi}_o \times \boldsymbol{i}_{dq} \\ &= P_n \cdot \Psi i_q + P_n (L_d - L_q) \cdot i_d i_q\end{aligned} \tag{2・26}$$

式(2・26)の第1項はマグネットトルク，第2項はリラクタンストルクを表している．なお，マグネットトルクとリラクタンストルクを有効に利用するためには，トルク指令に応じてd, q軸電流（あるいは電流位相）を適切に制御する必要があるが，これについては2・3節で説明する．

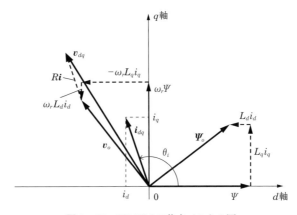

図2・12　IPMSMの基本ベクトル図

2・2・2　PMSMの制御系設計

　PMSMの一般的な速度制御系は，図 **2・13** に示すように，内側から電流制御，速度制御のフィードバックループにより構成される．ここで，ω_{rm} は機械角速度であり，*は指令値を意味する．

　ベクトル制御では，回転子を基準とした d-q 座標系に基づいて制御をするため，検出した固定子電流の d-q 座標系への変換と，d, q 軸上で求めた指令電圧の固定座標系（α-β 座標系）への変換に磁極位置 θ_r および速度 ω_r を用いる．図 2・13では，磁極位置 θ_r の検出に位置検出器を利用する場合を示している．

　各制御器には，一般的に PI（Proportional-Integral）制御が用いられる．モータの抵抗・インダクタンス・慣性モーメントなど電気的・機械的なパラメータを用いて PI ゲインを定めることにより，応答性を設計する手法が確立している[9]．PI 制御は，実機における応答性の調整も容易であり，また制御のディジタル化により安定した特性も得られるようになったため，使い勝手の良い実用的な方法として現在広く用いられている．

　以下に，電流制御器，速度制御器の設計方法について説明する．なお，トルク指令から適切な電流指令を演算する電流指令演算器については 2・3 節にて説明する．

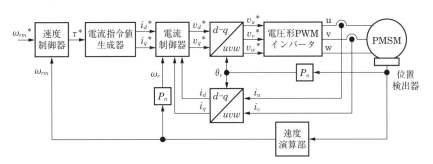

図 2・13　永久磁石同期電動機の速度制御系

〔1〕電流制御系の設計

　前項で述べたように，PMSM にベクトル制御を適用することによって，d, q 軸上の電流制御による瞬時トルク制御が可能となる．このベクトル制御の基礎となるものが式(2・23)に示した PMSM の d-q 座標系における電圧方程式である．式(2・23)を状態方程式に変換すると式(2・27)になる．

$$\frac{d}{dt}\begin{bmatrix}i_d\\i_q\end{bmatrix}=\begin{bmatrix}-\dfrac{R}{L_d} & \omega_r\dfrac{L_q}{L_d}\\-\omega_r\dfrac{L_d}{L_q} & -\dfrac{R}{L_q}\end{bmatrix}\begin{bmatrix}i_d\\i_q\end{bmatrix}+\begin{bmatrix}\dfrac{1}{L_d} & 0\\0 & \dfrac{1}{L_q}\end{bmatrix}\begin{bmatrix}v_d\\v_q\end{bmatrix}+\begin{bmatrix}0\\-\dfrac{1}{L_q}\omega_r\varPsi\end{bmatrix} \quad (2\cdot27)$$

式(2・27)は，d, q 軸電圧 v_d, v_q により，d, q 軸電流 i_d, i_q を制御できることを表している．電圧ベクトルを入力とし，電流ベクトルを状態変数とした式(2・27)を，ブロック図に表すと図 2・14 となる．同図には，外乱トルク τ_L と慣性モーメント J_m とからなる機械系のモデルも示している．図 2・14 のブロック図より，v_d, v_q を変化させ，i_d, i_q を制御することにより，トルクを制御できることがわかる．しかし，d, q 軸間で干渉し合う速度起電力項があり，これが各軸の電流制御に対する外乱となる．速度が高くなると干渉成分の影響が増加し，電流制御性能を著しく劣化させる要因となる．

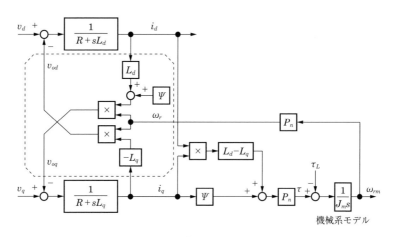

図 2・14 d-q 軸上で表した PMSM のブロック図

そこで，各軸の電流を独立に制御できるように，2 自由度制御の考え方に基づいて速度起電力項を補償する非干渉化制御を適用する．式(2・23)より，速度起電力項を分離すると次のように表せる．

$$\begin{bmatrix}v_d\\v_q\end{bmatrix}=\begin{bmatrix}R+pL_d & 0\\0 & R+pL_q\end{bmatrix}\begin{bmatrix}i_d\\i_q\end{bmatrix}+\begin{bmatrix}v_{od}\\v_{oq}\end{bmatrix} \quad (2\cdot28)$$

$$\begin{bmatrix}v_{od}\\v_{oq}\end{bmatrix}=\begin{bmatrix}0 & -\omega_r L_q\\\omega_r L_d & 0\end{bmatrix}\begin{bmatrix}i_d\\i_q\end{bmatrix}+\begin{bmatrix}0\\\omega_r\varPsi\end{bmatrix} \quad (2\cdot29)$$

2・2 永久磁石同期電動機のベクトル制御と制御系設計

　式(2・29)は，図2・14のブロック図における破線で囲われた速度起電力項を示している．式(2・29)の右辺第2項は永久磁石による起電力項であり，d, q軸間で干渉し合うものではないが，このようにすることで式(2・28)のように電圧方程式を単純化することができる．

　式(2・29)があらかじめわかっているとすれば以下のようにd, q軸電圧指令$v_d{}^*$, $v_q{}^*$に対して式(2・30)のような補償をすることができる．

$$
\begin{aligned}
v_d &= v_d{}^* + v_{od} \\
v_q &= v_q{}^* + v_{oq}
\end{aligned}
\tag{2・30}
$$

これを，式(2・28)に代入すると，

$$
\begin{bmatrix} v_d{}^* \\ v_q{}^* \end{bmatrix} = \begin{bmatrix} R+pL_d & 0 \\ 0 & R+pL_q \end{bmatrix} \begin{bmatrix} i_d \\ i_q \end{bmatrix}
\tag{2・31}
$$

となり，d, q軸はそれぞれ独立した単純なLR回路とみなすことができる．

　ここで，式(2・29)の各要素について検討する．d, q軸インダクタンスL_d, L_qおよび永久磁石による電機子鎖交磁束Ψは，モータの特性を示すものであり，あらかじめ測定することができる．d, q軸電流i_d, i_qは電流センサによる検出電流を座標変換することにより取得可能である．速度ω_rは，速度センサにより検出，あるいは速度推定器により推定した値を用いることができる．これらの情報を用いることにより式(2・29)を演算し，式(2・30)のように速度起電力を補償した電圧をモータに加えることで，d, q軸電流を独立に制御する非干渉制御を実現する．

　図2・14のPMSMのブロック図に，式(2・31)に示した補償電圧を与えると，**図2・15**のような非干渉化後のPMSMのブロック図が得られる．

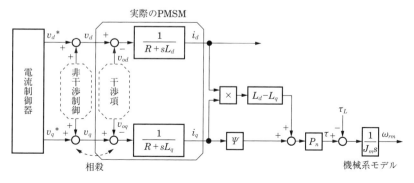

図2・15 非干渉化したPMSMのブロック図

同図において，d, q 軸電圧指令 $v_d{}^*$, $v_q{}^*$ には，電流フィードバック制御器により決定される指令電圧を与える．トルクを高応答に制御し，かつ広範囲にわたる PMSM の高効率駆動を行うためには，電流フィードバックによる電流制御が有効である．図 2·15 のように，非干渉制御を適用することにより，制御対象はインダクタンスと抵抗からなる一次遅れ系とみなすことができる．一次遅れ系の制御対象を制御する場合，比例（P：Proportional）制御では定常偏差が残るため，一般的に比例積分（PI：Proportional-Integral）制御が適用される．以下に，電流制御として PI 制御を用いた場合の，伝達関数による制御系の設計法について説明する．

インダクタンス L と抵抗 R が直列に接続された**図 2·16** の回路を例に説明する．同図の電圧 V と電流 I には次の関係がある．

$$I = \frac{1}{Ls+R} V \tag{2・32}$$

図 2·16 を制御対象として，式(2·33)に示す PI 制御器による電圧操作量を与えた場合の電流制御ブロック図を**図 2·17** に示す．

$$V = K\left(1 + \frac{1}{T_I s}\right)(I^* - I) \tag{2・33}$$

図 2·17 のオープンループ伝達関数 $G_c{}^O$ は次のようになる．

$$G_c{}^O = K\left(1 + \frac{1}{T_I s}\right)\frac{1}{R+Ls} \tag{2・34}$$

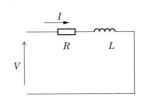

図 2·16 LR 回路

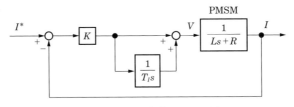

図 2·17 電流制御ブロック図

ここで，極零相殺を導入することで伝達関数を簡略化することができる．つまり，制御対象の極と PI 制御器の零点を一致させるように，比例ゲイン K，積分時定数 T_I を以下のようにおく．

$$K = \omega_c L, \quad T_I = \frac{L}{R} \tag{2・35}$$

ただし，ω_c は電流制御系の交差角周波数

これにより，式(2・34)のオープンループ伝達関数 $G_c{}^O$ を次のように単純化することができる．

$$G_c{}^O = \frac{\omega_c L (R + Ls)}{Ls} \cdot \frac{1}{R + Ls} = \frac{\omega_c}{s} \tag{2・36}$$

式(2・36)は純積分であり，位相特性は常に $-90°$ のきわめて安定な系となる．このとき，電流制御系の理想的なクローズドループ伝達関数は式(2・37)となる．

$$G_c{}^C = \frac{G_c{}^o}{1 + G_c{}^o} = \frac{\omega_c}{s + \omega_c} \tag{2・37}$$

図 2・18 に式(2・37)から得られるボード線図を示す．単純な一次遅れ系であり，電流制御の結果として，電流指令から実電流までの応答を，ω_c を遮断角周波数とする一次遅れ系で近似できることを示している．交差角周波数 ω_c は，電流制御の応答性を決めるパラメータであり，式(2・35)に基づいて PI ゲインを与

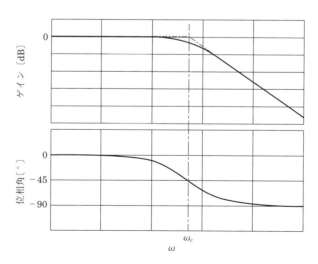

図 2・18 電流制御系のクローズドループ周波数特性図

えることにより電流制御応答を調整できる.

これを d–q 座標系に展開すると,次のようになる.d–q 座標系における電流制御操作量は以下により与える.

$$v_d{}^* = K_{cd}\left(1 + \frac{1}{T_{cd}s}\right)(i_d{}^* - i_d)$$
$$v_q{}^* = K_{cq}\left(1 + \frac{1}{T_{cq}s}\right)(i_q{}^* - i_q) \qquad (2\cdot 38)$$

ここで,d–q 座標系上での電流制御比例ゲイン K_{cd},K_{cq},積分時定数 T_{cd},T_{cq} は,式(2・35)に基づき,式(2・39)のように与える.これにより,d–q 座標系上での電流制御系のクローズドループ伝達特性は式(2・37)と同様に ω_c を遮断角周波数とする一次遅れ系とすることができる.

$$K_{cd} = \omega_c L_d, \quad T_{cd} = \frac{L_d}{R}$$
$$K_{cq} = \omega_c L_q, \quad T_{cq} = \frac{L_q}{R} \qquad (2\cdot 39)$$

非干渉制御を含む電流制御が理想的に行われた場合の IPMSM のブロック図は,図 2・19 となる.

実際には,式(2・39)における R,L_d,L_q といったモータパラメータの設定誤差や,非干渉制御の誤差などにより,必ずしも理想的な系とはならないが,近似的には式(2・36)および式(2・37)が成立する.また実機システムでは,インバータやモータの電流耐量などによって決まる電流制限値,電源電圧による出力電圧の上限,電流検出器の帯域,さらにディジタル制御を行う場合には,サンプリング周期および電流検出から電圧出力までのむだ時間などの影響があり,応答性を決める電流制御系の遮断角周波数 ω_c の設定には上限がある.

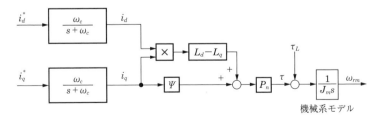

図 2・19　電流制御した IPMSM のブロック図

2·2 永久磁石同期電動機のベクトル制御と制御系設計

〔2〕 速度制御系の設計

　速度制御を行う場合，図 2·13 に示したように，電流制御ループをマイナーループとしたカスケード構成の制御系が用いられる．カスケード接続の制御系では，マイナーループの応答を外側のループの応答よりも十分速くなるように設計することにより，外側のループの応答性や安定性の向上が図れる．また，電流制御ループに対する電流指令値にリミッタを設けることにより，急加減速時などにおいても電動機の電流の最大値を制限できるので，過電流に対するインバータの保護が容易になるという利点もある．

　速度制御は，トルクを入力とし速度を出力とする機械系のモデルが基礎となる．IPMSM ではトルクと電流の関係が非線形となるが，トルク指令と電流指令，電流と発生トルクの関係は互いに逆数とみなすことができるため，トルク指令からトルク発生までの伝達特性は，電流制御の伝達特性 $G_c^C(s)$ とみなすことができる．

　機械系のモデルが慣性モーメント J_m のみから構成されるとすると，速度制御器の伝達関数を $G_s(s)$ として，マイナーループである電流制御のクローズドループ伝達関数 $G_c^C(s)$ を考慮した速度制御系のブロック図は**図 2·20** となる．速度制御系のオープンループ伝達関数 $G_s^O(s)$ は，同図より次のように表せる．

$$G_s^O(s) = G_s(s) \cdot G_c^C(s) \cdot \frac{1}{J_m s} \tag{2·40}$$

　ここで電流制御系の交差角周波数 ω_c が速度制御に対して十分に高く，$G_c^C(s) \fallingdotseq 1$ とみなすことができるとすると，式(2·40)は次のように近似できる．

$$G_s^O(s) \fallingdotseq G_s(s) \frac{1}{J_m s} \tag{2·41}$$

　また，このとき，クローズドループ伝達関数 $G_s^C(s)$ は次のようになる．

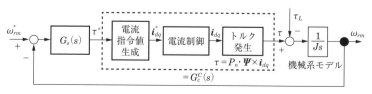

図 2·20　速度制御ブロック図

$$G_s{}^C(s) = \frac{\omega_{rm}}{\omega_{rm}{}^*} = \frac{\dfrac{G_s(s)}{J_m}}{s + \dfrac{G_s(s)}{J_m}} \quad (2\cdot42)$$

式(2·42)より，速度制御器としてP（比例）制御，つまり $G_s(s) = K_{sp}$ の適用が考えられる．速度制御比例ゲインを

$$K_{sp} = J_m \omega_{sc} \quad (2\cdot43)$$

ただし，ω_{sc} は速度制御系の交差角周波数
で与えたとすると，速度制御系のクローズドループ伝達関数 $G_s{}^C(s)$ は式(2·44)となる．

$$G_s{}^C = \frac{\omega_{rm}}{\omega_{rm}{}^*} = \frac{\dfrac{K_{sp}}{J_m}}{s + \dfrac{K_{sp}}{J_m}} = \frac{\omega_{sc}}{s + \omega_{sc}} \quad (2\cdot44)$$

式(2·44)は比例制御適用により，速度指令から実速度までの応答を，遮断周波数 ω_{sc} の一次遅れ系とすることができることを示している．

ここで，図2·20に示す外乱トルク τ_L に対する制御特性について検討する．外乱トルク τ_L から速度 ω_{rm} までの伝達関数は次のようになる．

$$\frac{\omega_{rm}}{\tau_L} = -\frac{1}{Js + K_{sp}} = -\frac{1}{K_{sp}} \cdot \frac{1}{\dfrac{J_m}{K_{sp}}s + 1} \quad (2\cdot45)$$

式(2·45)において，$s=0$（時間を∞）として，定常状態の外乱トルク τ_L に対する速度 ω_{rmL} を求めると次のようになる．

$$\omega_{rmL} = -\frac{\tau_L}{K_{sp}} \quad (2\cdot46)$$

速度制御比例ゲイン K_{sp} は有限であるため，式(2·46)は外乱トルク τ_L に対する定常偏差を0にすることはできないことを示している．これは，比例制御のみでは，速度が一致した場合にトルク指令が0となり，外乱トルク τ_L を打ち消すためのトルクを発生できないためである．速度偏差が0になってもトルクを発生できるようにするためには，積分要素が必要となる．

そこで，図2·20の速度制御器として，式(2·47)に示すPI制御器の適用を検

討する.

$$G_s(s) = K_{sp} + \frac{K_{si}}{s} \tag{2・47}$$

ただし，K_{sp}，K_{si} はそれぞれ速度制御比例ゲイン，速度制御積分ゲインである．このとき，速度制御系のオープンループ伝達関数 $G_s^O(s)$ は，図 2・20 の破線部が電流制御の伝達特性 $G_c^C(s)$ と等価とすれば，式 (2・48) となる．

$$G_s^O = \left(K_{sp} + \frac{K_{si}}{s}\right) \cdot G_c^C(s) \cdot \frac{1}{J_m s} \tag{2・48}$$

式 (2・48) のゲイン特性を直線近似したボード線図を**図 2・21** に示す．同図には，$G_s^O(s)$ を構成する三つの伝達関数も破線で示した．周波数領域でのフィードバック制御系設計においては，同図に示した ω_c，ω_{sc}，ω_{pi} の三つの指標を用いる．

まず，ω_c は電流制御の交差角周波数であり，電流制御器の設計にて説明した電流制御系のゲインによって決まる値である．次に，カスケード構成により速度制御を行うため，速度制御系の交差角周波数 ω_{sc} は ω_c より十分低い値とする．また，$\omega = \omega_{sc}$ の付近では，安定性を確保するために傾きを緩やかにし，十分な安定余裕をもたせる必要がある．そして，ω_{sc} の値により，速度制御系の応答性を調整する．

次に，低周波領域においては，$G_s^O(s)$ のゲイン特性を大きくし，パラメータ変動に対する感度特性，目標値追従特性，外乱抑圧特性を改善する．そこで，PI 折れ点角周波数 ω_{pi} を，ω_{sc} に対してある程度低く設定しつつ，上記の特性を改

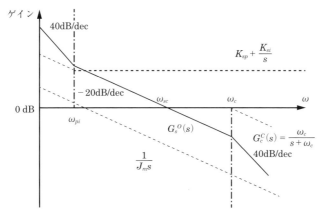

図 2・21 速度制御系のオープンループ伝達関数のゲイン特性

善するように調整する．

以上の条件を考慮し，$\omega_{pi} \ll \omega_{sc} \ll \omega_c$ となるように，各ゲインを定める．通常は，ω_c の数分の一以下となるように ω_{sc} を選び，さらにその数分の一に ω_{pi} を設定する．

このとき，図2・21からわかるように，$\omega = \omega_{sc}$ の付近では，$G_c{}^C(s) \fallingdotseq 1$ とみなすことができ，$G_s{}^O(s) \fallingdotseq K_{sp} \dfrac{1}{J_m}$ と近似できるため，$|G_s{}^O(j\omega_{sc})| \fallingdotseq K_{sp} \dfrac{1}{J_m \omega_{sc}} = 1$ （0 dB）となる条件より，式(2・49)のように速度制御比例ゲイン K_{sp} を設定すれば，速度制御系の交差角周波数を ω_{sc} とすることができる．

$$K_{sp} = J_m \omega_{sc} \tag{2・49}$$

また，低周波領域における PI 折れ点角周波数 ω_{pi} は，図2・21からわかるように，PI 制御の比例と積分の境界であるため，$K_{sp} = K_{si}/\omega_{pi}$ となる条件より，式(2・50)のように速度制御積分ゲイン K_{si} を設定すれば，所望の特性とすることが可能となる．

$$K_{si} = K_{sp} \omega_{pi} = J_m \omega_{sc} \omega_{pi} \tag{2・50}$$

ここで，速度制御系の交差角周波数 ω_{sc} を変化させたとき，速度制御系のステップ応答がどのように変化するのかを検討する．PI 折れ点角周波数 ω_{pi} を速度制御系の交差角周波数 ω_{sc} の1/5（$\omega_{pi} = \omega_{sc}/5$）とし，速度制御系の交差角周波数 ω_{sc} を変化させたときのステップ応答の例を **図2・22** に示す．図の実線は電流制御系の交差角周波数 $\omega_c = 1\,000$ 〔rad/s〕，破線は $\omega_c = \infty$ の場合の応答を示す．図

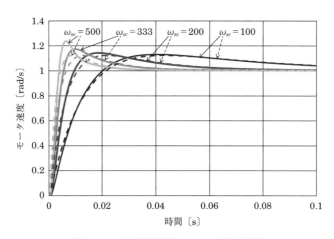

図2・22 速度制御系のステップ応答特性

から速度制御の交差角周波数ω_{sc}が，電流制御の交差角周波数ω_cに近い場合にオーバシュート量が大きくなり，$\omega_c/5$以下では実線と破線の差は少なく，$G_c^C(s)$≒1とみなせることを示している．

電流制御系の帯域が速度制御系より十分広い（$\omega_c \gg \omega_{sc}$）とすれば，電流制御系の伝達特性を$G_c^C(s)$≒1とみなすことができ，速度制御系のクローズドループ伝達関数$G_s^C(s)$は式(2・51)となる．

$$G_s{}^C = \frac{\omega_{rm}}{\omega_{rm}{}^*} = \frac{\dfrac{K_{sp}}{J_m}s + \dfrac{K_{si}}{J_m}}{s^2 + \dfrac{K_{sp}}{J_m}s + \dfrac{K_{si}}{J_m}} = \frac{\omega_{sc}s + \omega_{sc}\omega_{pi}}{s^2 + \omega_{sc}s + \omega_{sc}\omega_{pi}} \tag{2・51}$$

式(2・51)より速度制御系は二次系となり，また，ω_{sc}の値によって速度制御系の応答特性を調整できることがわかる．

ここで，外乱トルクτ_Lに対する制御特性についても検討する．外乱トルクτ_Lから速度ω_{rm}までの伝達関数は次のようになる．

$$\frac{\omega_{rm}}{\tau_L} = -\frac{\dfrac{s}{J_m}}{s^2 + \dfrac{K_{sp}}{J_m}s + \dfrac{K_{si}}{J_m}} = -\frac{1}{J_m} \cdot \frac{s}{s^2 + \omega_{sc}s + \omega_{sc}\omega_{pi}} \tag{2・52}$$

式(2・52)は，$s=0$（時間を∞）のときに0となり，外乱トルクτ_Lに対する定常偏差を0にできることを示している．

これまで，モータの機械系モデルを慣性モーメントJ_mのみの場合の速度制御系設計について説明したが，実際のシステムでは摩擦が無視できない場合があるため，摩擦を考慮した場合の速度制御系設計についても言及しておく．イナーシャと摩擦からなる機械系のモデルは$\dfrac{1}{J_m s + D_r}$（D_rは摩擦係数）と表すことができ，図2・20の機械系モデルをこれに置き換えると，速度制御系のクローズドループ伝達関数は次のようになる．

$$G_s{}^C = \frac{\omega_{rm}}{\omega_{rm}{}^*} = \frac{\dfrac{K_{sp}}{J_m}s + \dfrac{K_{si}}{J_m}}{s^2 + \dfrac{(K_{sp}+D_r)}{J_m}s + \dfrac{K_{si}}{J_m}} \tag{2・53}$$

式(2・53)と式(2・51)とを比較すると，式(2・53)では，分子第1項と分母第2

項に摩擦係数 D_r が含まれている．そこで，速度制御比例ゲイン K_{sp} および速度制御積分ゲイン K_{si} をそれぞれ式(2・54)，式(2・55)のように与えることにより摩擦分がキャンセルされ，速度制御系のクローズドループ伝達関数は式(2・51)と同じとなる．つまり，機械モデルがイナーシャのみの場合と同様に，ω_{sc} により速度制御系の応答特性を調整することができる．

$$K_{sp} = J_m \omega_{sc} - D_r \tag{2・54}$$

$$K_{si} = J_m \omega_{sc} \omega_{pi} \tag{2・55}$$

実際のシステムでは，速度制御器の出力であるトルク指令は，モータやインバータの最大許容電流により制限される．トルク制限を加えた速度制御器は図2・23のようになる．トルク制限を加えることにより，過電流の発生を抑制しインバータやモータの故障から保護することができるが，トルクが制限されるような運転，例えば急加減速をする場合に，速度制御器の積分が余分に蓄積され，加減速完了時に積分にたまった余分な値を放出することにより，大きなオーバシュートあるいはアンダーシュートが発生し，場合によっては制御系を不安定にすることがある．この現象はワインドアップ（wind-up）と呼ばれている．ワインドアップを抑制するには，トルク制限時に必要以上に積分されないようにするアンチワインドアップ（anti wind-up）手法を導入する．アンチワインドアップの主な手法として，積分値を制限する方法（Clamping）とトルク制限により制限された値を積分にフィードバックする手法（back-calculation）がある．Clamping 手法は，単純な制限のみであり容易に制御系に組み込むことはできるが，用途に応じて制限値を適切に選ぶ必要がある．これに対し back-calculation 手法は調整が容易でほとんどの用途で良好に動作する．図2・24 に back-calculation 手法を適用した速度制御ブロック図を示す．トルク制限の前後の差分値にアンチワインドアップゲイン K_{sa} を乗じて積分の入力から減算する．これ

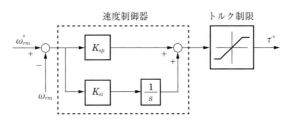

図2・23　トルク制限付き速度制御ブロック図

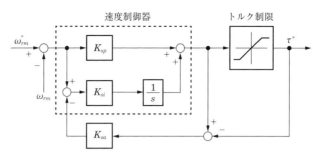

図 2・24 アンチワインドアップを追加した速度制御ブロック図

により，積分値を適切に制限してワインドアップ現象を抑制することができる．アンチワインドアップゲイン K_{sa} は，通常，速度比例ゲインの逆数 $1/K_{sp}$ に基づいて，$1/(3K_{sp})$～$3/K_{sp}$ の間に調整される．

図 2・25 に速度ステップ応答におけるアンチワインドアップ有無の比較結果の例を示す．同図は，大きなステップ状の速度指令入力に対し，トルク指令が制限値（limit）まで上昇するような場合の応答を示す．モータおよびモータに接続される負荷の慣性モーメントが大きな制御対象では，このような現象が起こりや

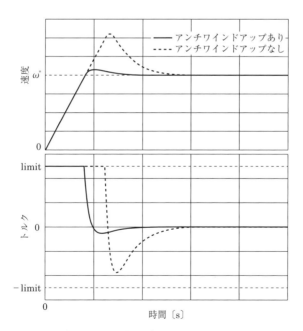

図 2・25 速度ステップ応答（アンチワインドアップの効果）

すい．同図からわかるように，アンチワインドアップがない場合，速度が速度指令を超えても，速度制御器の積分値が下がるまでトルクが出力され続けるため，大きなオーバシュートが発生しているのに対し，アンチワインドアップがある場合は，余分な積分が抑制され，速度が速度指令を超えた時点でトルクが下がり始めるため，オーバシュートも少なく速やかに速度が速度指令と一致している．

以上，PMSMの制御系設計法について説明した．本項で説明した非干渉制御，電流制御器，速度制御器をまとめ，速度制御系全体のブロック図を**図 2・26**に示す．なお，同図の速度制御器には，トルク制限やアンチワインドアップを除いた基本部分のみを示している．

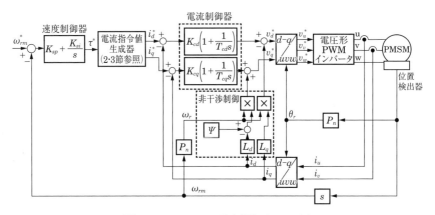

図 2・26 PMSM の速度制御ブロック図

2・3 永久磁石同期電動機（SPMSM, IPMSM）の高効率駆動・運転範囲拡大手法

前節までで電動機を流れる電流を d-q 座標系上のベクトルとして表現し，それらの各成分を独立に制御するベクトル制御について説明した．本節では，実際の駆動条件に応じて，電流ベクトルの指令値をどのように与えるかについて詳しく述べる．特に電流ベクトルの位相に着目して，PMSM を高効率駆動する方法，および高速域における運転範囲拡大手法の原理を解説する．

2・3・1 スピード-トルク特性と駆動条件

PMSM の制御は，負荷となる機械の位置，速度，トルクを指令値に追従させ

るために行うものであるが,本質的にはPMSMの発生トルクが直接の制御量である.そして,PMSMのトルクはその発生原理からも明らかなように電流によって決まるため,通常は電流制御によってこれを実現する.しかしながら,実際には電源電圧の上限,インバータや電動機に流せる電流の上限が存在するうえに,電動機の種類によってトルクと電流の関係が異なることや,発熱や効率など,実用上の制約が複雑にからみ合っている.そして,これらを考慮した電流指令値を与えることで,初めてその駆動性能を発揮することが可能となる.

電動機の駆動特性を表現する方法として,図2・27に示すような,横軸を速度,縦軸をトルクにとったスピード-トルク特性(S-T特性,またはN-T特性)がよく用いられる.そして,そのグラフ上に対象となる電動機の運転範囲,効率マップ,制御性能などを示すことができる.同図(a)のように,一般に定格速度N_r付近まで最大トルクを発生可能な定トルク領域が存在する.さらに高速領域になると,誘起電圧が電源電圧を超える電圧飽和の影響により,最大トルクが低下する電圧飽和領域が存在する.このとき,出力電力(機械的出力)は回転速度とトルクの積で表されるためS-T特性の面積に相当し,同図(b)のように,定トルク領域では線形的単調増加,電圧飽和領域ではほぼ一定か,あるいは速度に応じて減少する.同図(a)に示すように,S-T特性の各領域で支配的となる制約条件は異なっており,以下のようにまとめることができる.

(1) 電流制限

定トルク領域の高負荷域から電圧飽和領域にわたる最大出力の線上において幅広く影響する.電流制限の値は,インバータの電流容量,電動機のコイルにおけ

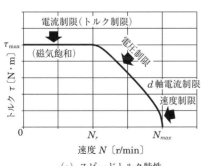
(a) スピードトルク特性

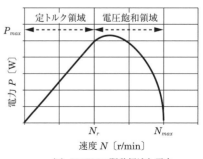
(b) PMSMの駆動領域と電力

図2・27 PMSMの特性マップ

る発熱，磁気飽和特性などを考慮して定める．電圧飽和領域では負の d 軸電流を多く流すため，永久磁石の不可逆減磁にも注意が必要である．また，トルク制限も電流制限によって実現できる．

(2) 電圧制限

定格速度付近から高速域において影響し，電源電圧の上限によって定まる．インバータの過変調領域や1パルスモードを使用することで，電源電圧の利用率を拡大し，電圧制限値を上昇させることができる．

(3) 速度制限

負荷の機械的強度を考慮して定める．また，後述する弱め磁束制御時の d 軸電流の上限によっても最大速度が制限される．弱め磁束制御時には，インバータトリップなどによる出力遮断が発生した場合に，誘起電圧が耐圧を超えないことも安全上考慮が必要である．

2・3・2 電流－トルク特性

前節までに示したように，PMSM のトルクは，電流ベクトル $\boldsymbol{i}_{dq}$ と磁束ベクトル $\boldsymbol{\Psi}_0$ の積により求まる．以下にトルク方程式を再掲する．

$$\tau = P_n\{\Psi + (L_d - L_q)i_d\}i_q = \tau_m + \tau_r \tag{2・56}$$

ただし，$\tau_m = P_n \Psi i_q$：マグネットトルク

$\tau_r = P_n(L_d - L_q)i_d i_q$：リラクタンストルク

マグネットトルク τ_m は，永久磁石により生じる回転力であり，q 軸電流に比例する．一方，リラクタンストルク τ_r は，回転子位置に対して磁気抵抗が変化することにより生じる回転力であり，d 軸電流と q 軸電流の積に比例する．リラクタンストルクは，L_d と L_q の差，すなわち突極性がある場合に利用可能であり，非突極の SPMSM では発生しない．IPMSM においては，永久磁石を回転子内部に埋め込むことにより，一般に永久磁石を基準とした d 軸方向の磁気抵抗が高くなり，L_d が L_q に比べて小さくなる（$L_d - L_q < 0$）．そのため，負の d 軸電流を適切に流すことにより，リラクタンストルクを有効に利用でき，出力トルクを向上できる．

電流ベクトル (i_d, i_q) を**図 2・28**(a)のように極座標 (I, ϕ_i) で表し，式(2・56)のトルクに代入すると次式の関係が得られる．

$$\tau = P_n\{\Psi + (L_d - L_q)I\cos\phi_i\}I\sin\phi_i = \tau_m + \tau_r \tag{2・57}$$

2・3 永久磁石同期電動機（SPMSM，IPMSM）の高効率駆動・運転範囲拡大手法

$i_d = I\cos\phi_i$, $i_q = I\sin\phi_i$

(a) 電流ベクトル

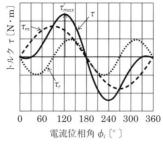

(b) 電流振幅一定時のトルク

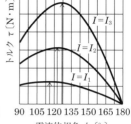

(c) 電流変化時のトルク

図 2・28 PMSM の電流-トルク特性

ただし，$\tau_m = P_n \Psi I \sin\phi_i$：マグネットトルク

$\tau_r = \dfrac{1}{2} P_n (L_d - L_q) I^2 \sin 2\phi_i$：リラクタンストルク

式(2・57)より，d-q 軸上の電流ベクトルを振幅一定のまま，負の d 軸方向に傾けていったときの各トルク τ，τ_m，τ_r の変化を調べると，同図(b)のようになる．図に示すように，マグネットトルク τ_m は $\phi_i = 90°$，リラクタンストルク τ_r は $\phi_i = 135°$ で最大となるため，合成トルク τ は $\phi_i = 90 \sim 135°$ の間で最大値をとる．

さらに，式(2・57)より電流振幅を変化させたときのトルク τ の変化をみると同図(c)のようになり，マグネットトルクの振幅は電流値に比例するが，リラクタンストルクの振幅は電流値の 2 乗に比例するため，電流が大きくなるほど最大のトルクを発生する電流位相は大きくなることがわかる．また，電流振幅に対するトルク特性は非線形となるため，トルク制御の線形性が要求される場合には，磁気飽和や鉄損などの影響も考慮した線形化テーブルなどによる補償を行う．

2・3・3　電流位相制御の原理

2・2 節で述べた PMSM の電流フィードバック制御の構成に電流指令値生成器を追加したものを図 2・29 に示す．同図において，高効率制御や駆動範囲拡大のための電流位相制御は，太枠で示した電流指令値生成ブロック内で実施する．このとき，電圧飽和の判断が必要となるため，インバータにおいて検出した直流リンク電圧 V_{DC}，および速度検出/推定によって得た回転速度情報 ω_r を用いる．

2章　永久磁石同期電動機の制御系設計

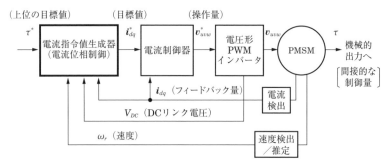

図 2・29　電流フィードバック制御における電流指令値生成ブロック

そして，上位の制御器からのトルク指令 τ^* をもとに電流制御器への指令電流 i_d^*，i_q^* を生成する．前述したとおり，IPMSM ではトルクと電流は非線形関係であるが，最も簡便な方法としては，近似的に線形のトルク定数 K_T を用いて，比例演算によってトルク指令 τ^* から先に i_q^* を決定し，次に目標とする電流位相に基づいて i_d^* を決定する．

目標とする電流位相は以下に示す電流位相制御の原理に基づいて与える．電流位相制御は，運転状態に応じてさまざまな方法を組み合わせて行う必要があり，本書では，その中で最も代表的な最大トルク／電流制御，および弱め磁束制御について述べる．このとき，以下に示すような，i_d–i_q 平面上における電流ベクトル軌跡を用いて考えると理解しやすいため，先に列挙しておく．

(1) 定トルク曲線

同一のトルクを発生する電流ベクトルの軌跡（**図 2・30**(a)）．

式(2・56)のトルク式を i_q について解くと以下の双曲線となる．

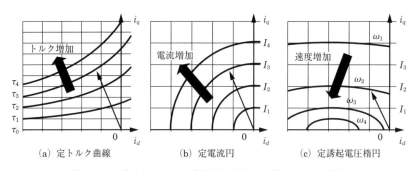

図 2・30　基本となる d–q 軸電流平面上の電流ベクトル軌跡

114

$$i_q = \frac{\tau}{P_n\{\Psi + (L_d - L_q)i_d\}} \quad (2\cdot58)$$

(2) 定電流円

電流振幅を一定としたときの電流ベクトル軌跡（図2・30(b)）．
原点を中心とした半径Iの同心円（式(2・59)）となる．

$$i_d^2 + i_q^2 = I^2 \quad (2\cdot59)$$

(3) 定誘起電圧楕円

定常状態において誘起電圧が一定となる電流ベクトル軌跡（図2・30(c)）．

定常状態における電圧方程式から，抵抗による電圧降下を除いた誘起電圧ベクトル v_o の各成分

$$\begin{cases} v_{od} = -\omega_r L_q i_q \\ v_{oq} = \omega_r L_d i_d + \omega_r \Psi \end{cases} \quad (2\cdot60)$$

より，誘起電圧の大きさ $\sqrt{v_{od}^2 + v_{oq}^2}$ が一定値 V_o となる軌跡は以下の楕円となる．

$$(L_d i_d + \Psi)^2 + (L_q i_q)^2 = \left(\frac{V_o}{\omega_r}\right)^2 \quad (2\cdot61)$$

〔1〕＜最大トルク／電流制御＞（高効率制御）

図2・28からわかるように，同一の電流振幅に対して発生トルクを最大にする電流位相が存在し，その位相は90°から135°の間で変化する．逆にいうと，同一のトルクを発生するために必要な電流振幅が最小となる最適位相が存在する．常にこのような状態に電流位相を制御する方法を，最大トルク／電流（MTPA：Maximum Torque per Ampere）制御という．電流振幅は銅損に対して2乗で作用するため，同じトルク出力の状態において銅損を最小にすることができる．特に定トルク領域において，銅損は電動機における損失の中で比較的大きな割合を占めるため，MTPA制御は高効率制御の代表的な方法として用いられている．高周波損失の影響が強く出る用途では，鉄損も含めた損失全体を最小にする最大効率制御が用いられることもある．

MTPA制御を実現するための最適位相は，式(2・57)に示したトルクτを電流位相ϕ_iで偏微分して0とおく，いわゆる極値問題の解として与えられる．すなわち

$$\frac{\partial \tau}{\partial \phi_i} = 0 \quad (2\cdot62)$$

に式(2・57)を代入し,電流位相 ϕ_i について解くと次式となる.

$$\phi_i = \cos^{-1}\frac{-\Psi + \sqrt{\Psi^2 + 8(L_d - L_q)^2 I^2}}{4(L_d - L_q)I} \qquad (2 \cdot 63)$$

ただし,前述のように電流制御の指令値は i_d と i_q で与えるため,図2・28(a)の関係から,式(2・62)の方程式を i_d と i_q の式に書き直し,i_d について解くと次式が得られる.

$$i_d = \frac{-\Psi + \sqrt{\Psi^2 + 4(L_d - L_q)^2 i_q^2}}{2(L_d - L_q)} \qquad (2 \cdot 64)$$

式(2・64)の関係を i_d-i_q 平面上に表すと図2・31(a)のようになる.MTPA制御を行うと,電流ベクトルの先端は図のMTPA曲線上を移動していき,電流制限時に最大のトルクが得られる.MTPA制御の動作点は,原点から定トルク曲線までの距離が最短となるポイントであり,同時にこの点は,定電流円と定トルク曲線の接点となっている.したがって,このとき定電流円の半径である電流ベクトルは,定トルク曲線の接線に対して常に直交することとなる.

式(2・56)のトルク式よりMTPA制御時の電流振幅とトルクの関係を調べると,図2・31(b)のような非線形特性となり,電流振幅の増加に伴い傾きが増加していく.しかし実際には,高負荷領域では磁気飽和が影響し,傾きの増加は緩やかとなる.

厳密にはMTPA制御の最適電流位相は,電流値,あるいは必要なトルクによって変化するものの,図2・31(a)に示すように,その変化幅は小さく効率への影

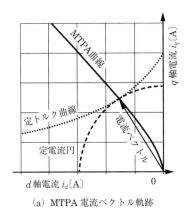

(a) MTPA電流ベクトル軌跡

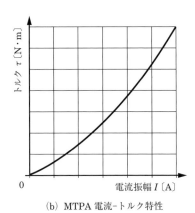

(b) MTPA電流-トルク特性

図2・31 最大トルク／電流制御

響も小さいため，実際には MTPA 制御近傍の一定の電流位相で制御する方法も有用である．また，非突極の SPMSM（$L_d = L_q$）の場合には，リラクタンストルクが作用しないため，常に $i_d = 0$ が MTPA 制御となる．

〔2〕＜弱め磁束制御＞（電圧飽和領域における運転範囲の拡大）

定常状態における PMSM の誘起電圧の大きさは，式(2・60)に示したとおり速度に対して比例する．したがって，速度の上昇とともに電動機の端子電圧は上昇し，いずれインバータの電源電圧を超える電圧飽和状態に達する．電圧形インバータによる PMSM の制御では，原理的に電動機の端子電圧と誘起電圧の差によって電流を変化させているため，電圧飽和状態のままでは電流制御を適切に行うことができない．しかしながら，改めて式(2・60)をみると，q 軸の誘起電圧 v_{oq} の中には，d 軸電流による項（$\omega_r L_d i_d$）と，永久磁石による項（$\omega_r \Psi$）が含まれており，負の d 軸電流を流し，永久磁石に対する逆磁界をかけることによって，一時的に誘起電圧を減少させ電圧飽和を抑制できることがわかる．このように，負の方向に d 軸電流を増加して電圧飽和を抑制し，高速域における PMSM の運転範囲を拡大する手法を，弱め磁束（FW：Flux Weakening）制御と呼ぶ．当然のことながら，このとき電流ベクトルは MTPA 曲線から外れ，発生トルクに対して電流振幅が増加することになる．そのため，電流制限にかかりやすくなり，図 2・27 に示したように S–T 平面上における最大トルクは定トルク領域に比べて減少する．また，負の d 軸電流を流しすぎると，永久磁石が不可逆減磁する恐れがあるため，電流振幅だけでなく d 軸電流そのものに対する電流制限も考慮する必要がある．

FW 制御を実現するための電流位相は，電動機の端子電圧の振幅 $|v| = \sqrt{v_d^2 + v_q^2}$ が，インバータの電源電圧などで決まる制限値 V_m 内に収まる条件によって与える．d–q 軸電圧方程式

$$\begin{bmatrix} v_d \\ v_q \end{bmatrix} = \underbrace{R \begin{bmatrix} i_d \\ i_q \end{bmatrix}}_{(\boldsymbol{v}_1)} + \underbrace{p \begin{bmatrix} L_d i_d \\ L_q i_q \end{bmatrix}}_{(\boldsymbol{v}_2)} + \underbrace{\omega_r \begin{bmatrix} -L_q i_q \\ L_d i_d + \Psi \end{bmatrix}}_{(\boldsymbol{v}_3)} \qquad (2 \cdot 65)$$

において，右辺第一項は（$\boldsymbol{v}_1$）抵抗による電圧降下，第二項は（$\boldsymbol{v}_2$）電流変化に伴う過渡項，第三項は（$\boldsymbol{v}_3$）速度に比例した誘起電圧項を表す．

ここで，FW 制御が必要な電圧飽和領域が高速域であることを考慮し，簡単化のために，（$\boldsymbol{v}_3$）速度に比例した誘起電圧項のみに着目する．式(2・65)において，

右辺第3項のみを考えると、誘起電圧の大きさ $|v_o| = \sqrt{v_{od}^2 + v_{oq}^2}$ を制限値 V_m 内に収めるための境界条件は次式で与えられる。

$$(L_d i_d + \Psi)^2 + (L_q i_q)^2 \leq \left(\frac{V_m}{\omega_r}\right)^2 \tag{2・66}$$

式(2・66)は電圧制限の境界が d-q 座標系電流平面上で楕円軌跡を描くことを表しており、これを電圧制限楕円という。なお、式(2・65)の (v_3) 誘起電圧項のみを仮定しているため、このように定めた電圧制限楕円は、図2・30(c)の定誘起電圧楕円と完全に一致することとなる。

ある速度における電圧制限楕円の例を**図2・32**に示す。同図の状態においては、無負荷時（トルク $\tau = 0$）から弱め磁束電流を流さなければ電圧制限楕円の内部に電流ベクトルを収められない。そして、速度一定のまま無負荷からトルクを上昇させるときには、図中の $P_1 \to P_2 \to P_3$ のように、電圧制限楕円上で電流ベクトルを遷移させることによってFW制御を実現する。したがって、FW制御時の電流指令値は、電圧制限楕円の式(2・66)を i_d について解くことにより、次式で与えることができる。

$$i_d = \frac{-\Psi + \sqrt{\left(\frac{V_m}{\omega_r}\right)^2 - (L_q i_q)^2}}{L_d} \tag{2・67}$$

$$i_d = \frac{-\Psi - \sqrt{\left(\frac{V_m}{\omega_r}\right)^2 - (L_q i_q)^2}}{L_d} \tag{2・68}$$

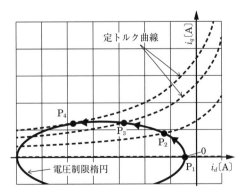

図2・32 弱め磁束制御

式(2·67)と式(2·68)のどちらを選択するかは，トルクの大きさによって決まる．すなわち，定トルク曲線と電圧制限楕円の交点が，P_1, P_2, P_3 のように楕円中心の右にあるときは式(2·67)を用い，トルクが増加して P_4 のように楕円中心より左側にあるときには式(2·68)を選択する．そして，P_4 のように定トルク曲線が電圧制限楕円と接する点は，この電圧制限に対して最大トルクの状態である．

実際の出力限界は，電圧制限だけでなく，電流制限も考慮しなければならないため，運転状態に応じて MTPA 制御と FW 制御の制御モードを適切に切り換えて電流指令値を決定する必要があるが，これについては後述する．

なお，式(2·65)において無視した（v_1）抵抗による電圧降下分の影響は，最大電流 I_m が流れたときの電圧降下分 RI_m を電圧制限値 V_m からあらかじめ減算しておくことで補償できる．また，（v_2）電流変化に伴う過渡項は，電流制御の結果として決まるため，FW 制御の指令値には反映させず，インバータの電圧出力範囲に基づいて電圧制限値を決定する際に考慮に入れる．FW 制御の指令値は解析的に与えられるため，フィードフォワード的に決定することも可能であるが，後に示すように運転状態によってモードの切換えが複雑になることや，（v_2）過渡項の影響もあるため，電圧飽和量をフィードバックして FW 制御の d 軸電流指令値に反映させる方法も実用的である．ただし，いずれの補償も電圧制限値に余裕分をもたせることになり，弱め磁束電流の増加が効率の悪化や運転範囲の縮小を招くため，最低限に抑える必要がある．MTPA 制御と違い，FW 制御の性能は電流制御の安定性に直結するため，電圧制限値 V_m の決定は慎重に行う必要がある．

2·3·4　出力限界と電流指令値の選択方法

MTPA 制御では電流振幅，FW 制御では電圧振幅に着目してそれぞれの電流指令値を求めたが，実際にはインバータの電流，電圧両方の制限を考慮に入れ，運転状態に応じて最適な電流指令値を選択する必要がある．すなわち，d-q 座標系電流平面上において，電流制限円と電圧制限楕円によって囲まれる共通領域内で，最も効率的な電流ベクトルを選択する方法を考える．

このときに重要となるパラメータとして，電流制限値 I_m，電圧制限値 V_m，および弱め磁束限界 Ψ_{dm} がある．弱め磁束限界 Ψ_{dm} は，最大の電流値である I_m を

d 軸電流の負方向へ流したときの d 軸磁束を表しており，次式で与えられる．

$$\Psi_{dm} = \Psi - L_d I_m \tag{2・69}$$

弱め磁束限界 Ψ_{dm} の値は，インバータと電動機の両者が関係する電流制限値 I_m，およびモータ固有の定数である磁束鎖交数 Ψ，d 軸インダクタンス L_d によって決まるシステムパラメータであるが，この値の符号によって，電圧飽和領域における出力限界が決定される．

式 (2・66) からわかるように，電圧制限楕円の中心座標は，速度 ω_r や電圧制限値 V_m によって変化せず常に $\left(-\dfrac{\Psi}{L_d}, 0\right)$ となるため，弱め磁束限界の符号によって，以下の三つの特性に分類される．

(a) 永久磁石 (Ψ) に対して電流制限時の弱め磁束効果 ($L_d I_m$) が比較的小さく，弱め磁束限界 Ψ_{dm} の値が正 ($\Psi_{dm}>0$) となる条件のときに，**図 2・33**(a) のように電流制限円が電圧制限楕円の中心より右側を通る

(b) $\Psi_{dm}=0$ となる条件のときは，$I_m = \dfrac{\Psi}{L_d}$ であるため，図 2・33(b) のように電流制限円が電圧制限楕円の中心に重なる

(c) 永久磁石 (Ψ) に比べて電流制限時の弱め磁束効果 ($L_d I_m$) が大きく，

$\Psi_{dm}<0$ では図 2・33(c) のように電流制限円が楕円中心より左側を通る

一方，電圧制限楕円で囲まれた領域は，速度の増加とともに減少していき，速度が無限大のときに楕円中心に収束する．電圧制限楕円の中心座標の意味するところは，弱め磁束電流によって完全に永久磁石の磁束を打ち消すために必要な i_d であり，言い換えると，速度が無限大のときに必要となる弱め磁束電流である．したがって，図 2・33(a) のような特性をもつドライブシステムは，FW 制御による高速域での運転範囲には限界があるものの，永久磁石が強力であり MTPA 制

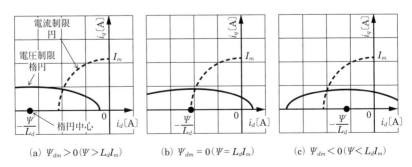

(a) $\Psi_{dm}>0 (\Psi>L_d I_m)$　　(b) $\Psi_{dm}=0 (\Psi=L_d I_m)$　　(c) $\Psi_{dm}<0 (\Psi<L_d I_m)$

図 2・33 弱め磁束限界 Ψ_{dm} の符号と電流制限／電圧制限の関係

御の適用範囲を広くとる低速の特性を重視した設計であるといえる．逆に図2・33(b)，(c)は，高速の特性を重視し，FW制御を行うことにより，電流制限は無限大の速度まで電圧飽和を抑制できることを表している．なお，同図(b)は楕円中心と電流制限円が重なる境界条件を表しており，このときは最大の出力特性（S–T平面上における出力限界の面積が最大）が得られる．図2・33の各条件に対応したS–T特性上の出力限界領域を図2・34に示す．

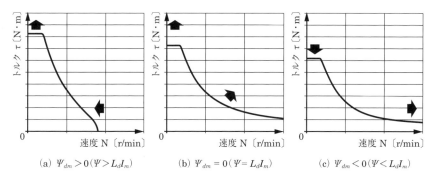

図2・34　弱め磁束限界$\varPsi_{dm}$の符号とS–T特性上の出力限界領域の関係

次に，弱め磁束限界$\varPsi_{dm}$が正，負それぞれの場合で，速度が異なる状態において，それぞれトルクを変化させたときにどのような電流ベクトル軌跡を通るかについて説明する．すなわち，図2・35のようにS–T平面上で速度の異なる状態において，それぞれトルクを変化させていったときの電流ベクトル軌跡を考える．
　図2・36は，弱め磁束限界が正（$\varPsi_{dm}>0$）の場合であり，同図(a)から(c)は

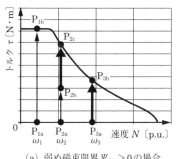
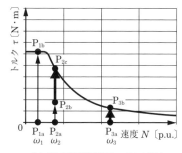

(a) 弱め磁束限界$\varPsi_{dm}>0$の場合　　(b) 弱め磁束限界$\varPsi_{dm}<0$の場合

図2・35　運転状態による制御モードの遷移

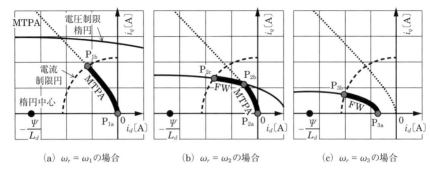

図2・36 各速度におけるトルク変化時の電流ベクトル軌跡
(弱め磁束限界 $\Psi_{dm}>0$)

それぞれ速度の異なる状態（$\omega_1<\omega_2<\omega_3$）を表す．図(a)の $\omega_r=\omega_1$ の状態は速度が低く，電流制限内で電圧制限にかからないため，無負荷（点 P_{1a}）から電流制限に到達する最大トルク（点 P_{1b}）まで MTPA 制御の軌跡をたどってトルクが増加する（定トルク領域）となる．そして，速度が上昇し，図(b)の $\omega_r=\omega_2$ の状態になると，MTPA 制御の途中（点 P_{2b}）で電圧制限楕円と MTPA 曲線が交差する．そのため，ここで MTPA 制御から FW 制御に切り換え，最終的に電流制限円（点 P_{2c}）まで到達する．このときは，すでに MTPA 制御から外れているため，最大トルクは定トルク領域よりも減少することとなる．最後に図(c)の $\omega_r=\omega_3$ の状態は，トルク $\tau=0$ である無負荷時（点 P_{3a}）から FW 制御を行わないと，電圧制限楕円の内部に電流ベクトルを収められない．このときは，無負荷（点 P_{3a}）から電流制限にかかる（点 P_{3b}）まで常に FW 制御を行う．

図2・37 に弱め磁束限界が負（$\Psi_{dm}<0$）の場合を示す．図2・37も(a)，(b)の段階は図2・36に示した弱め磁束限界が正の場合と同様であるが，図2・37(c)のように，さらに高速になったときには，無負荷時（点 P_{3a}）から FW 制御が必要であることに加えて，電流制限にかかるより前に定トルク曲線と電圧制限楕円の接点（点 P_{3b}）に到達する状態が存在する．この点を超えて電流を増やしてもトルクが増加することはないため，電流制限値までは到達せずにここが出力限界となる．

上記を踏まえ，速度が変化したときに最大出力（S–T 特性の外周部）を得る電流ベクトルの軌跡を**図2・38** に示す．速度の増加とともに電圧制限楕円で囲まれる領域は，楕円中心に向かって縮小していく．同図の A 点は，MTPA 曲線と

2・3 永久磁石同期電動機（SPMSM, IPMSM）の高効率駆動・運転範囲拡大手法

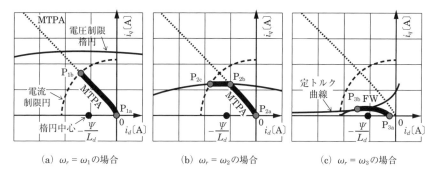

図2・37　各速度におけるトルク変化時の電流ベクトル軌跡
（弱め磁束限界 $\Psi_{dm} < 0$）

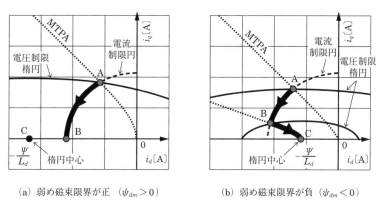

図2・38　速度変化に伴う最大出力時の電流ベクトル軌跡

電流制限円の交点に電圧制限楕円が重なる状態を表し，A点からB点までは電流制限円上が最大出力となる．そして，図(a)の弱め磁束限界が正（$\Psi_{dm} > 0$）のときはそのまま限界速度へ到達するが，図(b)の弱め磁束限界が負（$\Psi_{dm} < 0$）のときは，定トルク曲線が電圧制限楕円に接する点（BからCの区間）を通り，速度が無限大で楕円中心Cに収束する．

このように，FW制御のd軸電流を流すことで，電圧飽和を抑制しながら運転範囲を拡大していくことができるが，その分だけ電流の絶対値としては増加するため，電圧と電流のバランスをどのように振り分けるかが，高速領域での高効率化，運転範囲の拡大において重要となる．

本節では，高効率制御と運転範囲拡大という観点で，電流位相制御について述

123

べたが，実際にはインバータの過変調領域の利用や，1パルスモードによって電圧位相を制御することで，出力可能な電圧の制限値自体を拡大する方法もある．これらを考慮のうえで，システム要求仕様に応じて，最適な方法を組み合わせることで効率的な駆動システムが実現できる．

一方，電流位相制御を本書のテーマである位置センサレス制御の観点でとらえると，電流位相が位置推定誤差に対するロバスト安定性に寄与することも知られており，高性能ドライブを極めるために電流位相制御は非常に重要なファクターであるといえる．

2・4　位置センサレス制御と磁極位置推定

同期モータは三相交流に同期して回転する．ゆえに，永久磁石同期モータの制御では，位置制御を行うかどうかと関係なく，適切な通電のために回転子方向（磁極位置）がわかることが望ましい．特に，ベクトル制御では，$d\text{-}q$ 座標系上での電流制御を基本としているが，実際のセンサで計測される電流，電力変換器への指令値となる電圧は，固定子座標（UVW）上の状態量である．このため，実際に操作・観測可能な固定子座標上の状態量から，$d\text{-}q$ 座標系上の状態量へ，回転子方向（磁極位置）の情報を用いた変換（$d\text{-}q$―$\alpha\text{-}\beta$ 座標変換）が必須となる．

しかし，回転子方向を得るために軸に取り付ける位置センサは制御系を構成する部品の中で比較的高価であることに加え，堅牢性，設置場所などの理由から，これを略したうえでの制御が求められる場合がある．これを位置センサレス制御と呼ぶ．このため，位置センサレス制御においては，位置センサを用いることなく，何らかの方法で回転子方向を推定する必要がある．この際，利用する位置推定方法の原理により種類により，位置センサレス制御にはさまざまな種類が存在する．同期モータの種類と利用可能なセンサレス手法の原理の関係を**図 2・39** に示す．本節では，誘起電圧に基づく位置センサレス制御について説明する．

2・4・1　誘起電圧に基づく位置センサレス制御

回転子磁束により，速度に比例して q 軸方向に発生する誘起電圧ベクトルを検出することにより，位置・速度情報を得る手法である（**図 2・40**）．

2・4 位置センサレス制御と磁極位置推定

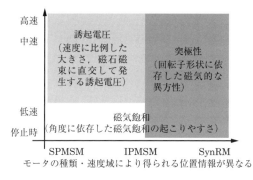

図2・39 同期モータの種類と位置情報

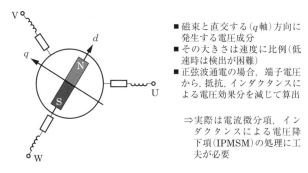

図2・40 位置推定の原理図

例えば，PMSMの数学モデルである式(2・7)および式(2・8)をまとめたものを式(2・69)に再掲する．

$$\begin{bmatrix} v_\alpha \\ v_\beta \end{bmatrix} = \underbrace{R \begin{bmatrix} i_\alpha \\ i_\beta \end{bmatrix}}_{A} + \underbrace{pL_0 \begin{bmatrix} i_\alpha \\ i_\beta \end{bmatrix}}_{B} + \underbrace{pL_1 \begin{bmatrix} \cos 2\theta_r & \sin 2\theta_r \\ \sin 2\theta_r & -\cos 2\theta_r \end{bmatrix} \begin{bmatrix} i_\alpha \\ i_\beta \end{bmatrix}}_{C} + \underbrace{\omega_r \Psi \begin{bmatrix} -\sin \theta_{re} \\ \cos \theta_{re} \end{bmatrix}}_{D}$$

(2・69)

式(2・69)において，$L_d = L_q$（SPMSM）の場合，インダクタンス異方性に起因した電圧降下ベクトル（C）は存在しないため，電圧，電流，抵抗，インダクタンスなどのモータパラメータが既知であれば，速度起電力ベクトル（D），そこから位置情報 θ_r を演算で得られることがわかる．ただし，$L_d \neq L_q$（IPMSM）の場合，位置情報 θ_r は，速度起電力ベクトル（D）に加え，インダクタンス起因の電圧降下ベクトル（C）の両方に含まれるため，電圧・電流から，位置を求める

のは容易ではない．

そこで，位置情報を一つのベクトルに集約するため，インダクタンスのベクトル C を位置に依存する成分と依存しない成分に分割し，速度電圧ベクトルと合わせて，新たに，式(2・70)および図 **2・41** に示すように拡張誘起電圧（Y）を定義する．

$$e = \begin{bmatrix} e_\alpha \\ e_\beta \end{bmatrix} = \{(L_d - L_q)(\omega_r i_d - \dot{i}_q) + \omega_r \Psi\} \begin{bmatrix} -\sin\theta_{re} \\ \cos\theta_{re} \end{bmatrix} \quad (2\cdot 70)$$

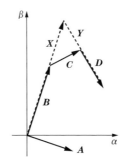

図 2・41 拡張誘起電圧ベクトルの定義

これを用いて，式(2・69)を記述し直すと次式となる．

$$\begin{bmatrix} v_\alpha \\ v_\beta \end{bmatrix} = \underbrace{R \begin{bmatrix} i_\alpha \\ i_\beta \end{bmatrix}}_{A} + \underbrace{pL_0 \begin{bmatrix} i_\alpha \\ i_\beta \end{bmatrix}}_{B} + \underbrace{pL_1 \begin{bmatrix} \cos 2\theta_r & \sin 2\theta_r \\ \sin 2\theta_r & -\cos 2\theta_r \end{bmatrix} \begin{bmatrix} i_\alpha \\ i_\beta \end{bmatrix}}_{C} + \underbrace{\omega_r \Psi \begin{bmatrix} -\sin\theta_r \\ \cos\theta_r \end{bmatrix}}_{D}$$

$$= \underbrace{R \begin{bmatrix} i_\alpha \\ i_\beta \end{bmatrix}}_{A} + \underbrace{\begin{bmatrix} pL_d & \omega_r(L_d - L_q) \\ -\omega_r(L_d - L_q) & pL_d \end{bmatrix} \begin{bmatrix} i_\alpha \\ i_\beta \end{bmatrix}}_{X} + \underbrace{e}_{Y} \quad (2\cdot 71)$$

拡張誘起電圧を用いて記述された式(2・71)に基づけば，位置情報は拡張誘起電圧ベクトル e に集約され，電圧，電流，抵抗，インダクタンスなどのモータパラメータから，拡張誘起電圧ベクトル，引いてはそのベクトルの向きから位置情報を求めることが可能となる．式(2・70)より，拡張誘起電圧は，従来の誘起電圧ベクトル（第2項）と磁気的異方性に起因した起電力ベクトル（第1項）から構成され，SPMSM，IPMSM，SynRMを問わず定義されている点に注意されたい．実際，磁気的異方性のない（$L_d = L_q$）SPMSM の場合，第2項のみとなり，逆に誘起電圧が存在しない（$\Psi = 0$）シンクロナスリラクタンスモータ

（SynRM：Synchronous Reluctance Motor）の場合，第1項のみとして表現することができる．このことは，拡張誘起電圧を求める位置推定アルゴリズムは原則として，SPMSM，IPMSM，SynRM の種類を問わず適用可能であるということである．このように拡張誘起電圧を用いて記述した同期モータのモデルを拡張誘起電圧モデルと呼ぶ．

拡張誘起電圧の定義式からわかるように，速度の低下に伴い拡張誘起電圧ベクトルは短くなり，その向き，すなわち位置情報検出の精度が低下していく．ここから，本位置センサレス制御の適用範囲は，原則，中高速域（おおむね定格速度の数十分の1）となる（注）．また，モータモデルを用いて演算により，拡張誘起電圧を求めることから，抵抗・インダクタンスのパラメータ精度に注意が必要である．

なお，以上では α–β 座標系モデルを利用し，拡張誘起電圧を定義したが，d–q 座標系から $\Delta\theta_r$ の軸ずれをもつ γ–δ 座標系モデルにおいても，拡張誘起電圧モデルを定義することが可能である．**図 2・42** に座標系の定義を示し，次式に γ–δ 座標系における拡張誘起電圧モデルを示す．

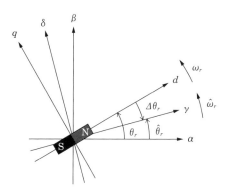

θ_r：回転子の磁極位置

$\hat{\theta}_r$：回転子の磁極位置の推定値

$\Delta\theta_r$：磁極位置推定誤差 （$\Delta\theta_r = \hat{\theta}_r - \theta_r$）

ω_r：回転子の回転角速度

$\hat{\omega}_r$：回転子の推定回転角速度

図 2・42 座標系の定義

$$\begin{bmatrix} v_\gamma \\ v_\delta \end{bmatrix} = \{(R+pL_d)I - (\Delta\dot{\theta}_{re}L_d - \omega_{re}L_q)J\}\begin{bmatrix} i_\gamma \\ i_\delta \end{bmatrix} + \begin{bmatrix} e_\gamma \\ e_\delta \end{bmatrix} \quad (2\cdot72)$$

$$\begin{bmatrix} e_\gamma \\ e_\delta \end{bmatrix} = \{(L_d - L_q)(\omega_r i_d - \dot{i}_q) + \omega_r \Psi\}\begin{bmatrix} -\sin\Delta\theta_r \\ \cos\Delta\theta_r \end{bmatrix} \quad (2\cdot73)$$

ただし, $I = \begin{bmatrix} 1 & 0 \\ 0 & 1 \end{bmatrix}$, $J = \begin{bmatrix} 0 & -1 \\ 1 & 0 \end{bmatrix}$

　α-β 座標系上の拡張誘起電圧ベクトルは，回転角速度 ω_r で回転して q 軸（d 軸の方向 θ_r の直交方向）を指すベクトルである一方，γ-δ 座標系上の拡張誘起電圧ベクトルは，γ 軸と $\Delta\theta_r$ の角度でほぼ同期して回転している q 軸の方向を指すベクトルとなる．このため，γ-δ 座標系上の拡張誘起電圧モデルは，ほぼ直流信号となる γ-δ 座標系上の電圧・電流を扱うという信号処理帯域の面で優位性をもつ一方，γ-δ 座標系上の拡張誘起電圧ベクトルから求まるのは軸誤差 $\Delta\theta_r$ であり，センサから得られる α-β 座標系上の信号を γ-δ 座標上の値に変換するために必要な $\hat{\theta}_r$ を次項で示す PLL（Phase Locked Loop）などにより別途求める必要がある．

　（注）式(2·70)をみればわかるように，原理的には，q 軸に信号重畳を行う（$i_q \neq 0$）ことで，速度とは関係なく，拡張誘起電圧ベクトルを一定の長さに保つことも可能である．ただ，信号重畳に伴い，拡張誘起電圧ベクトルに生じる重畳信号周波数成分の信号除去や信号重畳に伴い発生するトルクリプルなどの対策が必須となる．

2・4・2　拡張誘起電圧ベクトルの推定

　実用的にこの拡張誘起電圧ベクトルを求める方法は大きく分けて 2 種類に大別される．一つは，モータモデルである式(2·71)もしくは式(2·72)における微分項を無視した代数方程式をもとに，電圧，電流から，拡張誘起電圧ベクトルを求める方法である．この手法は，微分項を無視することで演算を簡素化することができることから，プロセッサの制約が厳しく，過渡応答を重視しないアプリケーションに適用される．

　もう一つがモータモデルから拡張誘起電圧ベクトルを状態とした状態方程式を導き，これに基づいて状態オブザーバを構成して拡張誘起電圧ベクトルを推定する手法である．この手法は，前者に比べ，計算量を必要とするものの過渡応答時の推定特性に優れることに加え，オブザーバゲインの設定により，推定誤差の収束速度やパラメータ変動に対する感度などさまざまな誘起電圧推定特性を変更す

ることが可能である．以下にそれぞれの事例を示す．

〔1〕代数方程式的な拡張誘起電圧ベクトルの推定[15]

ここではγ-δ座標系上の構成例を示す．微分項を無視したγ-δ座標系上のPMSMの拡張誘起電圧モデルである式(2・72)から，次式を得ることができる．

$$\begin{bmatrix} \hat{e}_\gamma \\ \hat{e}_\delta \end{bmatrix} = \begin{bmatrix} v_\gamma - Ri_\gamma + \omega_r L_q i_\delta \\ v_\delta - Ri_\delta - \omega_r L_q i_\gamma \end{bmatrix} \quad (2 \cdot 74)$$

$$\Delta \theta_r = \tan^{-1}\left(\frac{-\hat{e}_\gamma}{\hat{e}_\delta}\right) \quad (2 \cdot 75)$$

速度指令値$\omega_r{}^*$とγ-δ座標系上の電圧・電流を用意すれば，この式から，拡張誘起電圧ベクトル，さらには軸誤差$\Delta\theta_r$を推定することができる．構成上，推定に利用する電圧や電流に外乱や雑音として高周波信号成分が重畳すると，拡張誘起電圧ベクトルの推定も直接その影響を受け，推定位置の脈動などを招くため，適宜，LPFなどを挿入するなどの注意が必要である．

実際に，この位置推定法を用いたベクトル制御系の構成例を**図2・43**に示す．応答性を重視しない一方で簡易なベクトル制御系として，電流制御はフィードバック制御ではなく，モータモデルを利用したフィードフォワード制御を基本と

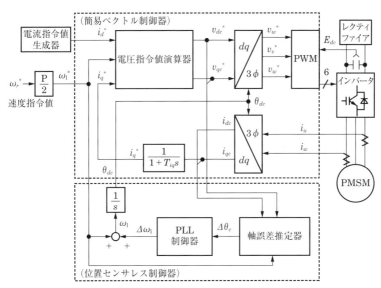

図2・43 代数方程式的な拡張誘起電圧推定を利用した電流制御系をもたない簡易的なベクトル制御系

し，δ軸電流 (i_{qc}) のみ安定化のためにフィードバックを施している．式(2・75)で求めた推定軸誤差から PLL により推定速度誤差，それを用いて速度指令値を補正して得た推定速度をさらに積分して位置推定値を得ている．

[2] 状態オブザーバによる拡張誘起電圧推定[16]

以下では一例として α-β 座標系上での構成を示す．まず，α-β 座標系上で表現された PMSM のモータモデルである式(2・71)から，電圧 $v=[v_\alpha, v_\beta]^T$ を入力，電流 $i=[i_\alpha, i_\beta]^T$ と拡張誘起電圧 $e=[e_\alpha, e_\beta]^T$ を状態とした状態方程式を導く．ただし，拡張誘起電圧ベクトルの微分 $\dot{e}=[\dot{e}_\alpha, \dot{e}_\beta]^T$ を導出する際，$\dot{i}_d=0$，$\ddot{i}_q=0$，$\dot{\omega}_r=0$ の近似を利用している．

$$p\begin{bmatrix}i_\alpha\\i_\beta\end{bmatrix}=\left\{-\frac{R}{L_d}I+\frac{\omega_r(L_d-L_q)}{L_d}J\right\}\begin{bmatrix}i_\alpha\\i_\beta\end{bmatrix}-\frac{1}{L_d}I\begin{bmatrix}e_\alpha\\e_\beta\end{bmatrix}+\frac{1}{L_d}I\begin{bmatrix}v_\alpha\\v_\beta\end{bmatrix} \quad (2\cdot76)$$

$$p\begin{bmatrix}e_\alpha\\e_\beta\end{bmatrix}=\omega_r J\begin{bmatrix}e_\alpha\\e_\beta\end{bmatrix}+(L_d-L_q)(\omega_r \dot{i}_d-\ddot{i}_q)\begin{bmatrix}-\sin\theta_r\\\cos\theta_r\end{bmatrix}\fallingdotseq\omega_r J\begin{bmatrix}e_\alpha\\e_\beta\end{bmatrix} \quad (2\cdot77)$$

この状態方程式に対して，拡張誘起電圧の推定値 $\hat{e}$ を求める最小次元状態オブザーバを構成すると次式となる．

$$\dot{\hat{i}}=\left\{-\frac{R}{L_d}I+\frac{\omega_r(L_d-L_q)}{L_d}J\right\}i-\frac{1}{L_d}\hat{e}+\frac{1}{L_d}v \quad (2\cdot78)$$

$$\dot{\hat{e}}=\omega_r J\hat{e}+G(\dot{\hat{i}}-\dot{i}) \quad (2\cdot79)$$

ここで，$G=g_1 I+g_2 J$ は設計パラメータであるオブザーバゲインである．式 (2・78)を式(2・79)に代入し，式を整理することで次式を得る．

$$\dot{\hat{e}}=\left\{-\frac{R}{L_d}I+\frac{\omega_r(L_d-L_q)}{L_d}J\right\}Gi+\left(-\frac{1}{L_d}G+\omega_r J\right)\hat{e}+\frac{1}{L_d}Gv-G\dot{i}$$

$$(2\cdot80)$$

ただし，この構成では，拡張誘起電圧の推定に電流の微分値 $\dot{i}$ を必要とするため，さらに変数変換 $\xi=\hat{e}+Gi$ を行うことで，最終的に電圧 v，電流 i から拡張誘起電圧推定値 $\hat{e}$ を得る最小次元状態オブザーバとして次式を得る．

$$\dot{\xi}=\dot{\hat{e}}+G\dot{i}=\left(-\frac{1}{L_d}G+\omega_r J\right)\zeta+\frac{1}{L_d}Gv+\frac{1}{L_d}\{-RI-\omega_r L_q J+G\}Gi$$

$$(2\cdot81)$$

$$\hat{e}=\xi-Gi \quad (2\cdot82)$$

上式によるオブザーバの構成とそれを用いたベクトル制御系の構成を**図2・44**に

示す.

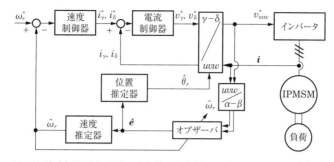

図 2・44 拡張誘起電圧オブザーバを用いた位置センサレスベクトル制御系の構成

(1) オブザーバゲイン（極）

　このオブザーバにおける拡張誘起電圧推定値 $\hat{e}$ の推定誤差収束特性は，オブザーバの極（α, β）により決定され，設計パラメータであるオブザーバゲイン G と以下のような関係にある．

$$G = g_1 I + g_2 J = \alpha L_d I + (\omega_r - \beta) L_d J \tag{2・83}$$

このオブザーバの極配置（ゲイン設計）は，同時に，オブザーバで用いる抵抗・インダクタンス・速度（位置・速度センサレス制御時は速度推定値で代用）といったパラメータ誤差や，誘起電圧の低次高調波成分といったモデル化誤差により発生する推定誤差の感度も左右することから，その設定には注意が必要である．

　以下では一例として以下の二つの方針に沿った極配置を紹介する[16]．

① 「推定拡張誘起電圧ベクトルを利用した速度推定」と「速度推定値を利用した拡張誘起電圧推定」が相互に推定誤差を拡大することを防ぐために，速度推定誤差から拡張誘起電圧推定誤差までの伝達関数のゲインを抑制する．

② 誘起電圧の低次高調波成分によるモデル化誤差が拡張誘起電圧推定に及ぼす影響を抑制するために，オブザーバにおいて拡張誘起電圧の周波数帯域以上のゲインを抑制する．

具体的には，式 (2・83) において次式のように極配置を行えばよい．

$$(\alpha, \beta) = (\rho \hat{\omega}_r, \hat{\omega}_r) \tag{2・84}$$

ここで，ρ は設計パラメータであり，下限は①により，上限は②に配慮しつつ調整を行う．この極配置により，比較的容易に速度推定と拡張誘起電圧推定性能のバランスをとることが可能となる．

(2) 外乱オブザーバによる拡張誘起電圧推定

ここで,上述の状態オブザーバによる拡張誘起電圧推定が,モーションコントロールにおいてよく利用される外乱オブザーバを用いた誘起電圧推定とみなすことも可能であることを示す.

まず,PMSM の数学モデルである式(2・71)をラプラス変換することで次式を得る.

$$\boldsymbol{v}(s) - \boldsymbol{e} = \{(R+sL_d)\boldsymbol{I} - \omega_r(L_d - L_q)\boldsymbol{J}\}\boldsymbol{i}(s) \tag{2・85}$$

ここで,拡張誘起電圧 $\boldsymbol{e}$ が PMSM 内部で印可された外乱であるとみなして $P(s) = \{(R+sL_d)\boldsymbol{I} - \omega_r(L_d - L_q)\boldsymbol{J}\}^{-1}$ を定義すると,PMSM の入力量である電圧 $\boldsymbol{v}(s)$ と出力量である電流 $\boldsymbol{i}(s)$ の関係を表す数学モデルは,次式および**図 2・45** のように記述することができる.

$$\boldsymbol{i}(s) = P(s)\{\boldsymbol{v}(s) - \boldsymbol{e}\} \tag{2・86}$$

図 2・45 拡張誘起電圧を外乱とみなした PMSM のブロック図

一方,上述の拡張誘起電圧ベクトルを推定する最小次元オブザーバである式(2・80)をラプラス変換し,拡張誘起電圧ベクトル $\hat{\boldsymbol{e}}(s)$ について解くと次式を得る.

$$\begin{aligned}\hat{\boldsymbol{e}}(s) &= F(s)[\boldsymbol{v}(s) - \{(R+sL_d)\boldsymbol{I} - \omega_r(L_d-L_q)\boldsymbol{J}\}\boldsymbol{i}(s)] \\ &= F(s)[\boldsymbol{v}(s) - P(s)^{-1}\boldsymbol{i}(s)]\end{aligned} \tag{2・87}$$

ここで,$F(s) = \{L_d s\boldsymbol{I} - \omega_r L_d \boldsymbol{J} + G\}^{-1} G = \{(s+\alpha)\boldsymbol{I} - \beta\boldsymbol{J}\}^{-1}\{\alpha\boldsymbol{I} + (\omega_r - \beta)\boldsymbol{J}\}$

PMSM を表す式(2・85)および拡張誘起電圧ベクトル $\hat{\boldsymbol{e}}(s)$ を求める式(2・87)をまとめてブロック図で表すと**図 2・46** となり,このブロック図から,$P(s)$ に加わった外乱 $\boldsymbol{e}$ を,出力フィルタ $F(s)$ を経て推定する外乱オブザーバが構成されていることが理解できる.

この構成が,拡張誘起電圧を推定する最小次元オブザーバを等価変換することで導かれたことは,拡張誘起電圧ベクトルを推定する最小次元オブザーバである式(2・80)は,拡張誘起電圧をモータ内部で印加された外乱とみなしたうえでそ

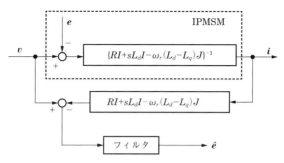

図 2・46 拡張誘起電圧オブザーバの構成
（外乱オブザーバを構成した場合）

の外乱を推定する外乱オブザーバである式(2・87)と等価であることを意味する．そして，最小次元オブザーバにおけるオブザーバゲイン（極）設計が，外乱オブザーバにおける出力フィルタ $F(s)$ の周波数特性の設計に相当することも示している．

2・4・3 停止・低速域における位置センサレスベクトル制御

[1] 誘起電圧の検出時の課題（困難さ）

誘起電圧に基づく位置センサレス制御は，次式に再掲する PMSM の電圧方程式に基づいて，磁極位置の情報が含まれる誘起電圧（拡張誘起電圧）をいかに正確に求めるかということに帰着する．

$$\begin{bmatrix} v_d \\ v_q \end{bmatrix} = \begin{bmatrix} R+pL_d & -\omega_r L_q \\ \omega_r L_d & R+pL_q \end{bmatrix} \begin{bmatrix} i_d \\ i_q \end{bmatrix} + \begin{bmatrix} 0 \\ \omega_r \Psi \end{bmatrix} \tag{2・88}$$

しかし，実際にハードウェアを含めて位置センサレス制御系を構築すると，磁極位置推定値の演算において以下の弊害が現れる．

① 電流検出誤差
② 電圧検出誤差（電圧検出器を用いる場合）
③ デッドタイム，デバイスのオン電圧による出力電圧誤差
④ パラメータの設定誤差（R, L_d, L_q, Ψ）
⑤ パラメータの非線形特性（L_d, L_q の磁気飽和特性，R, Ψ の温度による変化）

上記の要因によって，式(2・88)に基づいて演算される誘起電圧には誤差が生じることになる．さらに，誘起電圧の最大の特徴は，回転速度 ω_r に比例するこ

とであり，速度の低下に伴って誘起電圧の振幅が低下するため，誘起電圧に対して上記の誤差が相対的に大きくなる．このため，誘起電圧に基づく位置センサレス制御は，低速時において，磁極位置の推定誤差が増大し，位置センサレス制御の安定性が低下する（最悪の場合，脱調する）という課題がある．

上記の課題に対応するため，停止・低速時にも安定な位置センサレス制御を実現する方法が数多く研究，提案されている．以下では，この中で代表的な手法である永久磁石同期電動機の突極性を利用した位置センサレスベクトル制御について説明する．

〔2〕 突極性を利用した位置センサレスベクトル制御

停止・低速時にも安定運転が可能な位置センサレス制御技術として，IPMSMの回転子の突極性を利用した方法が提案されている．ここで，PMSMの典型的な回転子の構造を図 2・47 に示す．回転子の位置とインダクタンスの関係は，図

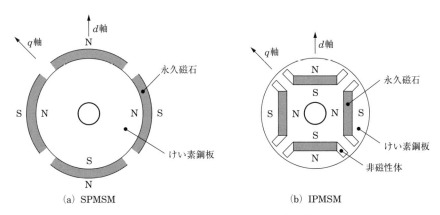

図 2・47　SPMSM と IPMSM の回転子構造

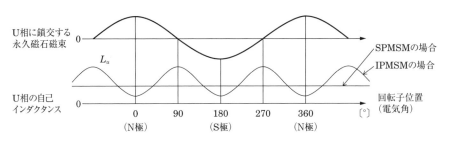

図 2・48　回転子位置とインダクタンスの関係

2・48 に示すように，SPMSM は回転子の位置が変化しても電機子巻線のインダクタンスは一定であるのに対し，IPMSM は回転子の位置に応じて電気子巻線のインダクタンスが変化する特性になっている．突極性を利用した位置センサレス制御は，このインダクタンスの位置依存性を利用した方法である．

(1) 高周波信号重畳

インバータの出力電圧に，出力トルクを制御するための電圧指令とは別に，高周波電圧を重畳すると，回転子位置の違いによってインダクタンスが異なる特性により，高周波電流の振幅に回転子の位置情報が含まれる．原理的に，回転速度に依存しないため，モータ停止時を含めた低速時の位置センサレス制御が実現できる．

高周波信号の印加方法には各種の方法が提案されており，代表的な信号の種類と特徴を**表 2・2** に示す．

表 2・2 位置センサレス制御に用いられる主な高周波信号の種類と特徴

高周波信号の種類	特　徴
回転状の電圧信号 例）正弦波信号（数百 Hz）	数学的理論に則した方法．フィルタ処理により基本波信号と高周波信号を分離．
交番状の電圧信号 例）三角波キャリヤに同期した方形波信号 （数 kHz）	信号分離が容易．フィルタ処理が簡略でき，制御系の応答改善に効果的．現在最も主流な方法．
PWM 信号 （電流リプルを利用）	スイッチングパターンの変更が必要． 任意のタイミングで電流を検出するための専用のハードウェアが必要．

本来の目的であるモータの出力トルクを制御するための基本波電流にさらに高周波電流が重畳されるので，インバータの出力電流の最大値が増加する．このため，インバータのハードウェアの設計（スイッチングデバイスの選定，最大トルクの設定）にも注意を払う必要がある．

また，重畳する高周波信号と負荷特性によっては，トルクリプル，振動，騒音，磁石温度が増大する要因となるため，アプリケーションに応じて適切な方法を選択する必要がある．

次に，高周波信号重畳による位置センサレス制御の原理を説明する．

PMSM は，回転子の d 軸（N 極方向）と，d 軸から 90°進んだ q 軸で電流制御を行うことで，高性能な駆動が実現できる．しかし，磁極位置検出器をもたな

い場合,d-q座標系を直接検出できない.このため,d-q座標系に対応したγ-δ座標系を推定し,γ-δ座標系上で制御演算を行う.d-q座標系とγ-δ座標系の関係を示す座標系の定義は図2・42に示したとおりである.

まず,γ-δ座標系における電圧方程式を導く.式(2・88)のd-q座標系の電圧方程式を軸誤差$\Delta\theta_r$だけ座標変換してγ-δ軸の電圧方程式を求めると,次式が得られる.

$$\begin{bmatrix} v_\gamma \\ v_\delta \end{bmatrix} = \begin{bmatrix} a_{11} & a_{12} \\ a_{21} & a_{22} \end{bmatrix} \begin{bmatrix} i_\gamma \\ i_\delta \end{bmatrix} + \omega_r \Psi \begin{bmatrix} \sin \Delta\theta_r \\ \cos \Delta\theta_r \end{bmatrix} \tag{2・89}$$

ここで

$$a_{11} = R + p(L_0 + L_1 \cos 2\Delta\theta_r) + \omega_r L_1 \sin 2\Delta\theta_r \tag{2・90}$$

$$a_{12} = -pL_1 \sin 2\Delta\theta_r - \omega_r (L_0 - L_1 \cos 2\Delta\theta_r) \tag{2・91}$$

$$a_{21} = -pL_1 \sin 2\Delta\theta_r + \omega_r (L_0 + L_1 \cos 2\Delta\theta_r) \tag{2・92}$$

$$a_{22} = R + p(L_0 - L_1 \cos 2\Delta\theta_r) - \omega_r L_1 \sin 2\Delta\theta_r \tag{2・93}$$

$$L_0 = \frac{L_d + L_q}{2} \tag{2・94}$$

$$L_1 = \frac{L_d - L_q}{2} \tag{2・95}$$

いま,γ軸電圧に高周波電圧を重畳することを考える.このとき,式(2・89)の電圧方程式から,高周波電圧によって発生する電流の変化量を求めるため,電流の微分項を左辺に移動して整理すると,次式が得られる.

$$p\begin{bmatrix} i_\gamma \\ i_\delta \end{bmatrix} = \frac{1}{L_0^2 - L_1^2} \left\{ \begin{bmatrix} L_0 - L_1 \cos 2\Delta\theta_r & L_1 \sin 2\Delta\theta_r \\ L_1 \sin 2\Delta\theta_r & L_0 + L_1 \cos 2\Delta\theta_r \end{bmatrix} \begin{bmatrix} v_\gamma \\ v_\delta \end{bmatrix} \right.$$
$$- \begin{bmatrix} R + \omega_r L_1 \sin 2\Delta\theta_r & -\omega_r (L_0 - L_1 \cos 2\Delta\theta_r) \\ \omega_r (L_0 + L_1 \cos 2\Delta\theta_r) & R - \omega_r L_1 \sin 2\Delta\theta_r \end{bmatrix} \begin{bmatrix} i_\gamma \\ i_\delta \end{bmatrix}$$
$$\left. - \omega_r \Psi \begin{bmatrix} \sin \Delta\theta_r \\ \cos \Delta\theta_r \end{bmatrix} \right\} \tag{2・96}$$

ここで

$$v_\gamma = V_a \sin \omega_h t \tag{2・97}$$

$$v_\delta = 0 \tag{2・98}$$

重畳する高周波電圧は,γ軸は角周波数ω_h,振幅V_aの正弦波信号,δ軸は0とする.センサレス制御では,真のd軸はわからないため,推定軸であるγ軸

上に高周波電圧を重畳する．式(2・97)および式(2・98)を式(2・96)に代入し停止・低速時を仮定して$\omega_r=0$とし，インダクタンスによる電圧降下に比べて抵抗による電圧降下は十分小さいとして$R=0$としたうえで，整理すると，次式が得られる．

$$p\begin{bmatrix}i_\gamma \\ i_\delta\end{bmatrix} = \frac{1}{L_0^2 - L_1^2}\begin{bmatrix}L_0 - L_1\cos 2\Delta\theta_r \\ L_1\sin 2\Delta\theta_r\end{bmatrix}V_a\sin\omega_h t \qquad (2\cdot99)$$

式(2・99)から，高周波電圧を重畳したときにγ-δ座標系に現れる高周波電流の振幅は，軸誤差$\Delta\theta_r$の関数となっており，その特性を図 **2・49** に示す．

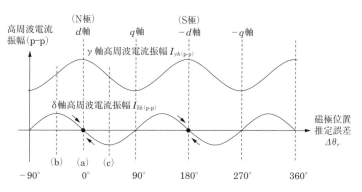

図 **2・49**　磁極位置推定誤差と高周波電流振幅の関係

図 2・49 の(a)点は，$\Delta\theta_r$が 0 の点であり，このときのδ軸高周波電流は 0 になっていることが確認できる．これは，式(2・99)からも確認できる．

図 2・49 の(b), (c)点は，$\Delta\theta_r$が $+45°$，$-45°$の点であり，δ軸高周波電流の振幅が最大となるポイントであるが，注目すべき点は，δ軸電流の(b)点と(c)点の符号が逆になっている点である．式(2・99)において，$L_d < L_q$の場合は定数部分が負値となるため，$\Delta\theta_r$がプラスの方向（γ軸がd軸に対して進み方向）にずれた場合はδ軸高周波電流の振幅はマイナスの値となる．一方，$\Delta\theta_r$がマイナスの方向（γ軸がd軸に対して遅れ方向）にずれた場合はδ軸高周波電流の振幅はプラスの値となる．このことから，δ軸高周波電流の振幅を抽出し，これを積分器（または PI 制御器）により増幅し，磁極位置推定値にフィードバックする PLL を構成することにより，推定γ軸を回転子の磁極位置（d軸）に収束させる位置センサレス制御系が構築できる．

図 **2・50** に，高周波電圧重畳を用いた位置センサレス制御系の構成を示す．

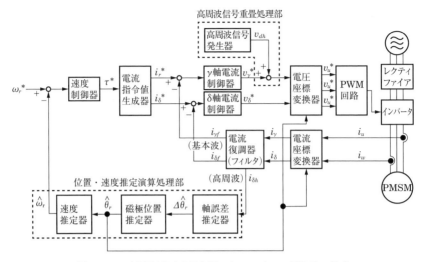

図 2・50 高周波電圧重畳を用いたセンサレス制御系の構成

ここで，図 2・49 に示したように，$\Delta\theta_r$ が $+90 \sim -90°$ の範囲を逸脱すると，δ 軸高周波電流振幅の符号が逆転し，上記の磁極位置推定値の収束演算が正帰還となってしまうため，位置センサレス制御系が不安定化（γ 軸が $-d$ 軸（S極）方向に収束）し，モータが暴走してしまう．このため，急峻な負荷トルクを印加した場合などあらゆる場面においても収束性を担保するように，積分器や PI 調節器のフィードバックゲインや応答時定数を設計する必要がある．

SPMSM の場合，図 2・48 に示したように，回転子位置が変化してもインダクタンスが変化しないため，突極性を利用した方法は原理的に適用できない．これは，SPMSM の場合，$L_d = L_q$ であるので，式 (2・99) における L_1 が 0 となり，δ 軸電流の微分項は常に 0 となる．SPMSM では本方式を適用できないことは，数式からも明らかである．

また，突極性が小さい IPMSM（おおむね突極比 1.5 未満）においても，L_1 の値が小さくなり，δ 軸に現れる高周波電流の振幅が小さくなってしまうことから，高周波電圧重畳を用いた位置センサレス制御の適用は困難になる．

(2) ヘテロダイン処理

高周波電圧重畳により得られる δ 軸高周波電流から磁極位置推定誤差を抽出する一手法として，ヘテロダイン処理が挙げられる．ヘテロダイン処理は，任意の周波数成分を含む高周波信号から目的とする周波数成分を抽出するフィルタ処理

2・4 位置センサレス制御と磁極位置推定

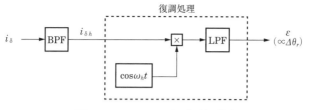

図2・51 ヘテロダイン処理の構成

の一種であり，図2・51で構成される．これは，図2・50の位置センサレス制御系において，軸誤差推定器の処理に相当する．その原理は，まず，δ軸電流の高周波成分 $i_{\delta h}$ を BPF（バンドパスフィルタ）で抽出し，これに重畳した高周波電圧の周波数成分（$\cos\omega_h t$）を掛け合わせることにより，図2・52 に示すように重畳した周波数成分の振幅を符号付きの値として抽出することができる．この抽出した信号は，重畳した周波数の2倍の周波数となるため，LPF（ローパスフィルタ）処理で平滑することにより，軸誤差 $\Delta\theta_r$ に比例する信号 ε を抽出することができる．

ただし，ε を平滑するために使用する LPF により信号の遅れが生じ，位置センサレス制御の応答性を上げるには限界がある．このため，一般的な IPMSM を位置センサレス制御する場合，速度制御応答の帯域は10 Hz 程度に制限される．

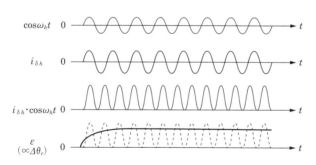

図2・52 ヘテロダイン処理による信号抽出

(3) フィルタを用いた信号分離

実際の制御系においては，図2・50に示したように，モータを駆動するための電圧指令値に，位置センサレス制御のための高周波電圧指令値を重畳する構成になる．このため，高周波電圧の周波数が，モータ駆動におけるインバータ出力電

流の基本波周波数に近接すると，位置センサレス制御を行うために電流検出値から高周波成分をBPFやHPF（ハイパスフィルタ）などを用いて抽出することが困難になる．位置センサレス制御の性能を担保するためには，目安として，インバータ出力電流の基本波周波数に対する高周波信号の周波数の比を 1：50 程度に設定する必要がある．

一方，モータ駆動するための電流制御に使用するγ軸電流，δ軸電流においては，位置センサレス制御のための高周波電流が重畳してしまうと，電流制御系が不安定になったり，トルクリプルが増大する原因となるので，電流制御にはLPFなどで高周波成分を除去した基本波電流を使用する必要がある．

しかしながら，重畳する信号の周波数帯域や，高周波信号の分離に用いるフィルタの時定数によって，制御系の遅れが増大し，電流制御系，速度制御系の応答を十分に上げられない問題が生じる．

このため，センサレス制御の応答性を担保するためには，フィルタを極力使わない制御系を構築する方策が有効である．

上記の課題に対して有効な手法として，三角波キャリヤに同期した方形波電圧を重畳する方法が挙げられる[18]．この方法の最大の特徴は，重畳する高周波電圧の周波数を**図2・53**に示すようにキャリア周波数の1/2まで高速化でき，このときδ軸電流の高周波成分はサンプリングごとに交番状に変化する信号となる．このため，δ軸高周波電流の振幅εは，前回値と今回値の関係から次式で求めることができる．

$$\varepsilon = \mathrm{sgn}\{v_{\gamma h}(n-1)\} \cdot \{i_{\delta h}(n) - i_{\delta h}(n-1)\} \qquad (2 \cdot 100)$$

式(2・100)をブロック図で表すと**図2・54**となり，三角波キャリヤに同期した方形波電圧を重畳する方法では，LPFを用いることなくδ軸高周波電流の振幅（$\propto \Delta\theta_r$）を抽出することができる．これにより，位置センサレス制御のもとでの電流制御，速度制御の応答性を改善することが可能である．

〔3〕始動方法（極性判別）について

PMSMの位置センサレスベクトル制御は，モータの回転が停止（あるいは低速で回転）している状態からインバータの運転を開始（始動）する場合，磁極位置情報が未だ不明の状態から位置センサレス制御を開始することになるので，始動時に初期磁極位置を推定する処理が必要となる．位置センサレス制御に用いられる主な始動方法，原理と特徴を**表2・3**に示す．

2・4 位置センサレス制御と磁極位置推定

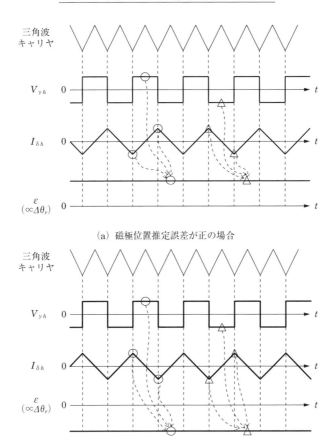

(a) 磁極位置推定誤差が正の場合

(b) 磁極位置推定誤差が負の場合

図2・53 三角波キャリヤに同期した方形波電圧重畳

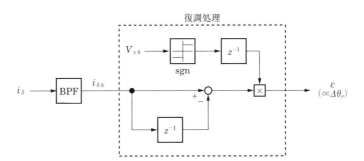

図2・54 三角波キャリヤに同期した方形波電圧重畳時の信号抽出

表 2·3 位置センサレス制御に用いられる主な始動方法，原理と特徴

始動方法	原　理	特　徴
直流励磁	U, V, W 各相に角度指令を固定値とした直流電流を通流し，真の磁極位置（N 極）を指令した角度に変位，静止させた後，初期磁極位置を静止角度として位置センサレス制御を開始する方法.	始動時にモータ角度が変位するため，アプリケーションによっては適用できない.
同期引込み	低速で回転する角度指令のもとで d 軸方向に電流を通流し，真の磁極位置（N 極）を回転する d 軸に引き込んだ後，初期磁極位置を指令回転角度として位置センサレス制御を開始する方法.	主に，誘起電圧方式のセンサレス制御の始動に適用される.
パルス間欠印加	間欠的に異なる角度指令方向にパルス状電圧を複数印加し，そのときに流れる電流振幅の大小関係から初期磁極位置を推定する方法.	トルクが発生する方向に電圧を印加してしまうケースがあり，始動時にモータが回転する恐れがある.
高周波信号重畳	突極性を利用した方法．本項で示した高周波電圧重畳による位置センサレス制御アルゴリズムを利用して，モータが静止中に推定 γ 軸を真の磁極位置（N 極）に収束させた後，位置センサレス制御を開始する方法.	始動時にモータが回転しないメリットがある．ただし，原理的に S 極に収束する場合があるため，極性判別処理が必要となる.

　以下では，突極性を利用した高周波重畳による始動方法（極性判別）について，より具体的な内容を説明する．

　本項で説明した高周波信号を重畳する方法は，零速を含めて制御が可能である．このため，モータ停止（あるいは低速で回転）している状態において，初期磁極位置を推定し，始動（インバータ運転開始）時の処理に適用することが可能である．ところが，図 2·49 に示したように，0°（N 極）と 180°（S 極）の点で，δ 軸高周波電流の振幅と符号が全く同じ関係になることに注意されたい．これは，式 (2·99) で示した δ 軸高周波電流と磁極位置推定誤差 $\Delta\theta_r$ の関係が $\sin 2\Delta\theta_r$ の関数となっていることから理解できる．このため，δ 軸高周波電流の振幅が 0 となるように PLL を構成して収束演算する際，積分器あるいは PI 制御器の初期値の与え方によっては磁極位置推定値が S 極方向に収束し，磁極位置推定値が 180°ずれてしまう可能性がある．このため，始動の際には，現在の角度が 0°（N 極）付近（−90～90°の範囲）なのか，180°（S 極）付近（90～270°の範囲）なのかを極性判別（NS 判別）し，角度推定値が適切な方向に収束するように，積分器あるいは PI 調節器の初期値を補正する処理が必要となる．始動を含めた位置センサレス制御系の構成を図 2·55 に示す．

　例として，磁気飽和特性を利用した始動時の運転シーケンスを図 2·56 に示す．

2・4 位置センサレス制御と磁極位置推定

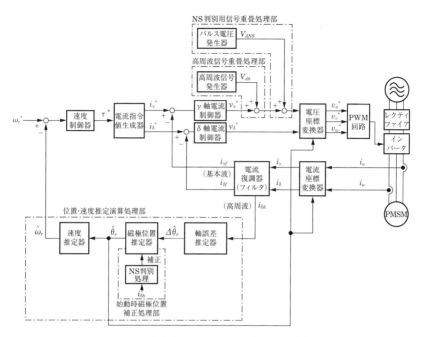

図2・55 始動を含めた位置センサレス制御系の構成

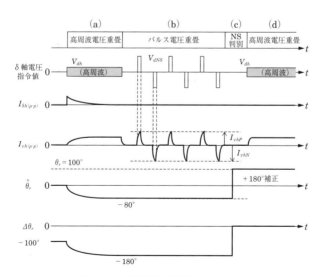

図2・56 始動時の運転シーケンス

同図の期間(a)では，高周波信号重畳による位置センサレス制御を実行し，磁極位置推定値の収束演算を行う．この時点では，速度制御，電流制御は停止させておく．また，磁極位置推定値（γ軸）はモータの位置によってはS極方向に収束している場合もある．

次に，期間(b)で，正方向と負方向に同一振幅のパルス状電圧を間欠的に印加し，このとき観測されるγ軸電流の振幅を測定する．磁気飽和特性のあるモータでは，磁束を強める方向に電流が流れる場合は，インダクタンスの低下により電流はより多く流れる．この特性を利用して，期間(c)では，正の電圧を印加したときに流れる電流振幅の方が負の電圧を印加したときの電流振幅より大きい場合はN極方向（N極に対して±90°の範囲），負の電圧を印加したときに流れる電流振幅の方が大きい場合はS極方向（S極に対して±90°の範囲）であると判別する（以下，NS判別という）．NS判別によりS極と判別された場合には，式(2・101)に示すように，磁極位置推定誤差を増幅する積分器あるいはPI制御器の積分項に180°を加算し，磁極位置推定値をN極方向に修正する．N極方向と判別された場合には何も処理しない．

$$\hat{\theta}_r = \begin{cases} \hat{\theta}_r & (I_{\gamma h\_N} \leq I_{\gamma h\_P}) \\ \hat{\theta}_r + 180° & (I_{\gamma h\_N} > I_{\gamma h\_P}) \end{cases} \qquad (2 \cdot 101)$$

そして，期間(d)で高周波電圧重畳による位置センサレス制御のもとで，速度制御，電流制御を開始する．

期間(b)でパルス状電圧を印加する回数は，NS判別の確度を高めるために増やすことは自由にできるが，速度制御，電流制御を開始するまでの遅れ時間とのトレードオフになる．期間(a)から(c)までに要する時間は，目安として100 ms程度であるが，アプリケーションによってはこの時間遅れが許容されない場合もある．

NS判別に用いるパルス状電圧の振幅と印加時間は，少なくとも正負のパルス状電圧を印加したときに磁気飽和特性によって現れる電流の差異が判別できる程度の値に設計する必要がある．磁気飽和特性は，電圧方程式には含まれない特性であり，理論解析で求めることは困難である．このため，パルス状電圧の振幅と印加時間は，実験的に求めるか，モータの磁界解析を利用して，磁気飽和特性を考慮した計算機シミュレーションで求めることが現実的である．また，モータの設計を含めた開発環境であれば，意図的に磁気飽和特性をもたせる回転子構造に

設計することも可能である．

〔4〕位置センサレスベクトル制御器の切換え

位置センサレス制御の各方式には，一長一短があり，一つの方式で全速度域の運転が可能な制御方式，および始動方式は，現在のところ開発されていない．このため，PMSM の位置センサレスベクトル制御では，**図 2・57** に示すように，複数の制御方式を速度に応じて切り換えて運用するのが現実的である．

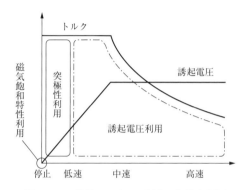

図 2・57　位置センサレス制御の切換え運用

低速時の位置センサレス制御と高速時の位置センサレス制御の切換えを考慮した位置センサレス制御系の構成を**図 2・58** に示す．同図は，低速時の位置センサレス制御と高速時の位置センサレス制御を**図 2・59** に示す重み付け係数を用いて切り換えている．

低速時の位置センサレス制御は突極性を利用した方法，高速時の位置センサレス制御は誘起電圧を用いた方法を示しているが，位置センサレス制御の方式はおのおの別の方式であってもよい．

一方，低速時の位置センサレス制御と高速時の位置センサレス制御をある速度のしきい値において瞬時に切り換えるという方法も考えられる．この場合，切換えの境界速度付近におけるチャタリングを防止するため，ヒステリシスを設けるなどの工夫が必要である．また，加減速や負荷トルクの変化といった過渡現象の最中に切換えが行われることから，低速時位置センサレス制御による軸誤差推定値 $\Delta\hat{\theta}_{r1}$ と，高速時位置センサレス制御による軸誤差推定値 $\Delta\hat{\theta}_{r2}$ は必ずしも一致するとは限らず，磁極位置推定値が不連続に切り換わる可能性がある．この場合，切換え時の電流がはね上がり，過電流やトルクリプルが発生することが想定

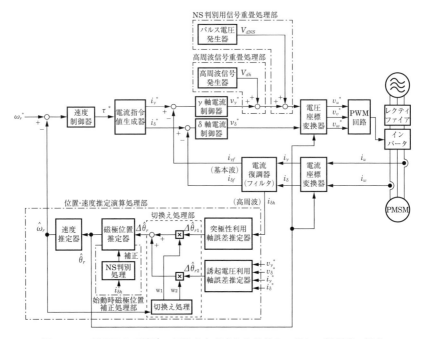

図 2・58 低速時と高速時の切換えを考慮した位置センサレス制御系の構成

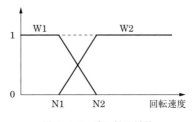

図 2・59 重み付け係数

される.

このように，位置センサレス制御の切換えは，位置センサレス制御の安定性に大きく影響する．このため，位置センサレス制御の設計において見逃すことができない重要な設計要素であり，いかにスムーズに切り換えることができるかが各社各方式の差別化ポイントになっている．

2・5 パラメータ測定および同定法

前節まで述べたことによると，**表2・4**に示されるように，PMSMを駆動するには各制御目的に応じたモータの電気的パラメータが必要である．これらのパラメータは，モータの銘板に明記されているわけではないので，運転する前に何らかの方法で計測して制御装置に設定する必要がある．またRやΨは温度によって変化し，L_dやL_qは磁気飽和により電流の大きさに依存して変化するので，運転中にも値を修正（以下，同定という）する必要がある．そこで本節では，モータパラメータの初期設定のためのパラメータ測定方法と，運転中のパラメータ同定方法について示す．

表2・4 制御目的に必要なモータパラメータ

制御目的 / パラメータ	電流制御	トルク制御精度	最大トルク制御	センサレス制御
L_d, L_q	○	○	○	○
R	○			○
Ψ	○	○	○	○

2・5・1 パラメータ測定法

ここでのパラメータ測定とは，制御装置に設定されるパラメータの初期値（例えば25℃付近でのRやΨ）を測定することであり，例えばモータは単体で負荷と切り離されているなどを条件としている．そして，本測定法を制御装置に組み込むことで，制御装置にモータを接続した状態において制御装置をパラメータ測定モードで実行すれば，パラメータ測定と設定が自動的に行われることも可能となる．

パラメータ測定法の一例を**表2・5**示す．

表2・5 パラメータの測定法

パラメータ	測定手法
R	直流試験
L_d, L_q	交流試験またはパルス試験
Ψ	回転中0電流試験

〔1〕**直流試験**

固定子巻線に直流電流を流して電流と電圧を測定する．電流値はI_1とI_2の2

種類で行い，それぞれの電圧が V_1 と V_2 とすると

$$R = \frac{V_2 - V_1}{I_2 - I_1} \qquad (2 \cdot 102)$$

で巻線抵抗 R を求めることができる．このようにすることで，電流の大きさにほとんど依存しない電圧誤差（例えばデッドタイムによる電圧誤差）の影響を抑制できる．

〔2〕交流試験[21]

停止中のモータの各軸に単相交流電圧を印加して，各軸の電圧と電流の基本波の大きさと位相をフーリエ変換で得る．等価的に R–L 直列回路とみなすことができるので，上記フーリエ変換結果より L 値である L_d や L_q を求めることができる．例えば d 軸の電圧と電流のフーリエ変換結果を位相を勘案してそれぞれ V_{dA}, V_{dB}, I_{dA}, I_{dB} とすると

$$L_d = \frac{V_{dA} I_{dB} - V_{dB} I_{dA}}{\omega (I_{dA}^2 + I_{dB}^2)} \qquad (2 \cdot 103)$$

となる．ここで ω は交流電圧の角周波数である．定常状態となるまで待つ必要があるので測定には1秒程度の時間が必要となり，その間にモータが回転しないように d 軸には正の直流電流を重畳することがある．位置センサがない場合は，本試験の直前に仮定 d 軸方向に比較的大きな電流を流して，回転子の d 軸を仮定 d 軸に概略一致させればよい．

〔3〕パルス試験[19)20)23]

モータ停止中において，各軸に交番する電圧を印加して各軸電流の瞬時値を得る．**図 2·60** は，その d 軸の波形例である．その電圧を時間積分した鎖交磁束 Ψ_d を縦軸とし，測定した各軸電流を横軸としたヒステリシス曲線を **図 2·61** のように描き，そのヒステリシス曲線の中心線（同図の破線）の縦軸との交点での傾きで L_d や L_q を得る．電流が0以外のポイントと原点（縦軸との交点）とを結ぶ線（同図の一点鎖線）の傾きでその電流でのインダクタンス値も得ることができる（例えば図 2·61 の I_{d1} での d 軸インダクタンス L_{d1}）ので，磁気飽和によるインダクタンスの変動も測定ができる．またこの試験は数 ms で終了するので，慣性モーメントが非常に小さなモータでない限り，モータが回転しないような手段を講じる必要はない．

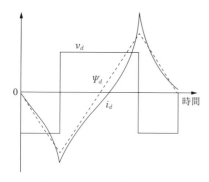

図 2・60 パルス試験の波形例

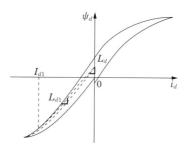

図 2・61 パルス試験での電流-磁束曲線例

〔4〕 回転中 0 電流試験[22]

任意の直交 γ-δ 座標系上の γ 軸に所定の直流電流を流し,その γ-δ 座標系の回転角周波数を 0 から徐々に上昇させることでモータを回転させる.所定速度に至った後に,電流指令値を 0 とする.電流制御が定常状態となってから α-β 座標系上の印加電圧を時間積分することで鎖交磁束ベクトルの α-β 座標系上での円軌跡を得ることができる.この円軌跡の半径が Ψ となる.この測定は,電流を 0 としているので,ほかのパラメータの影響がない.また比較的高電圧を印加した状態での測定なので,デッドタイムなどによる電圧誤差の影響が小さくなり,高精度な測定ができる.

2・5・2 パラメータ同定法

ここでのパラメータ同定とは,運転中(オンライン)にパラメータ値を真値に修正していくことであり,固定トレース法[27]や逐次型最小 2 乗法[24)~26)]による手法などが提案されている.ここでは,推定回転座標系である γ-δ 座標系上で構成することが可能であり,位置推定誤差 $\Delta\theta_r$ をパラメータ行列に含み,位置センサレスで電圧と電流情報のみで R, L_d, L_q を同定できる手法について説明する.

IPMSM の数学モデルを推定回転座標系である γ-δ 座標系上に変換してサンプリング時間 T_s で離散化すると,

$$\begin{bmatrix} i_\gamma(n+1) \\ i_\delta(n+1) \end{bmatrix} = \boldsymbol{A} \begin{bmatrix} i_\gamma(n) \\ i_\delta(n) \end{bmatrix} + \boldsymbol{B} \begin{bmatrix} v_\gamma(n) \\ v_\delta(n) \end{bmatrix} + \boldsymbol{C} [1] \tag{2・104}$$

と表せる.ここで

$$A = \frac{-RL_0 T_s + L_d L_q}{L_d L_q} I + \frac{RL_1 T_s}{L_d L_q} Q + \frac{\hat{\omega}_r(L_d{}^2 + L_q{}^2) T_s}{2 L_d L_q} J - \frac{\hat{\omega}_r(L_d{}^2 - L_q{}^2) T_s}{2 L_d L_q} S$$
(2・105)

$$B = \frac{L_0 T_s}{L_d L_q} I - \frac{L_1 T_s}{L_d L_q} Q$$
(2・106)

$$C = \frac{\hat{\omega}_r K_E T_s}{L_q} \begin{bmatrix} \sin \Delta\theta_r \\ -\cos \Delta\theta_r \end{bmatrix}$$
(2・107)

$$L_0 = \frac{L_d + L_q}{2}, \quad L_1 = \frac{L_d - L_q}{2}$$
(2・108)

$$Q = \begin{bmatrix} \cos 2\Delta\theta_r & \sin 2\Delta\theta_r \\ \sin 2\Delta\theta_r & -\cos 2\Delta\theta_r \end{bmatrix}, \quad S = \begin{bmatrix} -\sin 2\Delta\theta_r & \cos 2\Delta\theta_r \\ \cos 2\Delta\theta_r & \sin 2\Delta\theta_r \end{bmatrix}$$
(2・109)

$$I = \begin{bmatrix} 1 & 0 \\ 0 & 1 \end{bmatrix}, \quad J = \begin{bmatrix} 0 & -1 \\ 1 & 0 \end{bmatrix}$$
(2・110)

である．式(2・104)は，パラメータを含むパラメータ行列Θを使って

$$y = \Theta z$$
(2・211)

と変形できる．ここで

$$y = [i_\gamma(n+1) \quad i_\delta(n+1)]^T$$
(2・112)

$$z = [i_\gamma(n) \quad i_\delta(n) \quad v_\gamma(n) \quad v_\delta(n) \quad 1]^T$$
(2・113)

$$\Theta = [A \quad B \quad C]$$
(2・214)

である．

パラメータ行列Θは

$$\Theta(k) = \Theta(k-1) + \{y - \Theta(k-1)z\} z^T P(k)$$
(2・115)

$$P(k) = \frac{1}{\lambda} \{P(k-1) - P(k-1) z [\lambda + z^T P(k-1) z]^{-1} z^T P(k-1)\}$$
(2・116)

で示される逐次型最小2乗法により同定される．Pは行列ゲイン，λは忘却係数である．

同定されたパラメータ行列Θより，$L_d < L_q$を条件として

$$\hat{R} = \frac{2\hat{L}_d \hat{L}_q}{(\hat{L}_d + \hat{L}_q) T_s} - \frac{M_2}{M_1}, \quad \hat{L}_d = \frac{2T_s}{M_1 + M_3}, \quad \hat{L}_q = \frac{2T_s}{M_1 - M_3}$$
(2・117)

によって所望のパラメータを求めることができる．ここで

$$M_1 = b_{11} + b_{22}, \quad M_2 = a_{11} + a_{22}, \quad M_3 = \sqrt{(b_{11} - b_{22})^2 + 4 b_{12} b_{21}}$$
(2・118)

$$A = \begin{bmatrix} a_{11} & a_{12} \\ a_{21} & a_{22} \end{bmatrix}, \quad B = \begin{bmatrix} b_{11} & b_{12} \\ b_{21} & b_{22} \end{bmatrix} \quad (2 \cdot 119)$$

である.なお,可同定性条件[28]を満たすため,電流指令値に例えばM系列信号を重畳する必要がある.

■引用・参考文献

1) 内藤:「交流可変速制御技術の流れ」,電気学会誌,Vol. 121, No. 7, pp.434-435 (2001)
2) K. Matsuse, S. Saito, and S. Tadakuma: "History of motor drive technologies in Japan—Part 1", IEEE Ind. Appl. Mag., Vol.19, No.6, Nov./Dec. 2013. pp. 10–17 (2013)
3) M.Yano, S.Abe and E.Ohno,: "History of Power Electronics for Motor Drives in Japan", Proc. IEEE Conf. History Electron, pp.1–11 (2004)
4) 赤木:「ACモータのベクトル制御」,電学論D, Vol. 108, No. 8, pp.726-733 (1988)
5) 中野,岩金,赤木:「ベクトル制御の開発裏話」,電学論D, Vol. 114, No. 1, pp. 1–7 (1994)
6) 見城,赤木,川村,三上:「ACサーボモータとマイコン制御」,総合電子出版社 (1984)
7) 武田,松井,森本,本田:「埋込磁石同期モータの設計と制御」,オーム社 (2001)
8) 原島,鈴木,中野:「モータ制御の仕組みと考え方」,オーム社 (1981)
9) 杉本,小山,玉井:「ACサーボシステムの理論と設計の実際」,総合電子出版社 (1990)
10) 大沼:「新しい座標系を用いた埋込磁石同期モータの位置センサレス制御に関する研究」,名古屋大学博士学位論文,http://ir.nul.nagoya-u.ac.jp/jspui/handle/2237/14861 (2011)
11) Seung-Ki Sul: "Control of Electric Machine Drive Systems", IEEE PRESS (2011)
12) PMモータの適用拡大の動向調査専門委員会編:「PMモータの技術と適用拡大の最新動向—材料から応用製品まで—」,電学技報,第1281号 (2013)
13) K. Hasse: "Zum Dynamischen Verhalten der Asynchronmachine bei Betrieb mit variable Standerfrequenz und Standerspannung", ETZ-A, Bd.89, H.4, pp.77–81 (1968)
14) F. Blaschke: "Das Prizip der Feldorientierung, Die Grundlage fur die

TRNSVEKTOR-Regelung von Asynchnmachinen", Siemens Zeitschrift, 45, p.757（1971）

15）坂本，岩路，遠藤：「家電機器向け位置センサレス永久磁石同期モータの簡易ベクトル制御」，電学論 D, Vol. 124, No. 11, pp. 1134-1140（2004）

16）Zhiqian Chen, Mutuwo Tomita, Shinji Doki and Shigeru Okuma: "A Extended Electromotive Force Model for Sensorless Control of Interior Permanent Magnet Synchronous Motors", lEEE Trans. Ind. Electron., Vol. 50, No. 2, pp. 288-295（2003）

17）Takashi Aihara, Akio Toba, Takao Yanase, Akihide Mashimo, and Kenji Endo: "Sensorless Torque Control of Salient-Pole Synchronous Motor at Zero-Speed Operation", IEEE Trans. Power Electron., Vol. 14, No. 1, pp. 202-208（1999）

18）Seung-Ki Sul, Sungmin Kim: "Sensorless Control of IPMSM: Past, Present, and Future", IEEJ. J. Industry Applications, Vol. 1, No. 1, pp. 15-23（2012）

19）特開 2001-69782「永久磁石形同期電動機の制御装置」

20）特開 2003-111499「同期機の制御装置」

21）特開 2000-312498「定数測定設定機能付き PM モータ制御装置」

22）特開 2002-171797「永久磁石型同期電動機の制御装置」

23）北条，萩原，他：「埋込形永久磁石電動機の運転特性」，SPC-00-39, IEA 00 14

24）市川，冨田，他：「システム同定理論に基づくオンラインパラメータ同定法を用いた同期電動機のセンサレス制御」，平成 16 年電気学会産業応用部門大会 1-104（2004）

25）山田，森本，他：「オンラインパラメータ同定による IPMSM の位置センサレス制御」，平成 18 年電気学会産業応用部門大会 1-106（2006）

26）丹羽，森本，他：「パラメータ同定および電圧降下補償による低速領域での IPMSM 位置センサレス制御特性の改善」，平成 22 年電気学会産業応用部門大会 1-69（2010）

27）丹保，大石，他：「高調波重畳による IPMSM の静的・動的インダクタンスのオンラインパラメータ同定」，平成 25 年電気学会産業応用部門大会 3-68（2013）

28）足立：「制御のためのシステム同定」，東京電機大学出版局（1996）

3章　誘導電動機の制御系設計

3・1　誘導電動機の数学モデル

　誘導電動機（IM：Induction Motor）は，簡単で堅牢な構造から汎用性が高く，電動機として最も広く使用されている．また近年の希土類元素の供給リスクや価格高騰により，PMSMに対し効率では劣るものの希土類元素を必要とする永久磁石を用いないことからIMが再評価されつつある．IMは，複数の導体バーを端絡環で接続し鉄心に埋め込んだ構造の回転子を有するかご形と，回転子に三相巻線を設け，スリップリングを介して外部に引き出すことにより二次側回路の制御を可能とした巻線形とに大別されるが，可変速制御において一次側に可変周波数電源を用いることが一般的になった今日，構造が複雑な巻線形は実用上一部の中大形機に限られているのが実情である．そのため本節では，かご形三相誘導電動機を対象にその数学モデルを考えることにする．

　ここで数学モデルに入る前に，IMのトルク発生原理について説明する．図3・1(a)に導体バーと端絡環から構成された，かご形IMの回転子の基本構造を示す．この回転子を同図(b)に示すように永久磁石の間に配置し，自由に回転できるようにした場合を考える．このとき，永久磁石のN極からS極に向け図中の破線の向きに磁束が発生しており，永久磁石を図の矢印方向（反時計回り）に動

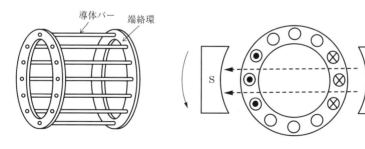

(a) かご形回転子　　　　(b) 回転する磁束中のかご形回転子

図3・1　IMのトルク発生原理

かして磁束を回転させると，フレミングの右手の法則に従い回転子の導体バーに電流が流れる．電流の向きは紙面に対して図のN極側では奥に向かう方向，S極側では手前に向かう方向となる．この電流は磁束中を流れているので，導体バーにはフレミングの左手の法則に従う方向の力が発生する．この力は回転子を永久磁石と同一方向に回転させるように作用し，結果として永久磁石の回転と同一方向へのトルクを回転子に発生させることになる．

実際のIMでは，**図3・2**の断面構造に示すように固定子側に三相巻線を施して，回転磁束を発生させる構成としている．以下，固定子を一次側，回転子を二次側として記述することとする．図3・2において一次巻線（固定子巻線）へ電圧を印加すると一次電流が流れ，これによって，二次側で発生した回転磁束が二次電流を誘導し，回転磁束と二次電流の積に比例したトルクが回転子に発生する．IMに負荷をかけると，回転子は発生トルクと負荷トルクが平衡する速度で回転するようになる．このとき回転子の回転角速度ω_rは回転磁束の回転速度ωよりも小さい値をとる．また，ω_rとωに対し次式で定義される値sを滑りと称している．

$$s = \frac{\omega - \omega_r}{\omega} \tag{3・1}$$

ここで，力行運転の場合，滑りsの範囲は$0 < s < 1$となる．二次磁束と回転子が同じ速度で回転すると二次電流は流れず，トルクは発生しない．IMを無負荷とした場合は$s=0$であり，負荷の増加に伴いsの値は増加する傾向をとる．

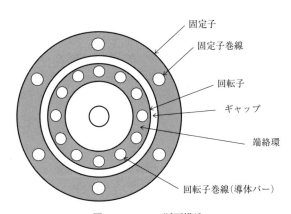

図3・2　IMの断面構造

3·1·1　三相交流で表した回路方程式

再度図3·2を参照しながら，IMの回路方程式を考える．取扱いを容易にするため，以下の仮定をおく．

- 固定子，回転子ともにu, v, w各相の電気的，磁気的特性は同一とする
- 鉄損，磁気回路の飽和特性は無視できる
- 固定子巻線による磁束は正弦波状に分布する
- 電流，磁束の高調波成分は無視できる

この条件下で，IMは図3·3に示すような回路モデルで表現することができる．ここでは二次側を各相が短絡されたY形の三相巻線として扱っている．一次側のu, v, w各相の電圧をv_{1u}, v_{1v}, v_{1w}，電流をi_{1u}, i_{1v}, i_{1w}とし，二次側のu′, v′, w′各相の電流を$i_{2u}', i_{2v}', i_{2w}'$とする．一次側u相巻線について，鎖交する磁束を$\phi_{1u}$，二次側u′相の位置を一次側u相に対し$\theta_r$とすると

$$v_{1u} = R_1 i_{1u} + p\phi_{1u} \tag{3·2}$$

$$\phi_{1u} = L_1' i_{1u} + M' \cos\left(\frac{2\pi}{3}\right) i_{1v} + M' \cos\left(-\frac{2\pi}{3}\right) i_{1w}$$
$$+ M' \cos\theta_r i_{2u}' + M' \cos\left(\theta_r + \frac{2\pi}{3}\right) i_{2v}' + M' \cos\left(\theta_r - \frac{2\pi}{3}\right) i_{2w}' \tag{3·3}$$

となる．ほかの各相についても同様に考えると以下の関係式が得られる．

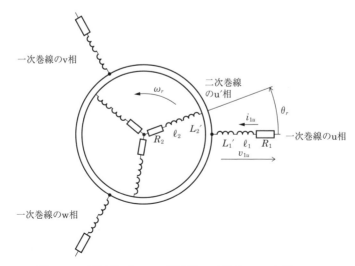

図3·3　三相交流（u–v–w座標系）で表したIMの回路モデル

$$\begin{bmatrix} v_{1u} \\ v_{1v} \\ v_{1w} \end{bmatrix} = \begin{bmatrix} R_1 + pL_1' & -p\dfrac{M'}{2} & -p\dfrac{M'}{2} \\ -p\dfrac{M'}{2} & R_1 + pL_1' & -p\dfrac{M'}{2} \\ -p\dfrac{M'}{2} & -p\dfrac{M'}{2} & R_1 + pL_1' \end{bmatrix} \begin{bmatrix} i_{1u} \\ i_{1v} \\ i_{1w} \end{bmatrix}$$

$$+ \begin{bmatrix} pM'\cos\theta_r & pM'\cos\left(\theta_r + \dfrac{2\pi}{3}\right) & pM'\cos\left(\theta_r - \dfrac{2\pi}{3}\right) \\ pM'\cos\left(\theta_r - \dfrac{2\pi}{3}\right) & pM'\cos\theta_r & pM'\cos\left(\theta_r + \dfrac{2\pi}{3}\right) \\ pM'\cos\left(\theta_r + \dfrac{2\pi}{3}\right) & pM'\cos\left(\theta_r - \dfrac{2\pi}{3}\right) & pM'\cos\theta_r \end{bmatrix} \begin{bmatrix} i_{2u}' \\ i_{2v}' \\ i_{2w}' \end{bmatrix}$$

$$(3\cdot 4)$$

二次側については各相巻線が短絡されていることから，各相の電圧を 0 V として次式が得られる．

$$\begin{bmatrix} 0 \\ 0 \\ 0 \end{bmatrix} = \begin{bmatrix} pM'\cos\theta_r & pM'\cos\left(\theta_r - \dfrac{2\pi}{3}\right) & pM'\cos\left(\theta_r + \dfrac{2\pi}{3}\right) \\ pM'\cos\left(\theta_r + \dfrac{2\pi}{3}\right) & pM'\cos\theta_r & pM'\cos\left(\theta_r - \dfrac{2\pi}{3}\right) \\ pM'\cos\left(\theta_r - \dfrac{2\pi}{3}\right) & pM'\cos\left(\theta_r + \dfrac{2\pi}{3}\right) & pM'\cos\theta_r \end{bmatrix} \begin{bmatrix} i_{1u} \\ i_{1v} \\ i_{1w} \end{bmatrix}$$

$$+ \begin{bmatrix} R_2 + pL_2' & -p\dfrac{M'}{2} & -p\dfrac{M'}{2} \\ -p\dfrac{M'}{2} & R_2 + pL_2' & -p\dfrac{M'}{2} \\ -p\dfrac{M'}{2} & -p\dfrac{M'}{2} & R_2 + pL_2' \end{bmatrix} \begin{bmatrix} i_{2u}' \\ i_{2v}' \\ i_{2w}' \end{bmatrix} \quad (3\cdot 5)$$

ここで，R_1，R_2，L_1'，L_2'，p はそれぞれ一次側各相の巻線抵抗，二次側各相の巻線抵抗，一次側各相の自己インダクタンス，二次側各相の自己インダクタンス，微分演算子 $\left(=\dfrac{d}{dt}\right)$ を示している．M' は各相巻線間の相互インダクタンスで，一次側各相の漏れインダクタンスを ℓ_1，二次側各相の漏れインダクタンス

を ℓ_2 とすると，以下の関係が成り立つ．

$$L_1' = \ell_1 + M' \tag{3・6}$$

$$L_2' = \ell_2 + M' \tag{3・7}$$

回転子の回転角速度 ω_r は

$$\omega_r = \frac{d}{dt}\theta_r \tag{3・8}$$

で与えられる．

3・1・2　二相交流で表した回路方程式

　PMSM での議論と同様に，IM の動作を二相交流で表現することを考える．三相交流の u 相，v 相，w 相に相当する座標系 u–v–w と直交座標系 α–β，二次側 u′ 相，v′ 相，w′ 相に相当する座標系 u′–v′–w′ と直交座標系 α'–β' をそれぞれ考え，u 相は α 軸と，u′ 相は α' 軸と同一軸上にあるとする．このとき一次側，二次側の各座標系には PMSM と同様に図（2 章の図 2・4）で示した関係が成立し，2 章の式(2・6)を用いた座標変換が可能である．座標系 α–β で表した一次電圧を $v_{1\alpha}$, $v_{1\beta}$，電流を $i_{1\alpha}$, $i_{1\beta}$，座標系 α'–β' で表した二次電流を $i_{2\alpha'}$, $i_{2\beta'}$ として，(3・4)，(3・5) の両式に 2 章の式(2・3)を適用し，一次側は α–β 軸に，二次側は α'–β' 軸に座標変換を行うと，以下の関係式が得られる．

$$\begin{bmatrix} v_{1\alpha} \\ v_{1\beta} \\ 0 \\ 0 \end{bmatrix} = \begin{bmatrix} R_1 + pL_1 & 0 & pM\cos\theta_r & -pM\sin\theta_r \\ 0 & R_1 + pL_1 & pM\sin\theta_r & pM\cos\theta_r \\ pM\cos\theta_r & pM\sin\theta_r & R_2 + pL_2 & 0 \\ -pM\sin\theta_r & pM\cos\theta_r & 0 & R_2 + pL_2 \end{bmatrix} \begin{bmatrix} i_{1\alpha} \\ i_{1\beta} \\ i_{2\alpha'} \\ i_{2\beta'} \end{bmatrix} \tag{3・9}$$

　ここで，各軸に対する一次側の自己インダクタンス L_1，二次側の自己インダクタンス L_2，相互インダクタンス M は式(3・6)，(3・7)に対して以下のように定めている．

$$L_1 = \ell_1 + M \tag{3・10}$$

$$L_2 = \ell_2 + M \tag{3・11}$$

$$M = \frac{3}{2}M' \tag{3・12}$$

　このときの電動機の回路モデルを**図 3・4** に示す．式(3・9)から入力電力 P_{in} を計算すると，次のようになる．

157

$$P_{in} = v_{1\alpha} i_{1\alpha} + v_{1\beta} i_{1\beta}$$
$$= R_1(i_{1\alpha}{}^2 + i_{1\beta}{}^2) + pL_1(i_{1\alpha}{}^2 + i_{1\beta}{}^2)$$
$$+ M\{((pi_{2\alpha}{}') \cos\theta_r - (pi_{2\beta}{}') \sin\theta_r) i_{1\alpha} + ((pi_{2\beta}{}') \sin\theta_r + (pi_{2\alpha}{}') \cos\theta_r) i_{1\beta}\}$$
$$+ \omega_r M\{-(i_{2\alpha}{}' \sin\theta_r + i_{2\beta}{}' \cos\theta_r) i_{1\alpha} + (i_{2\alpha}{}' \cos\theta_r - i_{2\beta}{}' \sin\theta_r) i_{1\beta}\}$$
$$= R_1(i_{1\alpha}{}^2 + i_{1\beta}{}^2) + (L_1 - M^2/L_2)\{(pi_{1\alpha}) i_{1\alpha} + (pi_{1\beta}) i_{1\beta}\}$$
$$- (R_2 M/L_2)\{i_{1\alpha}(i_{2\alpha}{}' \cos\theta_r - i_{2\beta}{}' \sin\theta_r) + i_{1\beta}(i_{2\alpha}{}' \sin\theta_r + i_{2\beta}{}' \cos\theta_r)\}$$
$$+ \omega_r M\{i_{1\beta}(i_{2\alpha}{}' \cos\theta_r - i_{2\beta}{}' \sin\theta_r) - i_{1\alpha}(i_{2\alpha}{}' \sin\theta_r + i_{2\beta}{}' \cos\theta_r)\} \quad (3\cdot 13)$$

式(3·13)の右辺下段第1項は一次巻線抵抗の消費電力，第2項はインダクタンスに蓄えられるエネルギーの時間微分値，第3項は二次巻線抵抗の消費電力，第4項は機械的出力に相当する．IMの極対数を P_n とすると，出力トルク τ は次式で求められる．

$$\tau = P_n M\{i_{1\beta}(i_{2\alpha}{}' \cos\theta_r - i_{2\beta}{}' \sin\theta_r) - i_{1\alpha}(i_{2\alpha}{}' \sin\theta_r + i_{2\beta}{}' \cos\theta_r)\} \quad (3\cdot 14)$$

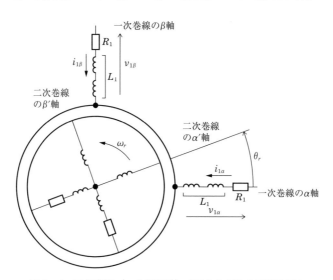

図3・4 二相交流（α–β 座標系）で示したIMの回路モデル

式(3·9)，式(3·14)で二相交流での電圧方程式，出力トルクが得られたが，一次側と二次側の座標系には位相差 θ_r が存在し，かつ電圧，電流はいずれも交流での記述のため取扱いが煩雑である．そこで，一次側，二次側の諸量を同一の座標系で表現することを考え，まず二次側回路を一次側の α–β 静止座標系に変換する．α'–β' 座標系は回転子角速度 ω_r で回転する直交座標系である．図3・4に

示した α'-β' 座標系から α-β 座標系への変換は以下の変換行列 C_1 で表すことができる．

$$C_1 = \begin{bmatrix} 1 & 0 & 0 & 0 \\ 0 & 1 & 0 & 0 \\ 0 & 0 & \cos\theta_r & -\sin\theta_r \\ 0 & 0 & \sin\theta_r & \cos\theta_r \end{bmatrix} \tag{3・15}$$

式(3・15)を式(3・9)に適用して座標変換を行うと，一次電圧を $v_{1\alpha}$, $v_{1\beta}$, 電流を $i_{1\alpha}$, $i_{1\beta}$, 座標系 α'-β' で表した二次電流を $i_{2\alpha}$, $i_{2\beta}$ として，以下の関係式が得られる．

$$\begin{bmatrix} v_{1\alpha} \\ v_{1\beta} \\ 0 \\ 0 \end{bmatrix} = \begin{bmatrix} R_1+pL_1 & 0 & pM & 0 \\ 0 & R_1+pL_1 & 0 & pM \\ pM & \omega_r M & R_2+pL_2 & \omega_r L_2 \\ -\omega_r M & pM & -\omega_r L_2 & R_2+pL_2 \end{bmatrix} \begin{bmatrix} i_{1\alpha} \\ i_{1\beta} \\ i_{2\alpha} \\ i_{2\beta} \end{bmatrix} \tag{3・16}$$

各パラメータは式(3・9)と同様の定義に従っている．式(3・16)では一次側，二次側とも電圧，電流は交流のままである．IMの場合，式(3・16)における一次電圧 $v_{1\alpha}$, $v_{1\beta}$, 電流 $i_{1\alpha}$, $i_{1\beta}$ はいずれも回転磁束の回転速度に対応する周波数の交流であるから，回転磁束と同一速度で回転する座標系を用いると，実際に制御可能な一次電圧，電流を直流量として扱うことが可能となる．α-β 座標系に対して角速度 $\omega = d\theta/dt$ で回転する直交座標系 d-q を考えると，α-β 座標系から d-q 座標系への変換は以下の変換行列 C_2 で表すことができる．

$$C_2 = \begin{bmatrix} \cos\theta & \sin\theta & 0 & 0 \\ -\sin\theta & \cos\theta & 0 & 0 \\ 0 & 0 & \cos\theta & \sin\theta \\ 0 & 0 & -\sin\theta & \cos\theta \end{bmatrix} \tag{3・17}$$

式(3・17)を式(3・16)に適用して座標変換を行うと，一次電圧を v_{1d}, v_{1q}, 電流を i_{1d}, i_{1q}, 二次電流を i_{2d}, i_{2q} として，以下の関係式が得られる．

$$\begin{bmatrix} v_{1d} \\ v_{1q} \\ 0 \\ 0 \end{bmatrix} = \begin{bmatrix} R_1+pL_1 & -\omega L_1 & pM & -\omega M \\ \omega L_1 & R_1+pL_1 & \omega M & pM \\ pM & -\omega_s M & R_2+pL_2 & -\omega_s L_2 \\ \omega_s M & pM & \omega_s L_2 & R_2+pL_2 \end{bmatrix} \begin{bmatrix} i_{1d} \\ i_{1q} \\ i_{2d} \\ i_{2q} \end{bmatrix} \tag{3・18}$$

ここで $\omega_s = \omega - \omega_r$ であり，ω_s は IM の滑り角周波数に相当する．各パラメー

タは式(3・9)と同様の定義に従っている．一次側の座標軸はα-β静止座標系に対し角速度ωで回転しているので，式(3・18)の一次電圧v_{1d}，v_{1q}，電流i_{1d}，i_{1q}は直流として扱うことができる．回転子はα-β静止座標系から観測すると角速度ω_rで，d-q座標系から観測すると，角速度ω_sで回転しているようにみえる．図3・5にd-q座標系で表したIMの回路モデルを示す．

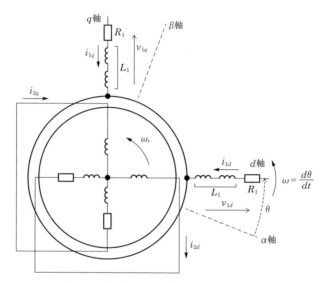

図3・5 d-q座標系で示したIMの回路モデル

式(3・18)から入力電力P_{in}を計算すると，次のようになる．

$$\begin{aligned}
P_{in} &= v_{1d}i_{1d} + v_{1q}i_{1q} \\
&= R_1(i_{1d}^2 + i_{1q}^2) + pL_1(i_{1d}^2 + i_{1q}^2) + pM(i_{1d}i_{2d} + i_{1d}i_{2q}) + \omega M(i_{1d}i_{2d} - i_{1d}i_{2q}) \\
&= R_1(i_{1d}^2 + i_{1q}^2) + p(L_1 - M^2/L_2)(i_{1d}^2 + i_{1q}^2) - (R_2 M/L_2)(i_{1q}i_{2d} + i_{1q}i_{2q}) \\
&\quad + \omega_r M(i_{1q}i_{2d} - i_{1d}i_{2q})
\end{aligned} \tag{3・19}$$

式(3・19)の右辺下段第1項は一次巻線抵抗の消費電力，第2項はインダクタンスに蓄えられるエネルギーの時間微分値，第3項は二次巻線抵抗の消費電力，第4項は機械的出力に相当する．IMの極対数をP_nとすると，出力トルクτは次式で求められる．

$$\tau = P_n M(i_{1q}i_{2d} - i_{1d}i_{2q}) \tag{3・20}$$

3·1·3 等価回路

前項で d–q 座標系での電圧方程式,出力トルクが得られた.実際の IM 特性解析や制御系の設計に際しては,等価回路が一般的に用いられている.まず,式 (3·18) を以下のように書き直す.

$$\begin{bmatrix} v_{1d} \\ v_{1q} \\ 0 \\ 0 \end{bmatrix} = \begin{bmatrix} R_1 & 0 & 0 & 0 \\ 0 & R_1 & 0 & 0 \\ 0 & 0 & R_2 & 0 \\ 0 & 0 & 0 & R_2 \end{bmatrix} \begin{bmatrix} i_{1d} \\ i_{1q} \\ i_{2d} \\ i_{2q} \end{bmatrix} + \begin{bmatrix} p & -\omega & 0 & 0 \\ \omega & p & 0 & 0 \\ 0 & 0 & p & -\omega_s \\ 0 & 0 & \omega_s & p \end{bmatrix} \begin{bmatrix} \phi_{1d} \\ \phi_{1q} \\ \phi_{2d} \\ \phi_{2q} \end{bmatrix} \quad (3·21)$$

ここで,d–q 座標系における一次側,二次側に鎖交する磁束は次式で表される.

$$\begin{bmatrix} \phi_{1d} \\ \phi_{1q} \\ \phi_{2d} \\ \phi_{2q} \end{bmatrix} = \begin{bmatrix} L_1 & 0 & M & 0 \\ 0 & L_1 & 0 & M \\ M & 0 & L_2 & 0 \\ 0 & M & 0 & L_2 \end{bmatrix} \begin{bmatrix} i_{1d} \\ i_{1q} \\ i_{2d} \\ i_{2q} \end{bmatrix} \quad (3·22)$$

d–q 座標系が直交座標系であることを考慮して式 (3·21),(3·22) を空間ベクトルで表記すると

$$\boldsymbol{v}_1 = R_1 \boldsymbol{i}_1 + p\boldsymbol{\phi}_1 + \omega \boldsymbol{J} \boldsymbol{\phi}_1 \quad (3·23)$$

$$\boldsymbol{0} = R_2 \boldsymbol{i}_2 + p\boldsymbol{\phi}_2 + (\omega - \omega_r) \boldsymbol{J} \boldsymbol{\phi}_2 \quad (3·24)$$

$$\boldsymbol{\phi}_1 = L_1 \boldsymbol{i}_1 + M \boldsymbol{i}_2 \quad (3·25)$$

$$\boldsymbol{\phi}_2 = L_2 \boldsymbol{i}_2 + M \boldsymbol{i}_1 \quad (3·26)$$

となる.ここで,$\boldsymbol{J}$ は式 (3·27) で定義される交代行列である.

$$\boldsymbol{J} = \begin{bmatrix} 0 & -1 \\ 1 & 0 \end{bmatrix} \quad (3·27)$$

式 (3·23)〜(3·26) より,**図 3·6** に示す IM の等価回路が得られる.

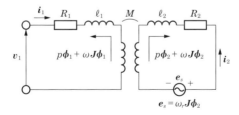

図 3·6　IM の等価回路

一次角周波数 ω が一定でかつ IM の回転速度 ω_r も一定である定常状態では,

(3・23), (3・24)の各式は以下のように記述できる.

$$\begin{bmatrix} \bm{v}_1 \\ \bm{0} \end{bmatrix} = \begin{bmatrix} R_1 + j\omega L_1 & j\omega M \\ j(\omega - \omega_r)M & R_2 + j(\omega - \omega_r)L_2 \end{bmatrix} \begin{bmatrix} \bm{i}_1 \\ \bm{i}_2 \end{bmatrix} \tag{3・28}$$

式(3・28)の2行目を滑りsで割ると

$$\begin{bmatrix} \bm{v}_1 \\ \bm{0} \end{bmatrix} = \begin{bmatrix} R_1 + j\omega L_1 & j\omega M \\ j\omega M & R_2 + \left(\dfrac{1-s}{s}\right)R_2 + j\omega L_2 \end{bmatrix} \begin{bmatrix} \bm{i}_1 \\ \bm{i}_2 \end{bmatrix} \tag{3・29}$$

となる.ここで$\dfrac{\omega - \omega_r}{s} = \dfrac{\omega_s}{s} = \dfrac{s\omega}{s} = \omega$を用いた.

式(3・29)から,**図3・7**に示すT形等価回路が得られる.

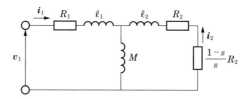

図3・7 定常状態におけるIMのT形等価回路

T形等価回路は相互インダクタンスを含む表記となっているため,二次側諸量を一次側に換算した等価回路を考える.この等価回路はT-I形等価回路と称されており,次節以降で述べるIMのベクトル制御に有用なものである.式(3・29)のインピーダンス行列の2行目をk倍し,二次電流を$1/k$倍して変形する.

$$\begin{bmatrix} \bm{v}_1 \\ \bm{0} \end{bmatrix} = \begin{bmatrix} R_1 + j\omega L_1 & j\omega kM \\ j\omega kM & \left(\dfrac{R_2}{s} + j\omega L_2\right)k^2 \end{bmatrix} \begin{bmatrix} \bm{i}_1 \\ \dfrac{\bm{i}_2}{k} \end{bmatrix} \tag{3・30}$$

ここで,回路を簡略化するため$k = M/L_2$とおくと

$$\begin{bmatrix} \bm{v}_1 \\ \bm{0} \end{bmatrix} = \begin{bmatrix} R_1 + j\omega L_1 & \dfrac{j\omega M^2}{L_2} \\ \dfrac{j\omega M^2}{L_2} & \left(\dfrac{R_2}{s} + j\omega L_2\right)\left(\dfrac{M}{L_2}\right)^2 \end{bmatrix} \begin{bmatrix} \bm{i}_1 \\ \dfrac{L_2}{M}\bm{i}_2 \end{bmatrix} \tag{3・31}$$

となる.漏れ磁束係数σを導入し,以下のようにパラメータを書き換える.

$$\sigma = 1 - \frac{M^2}{L_1 L_2}, \quad L_1 - L_m = \sigma L_1, \quad L_m = \frac{M^2}{L_2} = (1-\sigma)L_1$$

さらに，$\dfrac{L_2}{M} \boldsymbol{i}_2 = \boldsymbol{i}_2{}'$ とし，励磁電流 $\boldsymbol{i}_m = \boldsymbol{i}_1 + \boldsymbol{i}_2{}'$ とおくと次式が得られる．

$$\begin{bmatrix} \boldsymbol{v}_1 \\ \boldsymbol{0} \end{bmatrix} = \begin{bmatrix} R_1 + j\omega(L_m + \sigma L_1) & j\omega L_m \\ j\omega L_m & \left(\dfrac{R_2}{s}\right)\left(\dfrac{M}{L_2}\right)^2 + j\omega L_m \end{bmatrix} \begin{bmatrix} \boldsymbol{i}_1 \\ \boldsymbol{i}_2{}' \end{bmatrix}$$

$$= \begin{bmatrix} R_1 + j\omega \sigma L_1 & j\omega L_m \\ -\left(\dfrac{R_2}{s}\right)\left(\dfrac{M}{L_2}\right)^2 & \left(\dfrac{R_2}{s}\right)\left(\dfrac{M}{L_2}\right)^2 + j\omega L_m \end{bmatrix} \begin{bmatrix} \boldsymbol{i}_1 \\ \boldsymbol{i}_m \end{bmatrix} \tag{3・32}$$

式 (3・32) から得られた T-I 形等価回路を**図 3・8** に示す．同図では二次側の漏れインダクタンスが 0 となっており，図 3・7 に対してより簡略化された形式が得られる．図 3・8 における励磁電流 i_m は回転子電流 $i_2{}'$ を含んでいるが，回転子電流は直接測定や制御を行うことが困難なため，実際の制御系の構成にあたっては条件設定や処理上の工夫が必要になる．その手法は次節以下で説明する．

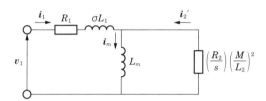

図 3・8 定常状態における IM の T-I 形等価回路

3・2 誘導電動機のベクトル制御とその制御系設計

3・2・1 IM のベクトル制御

3・1・2 項で導入した d-q 座標系を用いて，IM のベクトル制御を考える．式 (3・22) を式 (3・20) に適用すると，IM の出力トルク τ は

$$\tau = P_n \frac{M}{L_2}(i_{1q}\phi_{2d} - i_{1d}\phi_{2q}) \tag{3・33}$$

と書き表すことができる．d-q 座標系で二次側鎖交磁束（以後，二次磁束）の方向を d 軸と一致させるようにとると

$$\phi_{2d} = \phi_2, \quad \phi_{2q} = 0 \tag{3・34}$$

と扱うことができ，このときの出力トルクは

$$\tau = P_n \frac{M}{L_2} i_{1q} \phi_{2d} \tag{3·35}$$

となる．ここから，$\phi_{2q}=0$ かつ ϕ_{2d} を一定にすることができれば，トルクを i_{1q} に比例するように制御できることがわかる．この制御方式は一般にベクトル制御と呼ばれている．式(3·33)における i_{1q} をトルク成分電流，i_{1d} を磁化成分電流と称している．

式(3·22)を式(3·26)を介して式(3·18)の第3行，第4行に適用すると，$\boldsymbol{i}_2$ を消去することにより以下の関係が得られる．

$$p\phi_{2d} = \frac{R_2 M}{L_2} i_{1d} - \frac{R_2}{L_2} \phi_{2d} + \omega_s \phi_{2q} \tag{3·36}$$

$$p\phi_{2q} = \frac{R_2 M}{L_2} i_{1q} - \frac{R_2}{L_2} \phi_{2q} - \omega_s \phi_{2d} \tag{3·37}$$

ここで式(3·34)と式(3·35)，および式(3·36)を用いると

$$i_{1d} = \frac{\phi_{2d}}{M} + \frac{L_2}{R_2 M}(p\phi_{2d}) \tag{3·38}$$

$$i_{1q} = \frac{L_2 \tau}{P_n M \phi_{2d}} \tag{3·39}$$

となる．二次磁束 $\boldsymbol{\phi}_2$ を何らかの手段で知ることができれば，式(3·38)，式(3·39)に従った電流指令を制御系に加えることにより，ベクトル制御を実現できる．この制御方式は直接形ベクトル制御と呼ばれ，二次磁束 $\boldsymbol{\phi}_2$ の検出にはホール素子などの磁束センサを IM に取り付ける方法が知られている．

一方，式(3·34)と式(3·37)を用いると

$$\omega_s = \omega - \omega_r = \frac{R_2 M}{L_2 \phi_{2d}} i_{1q} \tag{3·40}$$

の関係が得られる．式(3·40)に従って電源周波数 ω を制御すれば，式(3·34)に示した $\phi_{2q}=0$ の条件が満たされることがわかる．この場合，二次磁束 $\boldsymbol{\phi}_2$ の検出は不要となる．このような制御方式を間接形ベクトル制御または滑り周波数形ベクトル制御と称している．IM 内部への磁束センサの取付けは，機器の信頼性や構造が複雑になるなどの課題が多いため，実用的には間接形ベクトル制御が多用されている．本節では，以下間接形ベクトル制御に限って，詳細を述べることと

する.

3・2・2　制御系の構成と設計

図3・9に一般的なIMの間接形ベクトル制御系の構成を示す．IMではトルク発生に滑りが必要となるため，滑り角周波数演算を行うブロックが追加されていることがPMSMとの大きな違いである．

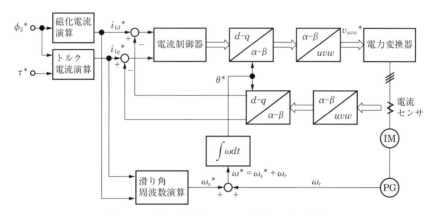

図3・9　IMの間接形ベクトル制御系の全体構成

〔1〕滑り角周波数の演算

IMの間接形ベクトル制御で用いる滑り角周波数の指令値 $\omega_s{}^*$ は，式(3・41)および式(3・42)から得られる図3・10のブロック図に従って求める．

$$\omega_s{}^* = \frac{R_2 M}{L_2 \hat{\phi}_{2d}} i_{1q}{}^* \tag{3・41}$$

$$p\hat{\phi}_{2d} = \frac{R_2 M}{L_2} i_{1d}{}^* - \frac{R_2}{L_2} \hat{\phi}_{2d} \tag{3・42}$$

ここでの演算には電動機の各定数値が必要となる．

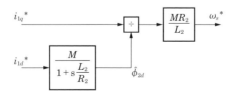

図3・10　滑り角周波数演算部のブロック図

〔2〕電流制御系

〔1〕項で d-q 座標系で $\phi_{2q}=0$ の条件を満たして IM を運転するための条件が得られた．次いで，電流制御系について考える．式(3・18)に式(3・36)を適用して変形すると，以下の状態方程式が得られる．

$$p\begin{bmatrix} i_{1d} \\ i_{1q} \\ \phi_{2d} \end{bmatrix} = \begin{bmatrix} -\dfrac{R_1}{\sigma L_1}-\dfrac{R_2(1-\sigma)}{\sigma L_2} & \omega & \dfrac{R_2 M}{\sigma L_1 L_2^{\,2}} \\ -\omega & -\dfrac{R_1}{\sigma L_1}-\dfrac{R_2(1-\sigma)}{\sigma L_2} & -\dfrac{\omega_r M}{\sigma L_1 L_2} \\ \dfrac{R_2 M}{L_2} & 0 & -\dfrac{R_2}{L_2} \end{bmatrix}\begin{bmatrix} i_{1d} \\ i_{1q} \\ \phi_{2d} \end{bmatrix}$$

$$+\dfrac{1}{\sigma L_1}\begin{bmatrix} v_{1d} \\ v_{1q} \\ 0 \end{bmatrix} \tag{3・43}$$

なお，式(3・43)の第3式は式(3・36)を参照しており，漏れ係数 $\sigma = 1 - \dfrac{M^2}{L_1 L_2}$ は式(3・32)で導入したものと同一である．式(3・43)から図3・11のブロック図が得られる．

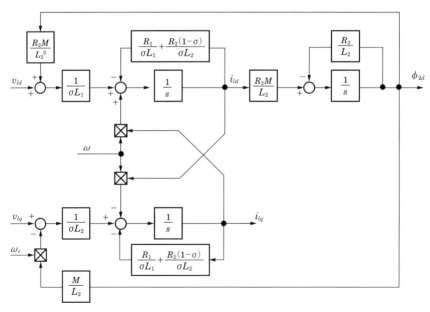

図3・11 d-q 座標系で表した誘導電動機のブロック図

同図から，v_{1d} と v_{1q} によって磁化成分電流 i_{1d} とトルク成分電流 i_{1q} を制御可能なことが見て取れるものの，d 軸と q 軸との成分には干渉が生じている．干渉項を考慮すると，v_{1d} と v_{1q} を以下のように制御すれば対策できることがわかる．

$$v_{1d} = \tilde{v}_{1d} - \omega \sigma L_1 i_{1q} \tag{3・44}$$

$$v_{1q} = \tilde{v}_{1q} + \omega \left(\sigma L_1 i_{1d} + \frac{M}{L_2} \phi_{2d} \right) \tag{3・45}$$

IM のパラメータ R_1, R_2, L_1, L_2, σ を測定しておき，電流値 i_{1u}, i_{1v}, i_{1w} を電流センサで，ω_r を速度センサでモニタし，電流の相数/座標変換後の結果を参照する構成とすれば，式(3・44)，(3・45)を満足するような入力電圧は設定可能である．非干渉化制御則式(3・44)，(3・45)を制御対象を表す式(3・43)に適用すると，次のようになる．

$$p \begin{bmatrix} i_{1d} \\ i_{1q} \\ \phi_{2d} \end{bmatrix} = \begin{bmatrix} -\dfrac{R_1}{\sigma L_1} - \dfrac{R_2(1-\sigma)}{\sigma L_2} & 0 & \dfrac{R_2 M}{\sigma L_1 L_2} \\ 0 & -\dfrac{R_1}{\sigma L_1} & 0 \\ \dfrac{R_2 M}{L_2} & 0 & -\dfrac{R_2}{L_2} \end{bmatrix} \begin{bmatrix} i_{1d} \\ i_{1q} \\ \phi_{2d} \end{bmatrix} + \dfrac{1}{\sigma L_1} \begin{bmatrix} \tilde{v}_{1d} \\ \tilde{v}_{1q} \\ 0 \end{bmatrix}$$

$$\tag{3・46}$$

これより，干渉が解消して d 軸と q 軸との各成分を独立に制御できることがわかる．磁化成分電流指令を $i_{1d}{}^*$，トルク成分電流指令を $i_{1q}{}^*$ として電流制御系をブロック図にまとめると，**図3・12** のようになる．ここで $G_{id}(s)$，$G_{iq}(s)$ は式(3・46)における電流 i_{1d}, i_{1q} を制御するための伝達関数を示す．

PMSM と同様，実用的には電流制御は PI 制御によって行うのが一般的である．図3・12 の q 軸側のトルク成分電流 i_{1q} については PMSM の図（2章図2・18）と同様に，一次遅れ系と考えることができる（非干渉化制御の部分は外乱として考える）．このとき電流制御器の出力は

$$\tilde{v}_{1q} = K_{pq} \left(1 + \frac{1}{T_{iq}} \right) (i_{1q}{}^* - i_{1q}) \tag{3・47}$$

となる．ここで，電流制御比例ゲイン K_{pq}，積分時定数 T_{iq} は，遮断角周波数を ω_c として次式で与えられる．

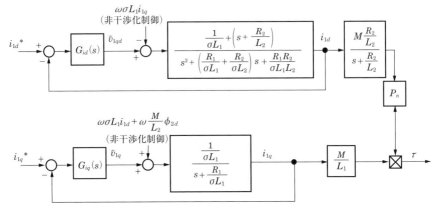

図3・12　電流制御系のブロック図

$$K_{pq} = \omega_c \sigma L_1, \quad T_{iq} = \frac{\sigma L_1}{R_1} \tag{3・48}$$

　一方，d 軸側の磁化成分電流 i_{1d} については，制御対象となる IM の伝達関数の分母が二次，分子が一次となっており，一次遅れ系とは応答が異なる．ただし実用上は系としての相対次数は一次であり，ω の値が比較的高い領域（低速運転時以外）では q 軸と共通設定にした PI 制御器で，d 軸側もほぼ同様な制御特性が得られることが知られている．PMSM と同様，実機の環境では制御に用いるモータパラメータの測定精度や非干渉化制御の誤差など，考慮すべき点が多数存在する．IM の場合，温度上昇などによる変動のモニタリングや補正が困難な二次側回路のパラメータを制御に使用している点に，特に注意が必要となる．

〔3〕速度制御系

　ベクトル制御が理想的に行われていて，ϕ_{2d} は一定，かつトルク成分電流 i_{1q} が〔2〕項に従っているとすると，速度制御系の構成は図3・13 のブロック図で示すことができる．ただし，図中の J は機械系の慣性モーメントであり，定数 K_T

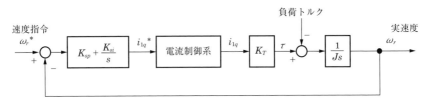

図3・13　速度制御系のブロック図

は ϕ_{2d} を一定として次式で定義している

$$\tau = P_n \frac{M}{L_2} i_{1q} \phi_{2d} \equiv K_T i_{1q} \tag{3・49}$$

このブロック図で，オープンループ伝達関数は次式となる．

$$\frac{\omega_r}{\omega_r{}^*} = \left(K_{sp} + \frac{K_{si}}{s}\right)\left(\frac{\omega_c}{s+\omega_c}\right)\frac{K_T}{Js} \tag{3・50}$$

ここから，IM の速度制御系は PMSM の図（2章図2・20，図2・21）と同様のモデルによって検討できることがわかる．PMSM と同様に，図2・21 を参照して ω_c，ω_{sc}，ω_{pi} の各指標を考える．ω_c は電流制御系で決定した定数であり，速度制御系の ω_{sc} はこれより十分小さい値を選定する．式(3・50)で $\omega = \omega_{sc}$ 付近では電流制御系の伝達関数はほぼ 1，K_{si} の項の影響は無視できると考えてよい．このとき ω_{sc} は

$$\omega_{sc} = \frac{K_{sp} K_T}{Js} \tag{3・51}$$

となる．これより，速度制御比例ゲイン K_{sp} は設定した ω_{sc} に対して

$$K_{sp} = \frac{J \omega_{sc}}{K_T} \tag{3・52}$$

で与えられる．また速度制御比例ゲイン K_{si} は

$$K_{si} = \omega_{pi} K_{sp} \tag{3・53}$$

とする．ただし，ω_{pi} は通常 ω_{sc} の 1/5 以下の値を選択する．

〔4〕磁束制御系

次いで，磁束について考える．ここまで ϕ_{2d} を一定に保った制御を考えてきた．速度が変化してもトルクを一定に保つ定トルク運転の場合この方法は好都合であるが，負荷の種類や運転速度によっては二次磁束，すなわちトルクを速度に反比例して弱めるような定出力制御が必要となる場合がある．そのためには以下に示すような回転子磁束制御系が用いられる．IM では二次磁束 ϕ_{2d} の直接測定はできないが，間接形ベクトル制御を行っている場合は，式(3・38)を用いて以下のように推定することができる．

$$\hat{\phi}_{2d} = \frac{M}{1 + s\dfrac{L_2}{R_2}} i_{1d} \tag{3・54}$$

磁束指令を $\phi_{2d}{}^*$ として，式(3・46)を参照すれば，**図3・14** に示すような二次磁束制御系を考えることができる．必要に応じて図3・14 のブロックを図3・12 の左側に付加し，これを用いてフィードバック制御を行えば，所望の速度-トルク特性を得ることができる．

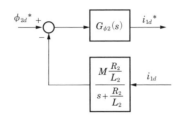

図3・14 二次磁束制御系のブロック図

本項で説明した内容をブロック図にまとめた結果を**図3・15** に示す．d 軸，q 軸はともに α, β 固定座標系を角周波数 ω で回転していることから，d 軸と α 軸のなす角を θ^* として

$$\theta^* = \frac{1}{s}\omega^* = \frac{1}{s}(\omega_r + \omega_s{}^*) \tag{3・55}$$

を図中に示している．

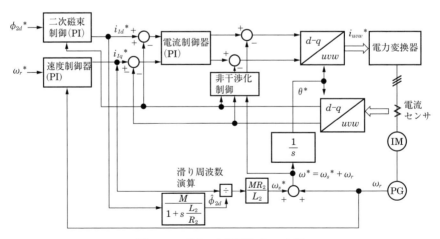

図3・15 IM の全体制御ブロック図

3・3　誘導電動機の速度センサレスベクトル制御

　誘導電動機のベクトル制御では，実用的には滑り周波数形ベクトル制御が多用されている．滑り周波数形ベクトル制御ではロータ周波数（回転数）を検出するために速度センサが用いられる．しかし，速度センサはスペースやコストが必要となる．また，故障による信頼性低下などを招く．さらに，用途によっては，速度センサの取り付けが困難な場合もある．そこで，これらの課題を解決するために，ロータ周波数を検出することなくベクトル制御を行う技術として，速度センサレスベクトル制御が開発された．速度センサレスベクトル制御では，二次（鎖交）磁束が確立されている前提で，それによる誘起電圧もしくは誘起電圧に起因する電流から，二次磁束の方向を推定し，それに基づいて一次周波数を補正することが行われる．二次磁束の方向を推定する方法として，以下の四つが挙げられる．なお，ここで d–q 座標軸は回転座標系であり，d 軸の向きを二次磁束の向きと一致させたものである．

① 二次磁束誘起電圧の方向と d 軸の方向がずれると，二次磁束誘起電圧の d 軸成分 E_{2d} が 0 からずれることを利用して，一次周波数を補正する方式[1]（二次 d 軸誘起電圧方式）

② 二次磁束誘起電圧の q 軸成分が一次周波数に比例することを利用して，二次磁束誘起電圧の q 軸成分を二次磁束の振幅（大きさ）で除したものから一次周波数を決定する方式[2]（二次 q 軸誘起電圧方式）

③ 一次電流の q 軸成分が滑り周波数に比例することを利用して，滑り角周波数が，二次磁束誘起電圧の方向と d 軸の方向を一致させるための値からずれたことを，一次 q 軸電流の指令値と実際値の偏差を利用して検出し，ロータ角周波数推定値を補正する方式[3]（一次 q 軸電流偏差方式）

④ 一次電流の d 軸，q 軸成分と二次磁束の d 軸，q 軸成分を状態変数とした誘導機電圧方程式モデルを制御対象モデルとして，一次電流ベクトルと，二次磁束ベクトルを推定し，検出した一次電流と推定した一次電流ベクトルの偏差から一次角周波数を推定および補正することで，二次磁束の推定誤差を補正し，それを基準に d–q 軸を定める方式（Model Reference Adoptive System：MRAS 方式）

　これらのうち，①〜③の方式は磁束や電流の時間微分項は考慮していないことから，その動作原理は比較的わかりやすく，特に実機を用いた推定系のチューニ

ングなどを見通し良くできる利点がある．また，制御用計算機の演算負荷が比較的軽いといえる．そのため，汎用インバータや，産業ドライブ，鉄道車両駆動などで広く用いられている．そこで本節では，①～③の方式について説明する．なお，④の方式は3・5節で一次抵抗，二次抵抗変動の影響の補償を行う方法として詳述している．

3・3・1　二次磁束誘起電圧方式[1]

二次磁束誘起電圧ベクトル E_{2d}, E_{2q} はその定義から以下のように表される．

$$E_{2d} = \frac{d}{dt}\Phi_{2d} - \omega\Phi_{2q} \tag{3・56}$$

$$E_{2q} = \omega_1\Phi_{2d} + \frac{d}{dt}\Phi_{2q} \tag{3・57}$$

式(3・56)で定常状態を仮定すると，E_{2d} は ω_1 と Φ_{2q} の積に比例する．したがって，**図3・16**に示すように，もし同図(b)のように d 軸推定軸と一次側に換算した二次磁束誘起電圧ベクトル $\boldsymbol{E}'_2 = [E'_{2d} \quad E'_{2q}]$（ただし $E'_{2d} = (M/L_1)E_{2d}$, $E'_{2q} = (M/L_1)E_{2q}$）の向きが一致していれば，E'_{2d} は0になる．しかし，同図(a)や(c)のように，d 軸推定軸と二次磁束誘起電圧ベクトル $\boldsymbol{E}_2$ の向きにずれがあると，E'_{2d} は0にならない．そこで，E'_{2d} が0になるよう式(3・58)に従って ω_1 を調節すれば，d 軸推定軸を $\boldsymbol{E}_2$ に一致させることができる．

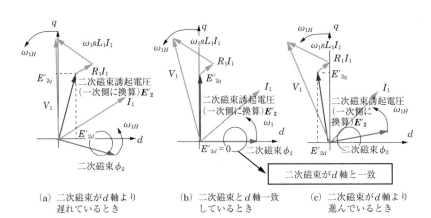

(a) 二次磁束が d 軸より遅れているとき
(b) 二次磁束と d 軸一致しているとき
(c) 二次磁束が d 軸より進んでいるとき

図3・16　二次磁束誘起電圧による一次角周波数（インバータ周波数）推定の原理

$$\omega_1 = \frac{E_{2q}}{\Phi_{2d}{}^*} - \left(K_P + \frac{K_I}{s}\right)E_{2d} \tag{3・58}$$

ここで，s は微分演算子を，$\Phi_{2d}{}^*$ は二次磁束 d 軸成分の指令値を，K_P は比例ゲイン，K_I は積分ゲインをそれぞれ表す．

回転角周波数 ω_r は，滑り角周波数指令値 $\omega_s{}^*$ を用いて以下で表される．

$$\omega_r = \omega_1 - \omega_s{}^* \tag{3・59}$$

$$\omega_s{}^* = \frac{R_2 i_{1q}{}^*}{L_2 i_{1d}{}^*} \tag{3・60}$$

式(3・58)に示したように，実際は後述のように，方式①は，方式②の q 軸誘起電圧によるフィードフォワード的な周波数推定方式と組み合わせて用いられる．したがって，d 軸誘起電圧方式による誘導電動機の速度センサレスベクトル制御系の構成例は q 軸誘起電圧の項で示す．E_{2d} および E_{2q} は電流制御系（ACR）の出力として得られる一次電圧指令値の d 軸成分 $v_{1d}{}^*$ および q 軸成分 $v_{1q}{}^*$ より以下の式に基づいて演算する．

$$E_{2d} = \left(\frac{L_2}{M}\right)\left\{v_{1d}{}^* - \left(R_1 i_{1d} + \sigma L_1 \frac{d}{dt}i_{1d} - \omega \sigma L_1 i_{1q}\right)\right\} \tag{3・61}$$

$$E_{2q} = \left(\frac{L_2}{M}\right)\left\{v_{1q}{}^* - \left(R_1 i_{1q} + \sigma L_1 \frac{d}{dt}i_{1q} + \omega \sigma L_1 i_{1d}\right)\right\} \tag{3・62}$$

なお，実際に E_{2d} および E_{2q} を演算する際には電流の時間微分項は 0 と仮定することが多い．

3・3・2 二次 q 軸誘起電圧方式[3]

前述のように E_{2q} は ω_1 と Φ_{2d} の積に比例する．したがって，式(3・63)のように，ω_1 を E_{2q} と Φ_{2d} から推定する方法が考えられる．

$$\omega_1 = \frac{E_{2q}}{\Phi_{2d}{}^*} \tag{3・63}$$

式(3・63)は，フィードフォワード的な推定である．したがって，q 軸誘起電圧方式は式(3・58)に示したように，d 軸誘起電圧方式と組み合わせて一次角周波数の推定を行う．その場合，高調波電流成分などによる磁束推定軸の変動を防ぐために，式(3・61)や，式(3・62)で求めた E_{2d} および E_{2q} に，式(3・64)～(3・66)などを用いて，一次遅れフィルタを通した一次周波数の推定を行う．

$$\omega_1 = \frac{E_{2qf}}{\Phi_{2d}{}^*} - \left(K_P + \frac{K_I}{s}\right) E_{2df} \tag{3・64}$$

$$E_{2df} = \frac{1}{T_{f2d} s + 1} E_{2d} \tag{3・65}$$

$$E_{2qf} = \frac{1}{T_{f2q} s + 1} E_{2q} \tag{3・66}$$

ここで,T_{f2d} および T_{f2q} は一次遅れフィルタの時定数を表す.

二次磁束誘起電圧(d 軸成分,q 軸成分)を用いた速度センサレス制御系の構成例を**図3・17**に示す.この図は速度制御系も付したものである.

d 軸誘起電圧方式では $T_{f2q} > T_{f2d}$ として E_{2d} の変動によりすばやく磁束軸を推定する.q 軸誘起電圧方式では $T_{f2q} < T_{f2d}$ として主として E_{2q} の変動によりすばやく磁束軸を推定し,E_{2d} のフィードバック項は補助的な一次周波数の補正に用いる.

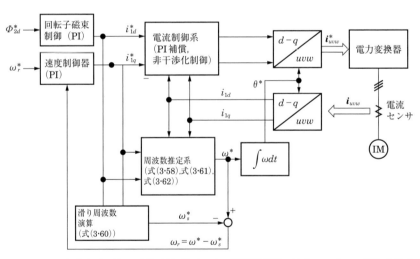

図3・17 二次磁束（d 軸,q 軸）誘起電圧による誘導電動機の速度センサレス制御系構成

3・3・3 一次 q 軸電流偏差方式

誘導機の二次側電圧方程式は以下のように表される.

$$0 = -R_2\left(\frac{M}{L_2}\right)i_{1d} + \left(\frac{d}{dt} + \frac{R_2}{L_2}\right)\Phi_{2d} - \omega_s \Phi_{2q} \tag{3・67}$$

$$0 = -R_2\left(\frac{M}{L_2}\right)i_{1q} + \omega_s\Phi_{2d} + \left(\frac{d}{dt} + \frac{R_2}{L_2}\right)\Phi_{2q} \tag{3・68}$$

いま，定常状態を仮定し，$d\Phi_{2d}/dt$，$d\Phi_{2q}/dt$ はいずれも 0 とすると，式(3・67)および式(3・68)は以下のように表せる．

$$0 = -R_2\left(\frac{M}{L_2}\right)i_{1d} + \frac{R_2}{L_2}\Phi_{2d} - \omega_s\Phi_{2q} \tag{3・69}$$

$$0 = -R_2\left(\frac{M}{L_2}\right)i_{1q} + \omega_s\Phi_{2d} + \frac{R_2}{L_2}\Phi_{2q} \tag{3・70}$$

滑り角速度 ω_s がその指令値 $\omega_s^* = R_2 i_{1q}/L_2 i_{1d}$ に等しく制御されているとすると，式(3・69)および式(3・70)から，Φ_{2d} は一定で Mi_{1d} に等しく，$\Phi_{2q}=0$ となる．すなわちベクトル制御状態が達成される．

このとき，回転角速度推定値 ω_{re} が回転角速度の実際値 ω_r との間に誤差 $\delta\omega_r$ を生じるとする．すると，ω_s と ω_s^* の間にも $\delta\omega_r$ だけ誤差が生じる．その結果として Φ_{2q} は 0 から δi_{1q} に比例して変化する（δi_{1q} は $\delta\omega_r$ に比例）．そのことを以下に示す．

Φ_{2q} は式(3・69)と式(3・70)から以下のように表せる．

$$\begin{aligned}
\Phi_{2q} &= \frac{Mi_{1d}}{1+\{L_2(i_{1q}+\delta i_{1q})/Mi_{1d}\}^2}\left\{-\omega_s\left(\frac{L_2}{R_2}\right)i_{1d} + (i_{1q}+\delta i_{1q})\right\} \\
&= \frac{Mi_{1d}}{1+\{L_2(i_{1q}+\delta i_{1q})/Mi_{1d}\}^2}\left\{\left(-\frac{R_2(i_{1q}+\delta i_{1q})}{L_2 i_{1d}} + \delta\omega_r\right)\left(\frac{L_2}{R_2}\right)i_{1d}\right. \\
&\quad \left. + (i_{1q}+\delta i_{1q})\right\} \\
&= \frac{\left(\frac{L_2}{R_2}\right)Mi_{1d}\delta\omega_r}{1+\{L_2(i_{1q}+\delta i_{1q})/Mi_{1d}\}^2} \tag{3・71}
\end{aligned}$$

いま，式(3・71)において，式(3・60)から，$\delta\omega_r = R_2\delta i_{1q}/L_2 i_{1d}$ と表すことができる．また，i_{1d} は定電流制御により一定に保たれており Φ_{2d} はほぼ一定とする．すると，式(3・71)から，二次 q 軸磁束の 0 からの変化分，すなわち二次磁束ベクトルの d 軸からのずれの度合いは，一次 q 軸電流の，ベクトル制御状態達成時の値との差 δi_{1q} にほぼ比例した量として表すことができる．

$$\Phi_{2q} = \frac{Mi_{1d}\delta i_q}{1+\{L_2(i_{1q}+\delta i_{1q})/Mi_{1d}\}^2} \tag{3・72}$$

このことから，i_{1d} を一定に保ったうえで，式(3.73)のように，PI 補償器を用いて，一次電流 q 軸成分の指令値と実際値の偏差をなくすように，ロータ角周波数推定値 ω_{re} が補正され，その推定が可能になる．

$$\omega_{re} = \left(K_P + \frac{K_I}{s}\right)(i_{1q}{}^* - i_{1q}) \tag{3・73}$$

また，これは同時に一次 q 軸電流を補正することで Φ_{2q} が 0 に保たれ，ベクトル制御状態を維持することと等価である．

これが③に示した一次 q 軸電流偏差を用いた速度センサレス制御方式の原理である．

一次 q 軸電流偏差による速度センサレス制御系の構成を図 3・18 に示す．

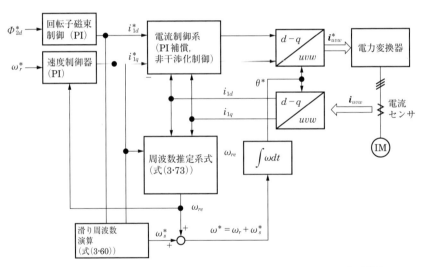

図 3・18　一次 q 軸電流偏差による誘導電動機の速度センサレス制御系構成

3・4　誘導電動機の電気的パラメータ測定

本節では，誘導電動機をベクトル制御あるいは速度センサレスベクトル制御を行う際に必要となる電気的パラメータの測定法を述べる．誘導電動機自体を対象としたパラメータ測定法は JEC 2137-2000 などに規定されているが，ここでは

PWMインバータで駆動する誘導電動機を対象に,ベクトル制御系実装に必要になる電流センサのみでパラメータを測定する方法を述べる[4]。

3.4.1 パラメータ測定手順

一般に,電気的パラメータの測定は図3・19に示す誘導電動機のY結線一相分等価回路に基づいて行われる.ここで,一次側鉄損(固定子鉄損)を表すために等価鉄損抵抗R_Cをモデリングしている.なお,R_2に付した「′」は一次側換算値$\left(R_2' = \left(\dfrac{M}{L_2}\right)^2 R_2\right)$であることを示す.以後,測定対象となるパラメータが誘導電動機のインピーダンスに対して支配的となるように電動機の駆動条件と電源周波数とを適宜変更して各種試験を行い,パラメータを順に決定する.

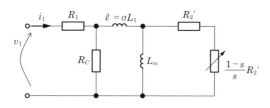

図3・19 誘導電動機の一相分等価回路

〔1〕直流試験による一次抵抗測定

本試験は誘導電動機を停止させた状態で行う(回転子を拘束する必要はない).図3・19において,電源電圧が直流であれば,すべてのリアクタンス成分が0Ωとなる.また,直流印加であるので回転磁界は発生せず,鉄損は生じない.ゆえに,回路インピーダンスは一次抵抗R_1のみとなる.したがって,誘導電動機の一次側線間に直流電圧を印加し,その際に流れる電流との比からR_1を求めることができる.

図3・20に線間に直流電圧Eを印加する際の三相等価回路を示す.同図より,一次抵抗R_1は

$$R_1 = \frac{E}{2I} \tag{3・74}$$

と求められる.ここで,同図に示すように測定抵抗が二つの相抵抗R_1の直列接続となるため,測定抵抗値を2で除している.通常は,ほかの線

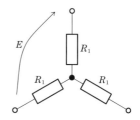

図3・20 直流試験時における三相等価回路

間でも同様の測定を行って3抵抗値の平均を得る．また，温度換算を行う場合には，次式によって R_T を得る．

$$R_T = R_1 \frac{235+T}{235+t} \tag{3・75}$$

ここで，T は基準巻線温度〔℃〕，t は測定時の巻線温度〔℃〕である．

電圧形PWMインバータを用いて直流試験を行う際，インバータ出力電圧，すなわち誘導電動機に印加される電圧が直接測定できない場合には制御器が生成する電圧指令値を代用として用いることになるため，インバータの電圧制御精度に注意する必要がある．この場合には，**図3・21**のような電圧指令値-電流測定値特性を測定し，その傾きと切片から抵抗値とインバータによる電圧制御誤差を分離測定する必要がある．

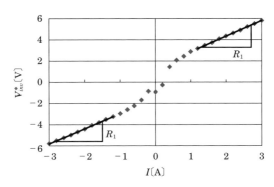

図3・21 抵抗値測定例

〔2〕無負荷試験による一次インダクタンス，鉄損抵抗の測定

無負荷試験では，誘導電動機に三相電圧を印加して無負荷同期運転させ，この際の電圧，電流，有効電力から一次インダクタンス L_1，等価鉄損抵抗 R_C を求める．図3・19において，無負荷運転条件 ($s=0$) を代入すると**図3・22**が得られる．この回路のインピーダンス $\dot{Z}_0$ は

$$\begin{aligned}\dot{Z}_0 &= R_1 + \frac{j\omega L_1 R_C}{R_C + j\omega L_1} = R_1 + \frac{R_C(\omega L_1)^2}{R_C^2 + (\omega L_1)^2} \\ &\quad + j\frac{R_C^2 \omega L_1}{R_C^2 + (\omega L_1)^2} \equiv R_1 + R' + jX'\end{aligned} \tag{3・76}$$

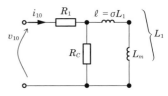

図3・22 無負荷運転時の一相分等価回路

と表される．ここで，印加する Y 結線相電圧を V_{10}，無負荷時電流を I_{10}，三相全体での有効電力を P_{10} とすると，有効電力 P_{10} は $\dot{Z}_0$ の抵抗分 $R_1 + R'$ で消費されるのであるから

$$R_1 + R' = \frac{P_{10}/3}{I_{10}^2} \tag{3・77}$$

であり，$\dot{Z}_0$ の大きさは電圧電流比 V_{10}/I_{10} で与えられることから

$$X' = \sqrt{\left(\frac{V_{10}}{I_{10}}\right)^2 - \left(\frac{P_{10}/3}{I_0^2}\right)^2} \tag{3・78}$$

となる．ここで，P_{10} を 3 で除するのは一相分への有効電力に換算するためである．

以上より，V_{10}，I_{10}，P_{10} を測定し，直流試験により得た R_1 を用いれば，R' と X' が得られ，これより，等価鉄損抵抗 R_C と一次インダクタンス L_1 が

$$R_C = \frac{(R')^2 + (X')^2}{R'}, \quad L_1 = \frac{(R')^2 + (X')^2}{\omega X'} \tag{3・79}$$

と算定できる．なお，鉄損を考慮しない場合は，$R_C = \infty \,[\Omega]$ とすればよいため $R' = 0 \,[\Omega]$ となり，一次インダクタンス L_1 は

$$L_1 = \frac{X'}{\omega} \tag{3・80}$$

と求めればよい．

　測定の高精度化のためには，機械損を考慮する必要がある．無負荷運転であっても軸まわりの動摩擦損が生じ，この損失が有効電力の測定値 P_{10} に含まれることになる．さらに，定速回転時には摩擦トルクに釣り合うトルクが発生することになるためわずかながらも滑り s が生じ，完全な無負荷同期運転にはならない．したがって，対象とする誘導電動機の軸に接続した別の駆動装置で対象機を回転させておき，この回転数に対応する同期周波数で誘導電動機を駆動するなど，完全な無負荷同期運転を行う必要がある．

　また，PWM インバータを用いて無負荷試験を行う場合，電圧の測定方法に注意する必要がある．本試験によるパラメータ測定は基本波等価回路に基づいており，電圧および電流が正弦波であることが前提となる．しかしながら，PWM インバータの出力電圧はパルス波形であり，多くの高調波を含む．したがって，可動鉄片形計器や DPM（ディジタルパワーメータ）の実効値計算モードを用いて

測定すると，高調波分を含んだ全実効値を測定することになり，この結果，正しいパラメータ測定がなされないことになる．対象機を PWM インバータで駆動する場合は，線間電圧を測定していること，PWM パターンが過変調モードでないことなどを条件として，整流型平均値計測の実効値校正で得られる測定値と基本波実効値がほぼ一致するとされている．

[3] 拘束試験による漏れインダクタンス，二次抵抗の測定

拘束試験では，誘導電動機の回転軸を何らかの方法で拘束させて対象機を回転しない状況とする．この際，滑り s は $s=1$ となるため，図 3·19 の回路は図 3·23 となる．ここで，簡単化のために等価鉄損抵抗を省略する．このとき，回路のインピーダンスは

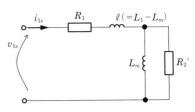

図 3·23 拘束運転時の一相分等価回路

$$\dot{Z}_s = R_1 + j\omega\ell + \frac{j\omega L_m R_2'}{R_2' + j\omega M'}$$

$$= R_1 + j\omega(L_1 - L_m) + \frac{R_2'(\omega L_m)^2}{(R_2')^2 + (\omega L_m)^2} + j\frac{(R_2')^2 \omega L_m}{(R_2')^2 + (\omega L_m)^2}$$

$$= R_1 + \frac{R_2'(\omega L_m)^2}{(R_2')^2 + (\omega L_m)^2} + j\omega L_1 - j\frac{(\omega L_m)^3}{(R_2')^2 + (\omega L_m)^2}$$

$$\equiv R_1 + R'' + j\omega L_1 - jX'' \tag{3·81}$$

となる．ここで，漏れインダクタンス $\ell = L_1 - L_m$ を用いた．この状態で，定格電流程度が流れるような三相電圧を印加して拘束試験を行う．印加電圧を V_{1s}，電流を I_{1s}，有効電力を P_{1s} とする．有効電力 P_{1s} は $\dot{Z}_s$ の抵抗分 $R_1 + R''$ で消費されるのであるから

$$R'' = \frac{P_{1s}/3}{I_{1s}^2} - R_1 \tag{3·82}$$

であり，$\dot{Z}_s$ の大きさは電圧電流比 V_{1s}/I_{1s} で与えられることから

$$\omega L_1 - X'' = \sqrt{\left(\frac{V_{1s}}{I_{1s}}\right)^2 - \left(\frac{P_{1s}/3}{I_s^2}\right)^2} \tag{3·83}$$

となる．したがって，V_{1s}，I_{1s}，P_{1s} を測定し，直流試験と無負荷試験により得た

R_1, L_1 を用いれば，図 3・23 の回路における直列換算二次抵抗 R'' と総合漏れインダクタンス $\omega L_1 - X''$ が得られ，これより二次抵抗 R_2' と相互インダクタンス L_m が

$$R_2' = R'' \frac{(R'')^2 + (X'')^2}{(X'')^2}, \quad L_m = \frac{X''}{\omega} \frac{(R'')^2 + (X'')^2}{(X'')^2} \qquad (3 \cdot 84)$$

と算定できる．また，周波数条件から $R_2' \ll \omega L_m$ が成立する場合は，上式から $R'' \ll X''$ となるため

$$R_2' = R'', \quad L_m = \frac{X''}{\omega} \qquad (3 \cdot 85)$$

と算定することができる．

拘束試験によるパラメータ測定の高精度化を図るには，用いる周波数の設定に注意する必要がある．拘束試験時には印加電圧と同一の周波数をもつ電流が二次側回路に流れるが，実運転時に電源周波数の数％（汎用電動機では定格滑りが 5％程度）になる．このため，実運転時に比べて高い周波数を用いて拘束試験を行うと表皮効果などにより二次抵抗値が変化し，実運転時に有効な二次抵抗値が得られないことがある．また，磁気飽和特性により相互インダクタンスが変化することもある．したがって，用いる電流の振幅にも注意する必要がある．

3.4.2　誘導電動機パラメータの無回転測定

前項の方法は，直流試験を除いて誘導電動機の運転状態に条件を課すことになる．すなわち，無負荷試験においては，誘導電動機を同期速度で回転させる必要があり，拘束試験では回転軸を拘束する必要がある．誘導電動機が機械装置に組み込まれている場合は対象の誘導電動機をその機械装置から取り外す必要があり，パラメータ測定のために煩雑な作業が要求される．したがって，機械装置を含む負荷側に影響を及ぼさないように無回転状態，かつ回転軸の拘束が不要なパラメータ測定法が便利である．なお，拘束試験は図 3・24 に示す制御系を構成するなどして単相交番電圧を印加すれば容易に実現できる．ゆえに，無負荷試験に代わる手法をどう実現するかが無回転パラメータ測定においては重要になる．

また，誘導電動機のベクトル制御や速度センサレスベクトル制御を行う際はPWM インバータによる駆動が前提となるが，インバータ出力電圧を測定しない場合には制御器が生成する電圧指令値を代用として用いることになるため，イン

バータの電圧制御誤差に注意する必要がある．インバータ電圧制御誤差の主たる原因はデッドタイムやデバイスの電圧降下によるものであるが，パラメータ測定に対する電圧制御誤差の影響を抑える測定方法が望ましい．

誘導電動機の無回転パラメータ測定法（オフラインチューニング）に関しては非常に多くの方法が示されているが，ここでは上記の問題点を回避した文献 7) の手法を述べる．なお，文献 7) に従い，用いる等価回路を図 3・25（ただし，$\ell_1 = \ell_2$ とする）とし，一次抵抗の測定は別途行うものとする．

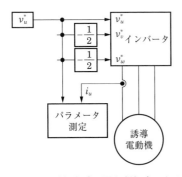

図 3・24 単相交番電圧を印加するための制御系（文献 7)，図 9 より）

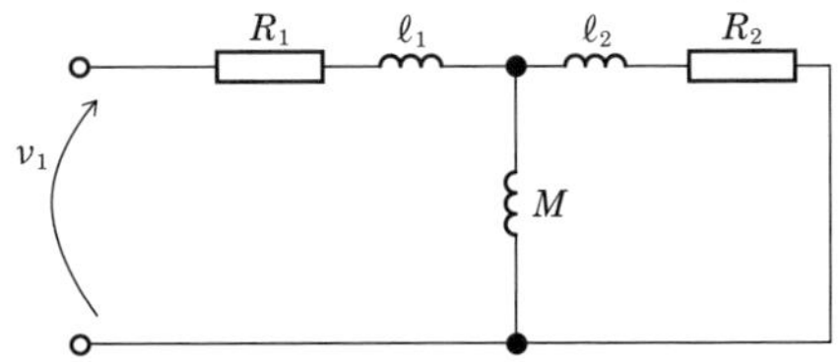

図 3・25 誘導電動機の T 形等価回路（無回転時）

[1] 漏れインダクタンスの測定（高周波電圧を利用）

図 3・24 の制御系を用い，対象となる誘導電動機に定格周波数より十分に高い交番電圧を印加する．高周波を用いることにより，図 3・25 に示した一相分等価回路中の各リアクタンス値が大きくなり，図 3・26 のような等価回路が得られる．これに基づけば，漏れインダクタンスは次式で得られる．

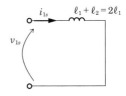

図 3・26 誘導電動機の高周波等価回路

$$\ell_1 = \ell_2 = \frac{V_{1s}}{2\omega I_{1s}} \qquad (3\cdot86)$$

ここで，高周波電圧を用いることから定格電流程度を流すために必要となる電圧振幅が大きくなる．したがって，電圧指令値に対して PWM インバータで生じる電圧制御誤差の占める割合を小さくして電圧制御精度を相対的に向上させている．この例にみるように，条件を適切に設定することによりパラメータの測定

精度向上を図っている点に注目すべきである.

[2] 相互インダクタンス,二次抵抗の測定(低周波電圧を利用)

次に,相互インダクタンス,二次抵抗の測定について述べる.誘導電動機を回転させないために,ここでも単相交番電圧を印加する.図3・25に示したT形等価回路のインピーダンスは次式となる.

$$\dot{Z}_s = R_1 + \frac{\omega^2 L T_2 (1-\sigma)}{1+\omega^2 T_2^2} + j\omega L \frac{1+\sigma\omega^2 T_2^2}{1+\omega^2 T_2^2} \tag{3・87}$$

ここで,$L = M + \ell_1$,$T_2 = L/R_2$:二次時定数,$\sigma = 1 - (M/L)^2$:漏れ係数である.式(3・87)より,電圧,電流,有効電力を測定すれば前項の手順でパラメータ測定が可能になるが,一般に$\dot{Z}_s$は小さいため,印加できる電圧が低くなる.また,前述した通り,表皮効果などによる二次抵抗の変動を避けるためには低周波電圧印加による測定が望ましく,印加電圧がさらに低くなる.したがって,PWMインバータへの電圧指令値を用いてインピーダンス$\dot{Z}_s$の測定を行うと,その電圧制御誤差の影響が大きくなり,パラメータの測定精度が低下することになる.

1章で述べたように,PWMインバータにおける電圧制御誤差の主要因はデッドタイムによるもの,デバイスのオン電圧降下によるものであり,これらによる電圧制御誤差は**図3・27**に示すように流れる電流と同位相で方形波状に発生する.

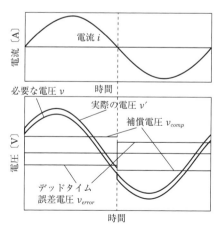

図3・27 電圧形インバータにおける電圧制御誤差の影響
(文献4),図4より)

したがって，この電圧制御誤差はインピーダンス $\dot{Z}_s$ のうち実部に大きく影響することになる．反対に，$\dot{Z}_s$ の虚部には影響が表れにくく，文献 7) ではこのことが実験的に示されている．ゆえに，$\dot{Z}_s$ の虚部 $\mathrm{Im}(\dot{Z}_s)$ のみを利用する方法を用いれば，M，R_2 測定の高精度化が可能になる．また，$\mathrm{Im}(\dot{Z}_s)$ のみを利用することにより，R_1 の測定誤差に影響されないという利点もある．

$\dot{Z}_s$ の虚部，$\mathrm{Im}(\dot{Z}_s)$ を再掲すると

$$\mathrm{Im}(\dot{Z}_s) = \omega L \frac{1+\sigma\omega^2 T_2^2}{1+\omega^2 T_2^2} \tag{3・88}$$

未知パラメータは M，R_2 の二つであり，1 条件だけではパラメータを決定することはできない．そこで，異なる二つの周波数 ω_1，ω_2（$\omega_1 < \omega_2$ とする）に対する $\mathrm{Im}\{\dot{Z}_s(\omega_1)\}$，$\mathrm{Im}\{\dot{Z}_s(\omega_2)\}$ を測定し，この 2 条件の測定結果を連立させて解くことにより，M，R_2 を次式により算定する．

$$\begin{aligned}
M &\fallingdotseq \frac{\mathrm{Im}\{\dot{Z}_s(\omega_1)\}\mathrm{Im}\{\dot{Z}_s(\omega_2)\}(\omega_2^2-\omega_1^2)}{\omega_1\omega_2[\omega_2\mathrm{Im}\{\dot{Z}_s(\omega_2)\} - \omega_1\mathrm{Im}\{\dot{Z}_s(\omega_1)\} + 2\ell_1(\omega_1^2-\omega_2^2)]} \\
&\quad + \frac{2\ell_1(\omega_1^3\mathrm{Im}\{\dot{Z}_s(\omega_2)\} - \omega_2^3\mathrm{Im}\{\dot{Z}_s(\omega_1)\})}{\omega_1\omega_2[\omega_2\mathrm{Im}\{\dot{Z}_s(\omega_2)\} - \omega_1\mathrm{Im}\{\dot{Z}_s(\omega_1)\} + 2\ell_1(\omega_1^2-\omega_2^2)]} - \ell_1
\end{aligned} \tag{3・89}$$

$$R_2' \fallingdotseq (M+\ell_1)\sqrt{\frac{\omega_1\omega_2[\omega_2\mathrm{Im}\{\dot{Z}_s(\omega_2)\} - \omega_1\mathrm{Im}\{\dot{Z}_s(\omega_1)\} + 2\ell_1(\omega_1^2-\omega_2^2)]}{\omega_2\mathrm{Im}\{\dot{Z}_s(\omega_1)\} - \omega_1\mathrm{Im}\{\dot{Z}_s(\omega_2)\}}} \tag{3・90}$$

文献 7) では用いる角周波数 ω の選定についても触れられており，ω_2 利用時に励磁回路と二次回路に電流が流れること，漏れインダクタンスの測定誤差にロバストであることを要件に，$0.3/T_2 < \omega < 1/T_2$ が望ましいとしている．

3・5 高性能化手法

前節までに述べられた手法により，誘導電動機に対する速度センサレス制御系の構築が可能となるが，製品適用範囲を拡大するうえで，表 3・1 に示されるような回路定数変動に起因する性能低下は，解消・抑制すべき課題として認識され，対策手法が提案されている．

表 3・1 のうち，インダクタンス類の変動の主要因は磁気飽和によるものであ

表3・1 誘導電動機回路定数の変動要因（制御器設定誤差要因）と対処

回路定数	変動要因	速度センサレスベクトル制御系への影響	速度センサ付きベクトル制御系への影響
インダクタンス類 M, σL_1 (L_1, L_2, ℓ_1, ℓ_2)	磁気飽和	トルク制御精度の劣化 速度推定精度の低下 （間接的に制御安定性に影響）	トルク制御精度の劣化
一次抵抗値 R_1	温度変化	低速域の制御不安定化	電流制御ループがあれば基本的に影響少ない （制御軸の算出方式に応じて感度差異あり）
二次抵抗値 R_2	温度変化	速度推定精度低下 （トルク制御精度は維持）	制御軸の「軸ずれ」によりトルク制御精度劣化 （制御軸の算出方式に応じて感度差異あり）

り，主にトルク制御精度に影響を与える．磁気飽和によるインダクタンス変動は，誘導電動機の場合，前節の回路定数測定（調整）時に励磁分電流の大小に応じて複数点の計測をしておけば，比較的容易に見積もることができる．またベクトル制御での運転時には，適切に磁束あるいは磁束分電流は制御・観測するのが通常であるから，前節のオフライン計測手法で計測点を増やしインダクタンス特性をマップや関数として取得・実装しておき，運転時には磁束に応じて特性マップを参照してインダクタンス値を逐次調節するようにすれば，磁気飽和によるトルク精度劣化は解消しやすい．

一方，抵抗変動の主要因は，運転中の通電による温度上昇であり，特に一次抵抗 R_1 の変動（設定誤差）は，制御精度のみならず，センサレス制御の低速の安定性に大きな影響を与える．また，二次抵抗 R_2 の変動は，センサレス制御における速度推定精度，速度制御精度に影響を与える．インダクタンス変動と比較すると相対的に，影響度が大きいために対策ニーズが強いだけでなく，オンラインでの対処が必要となるため，難易度は高い課題といえる．

そこで本節では，抵抗変動の補償を中心に，オンラインでの制御安定化，制御精度向上にかかわる技術を紹介する．

まず，速度0からの起動時の特性に注目した準オンライン手法による抵抗値推定手法の例について述べた後に，速度センサレス制御系におけるオンライン一次抵抗推定，二次抵抗推定の事例について述べる．特に速度と二次抵抗の同時推定については誘導電動機独特の課題が存在する．最後に，センサレス制御された

誘導電動機が有するインバータ周波数＝0近傍の不安定領域の縮小にかかわる制御設計技術について述べる．

なお本節の説明のために引用した文献は，適応同定技術，および現代制御理論による磁束オブザーバの技術によるところが多い．本節では極力，誘導電動機の等価回路など，特性の物理的意味からの概要説明を心がけたが，理論背景の詳細については，引用文献をあわせて確認頂きたい．

3・5・1　誘導電動機の「準オンライン」抵抗推定手法

文献5) は回転停止から動作開始する最初の励磁立上げ時の信号を利用し，短時間で抵抗推定演算を行う「起動時チューニング」手法である．停止である仮定を用いて速度推定と並列演算を回避するため，チューニングタイミングは限定される「準オンライン手法」であるが，制御の安定性と抵抗チューニング精度を高めることができる．

速度0において励磁分（d軸）の電圧・電流の方程式を式(3・91a)，(3・91b)に示す．ここでステップ状にd軸電流（電圧）を印加する場合，二次磁束の立上り状況に応じて近似的に二つの推定演算を実施する．二つの推定演算のタイミングにおける誘導電動機の等価回路における電流経路のイメージを**図3・28**に示す．なおインダクタンス類の値は本節の前提として既知と仮定する．

$$V_d = p\, \sigma L_1\, i_d + R_1\, i_d + \frac{M}{L_2} p\, \phi_d \tag{3・91a}$$

$$p\, \phi_d = -\frac{M}{L_2}\phi_d + \frac{M R_2}{L_2} i_d \tag{3・91b}$$

[前半：電流 i_{1a}]

二次磁束の立上り始めの期間は，式(3・91b)において$\phi_d \fallingdotseq 0$と近似的に考え，

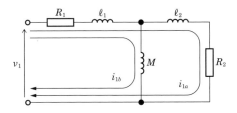

図3・28　起動時チューニング時の電流経路イメージ

式(3·91a)に代入すると，漏れインダクタンスおよび一次二次両抵抗からなる時定数でd軸電圧・d軸電流の挙動が現れる．この仮定を利用した関係式から一次抵抗，二次抵抗の合計値を推定する．

[後半：電流 i_{1b}]

漏れインダクタンスの時定数の期間を超えると，磁束の時定数でd軸電圧・d軸電流の挙動が現れる．ここで一次抵抗の推定を行い，前半の一次抵抗，二次抵抗の合計値演算結果を利用して，二次抵抗と分離する．

これにより，停止中からの起動時の数十〜数百 ms の間に抵抗値をチューニングすることができるため，停止と起動の繰返し頻度が高いアプリケーションにおいては「準オンライン」抵抗推定機能として適用することができる（図3·29）．

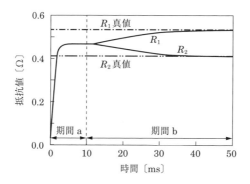

図3·29　起動時チューニング時の電流経路イメージ

3·5·2　速度センサレス制御誘導電動機の一次抵抗推定手法

抵抗値は運転パターンや設置環境に応じて変動する温度に依存するため，オンラインでの取得が必要となる．特に，速度センサレス制御系においては，一次抵抗の設定誤差は低速域の制御性に大きく影響を与えるため，一次抵抗のオンライン補正のニーズが高い．

ここで，誘導電動機の状態方程式，磁束オブザーバをベースに適応制御理論によるパラメータ（速度，抵抗値）同定を行う手法として文献9)〜11) などの例を挙げる．

式(3·92)に誘導電動機の回路方程式を，4行の状態方程式として表す．

$$\frac{d}{dt}\begin{pmatrix}\boldsymbol{\phi}_1\\ \boldsymbol{\phi}_2\end{pmatrix} = \boldsymbol{A}\begin{pmatrix}\boldsymbol{\phi}_1\\ \boldsymbol{\phi}_2\end{pmatrix} + \boldsymbol{B}\boldsymbol{v}_1$$

$$\boldsymbol{i}_1 = \boldsymbol{C}\begin{pmatrix}\boldsymbol{\phi}_1\\ \boldsymbol{\phi}_2\end{pmatrix} \tag{3・92}$$

ここでは文献 11) にならい状態量を一次磁束 $\boldsymbol{\phi}_1$,二次磁束 $\boldsymbol{\phi}_2$ のベクトルで表現しており,この場合の定数行列 $\boldsymbol{A}, \boldsymbol{B}, \boldsymbol{C}$ は,下記に引用した文献 10) の索引に基づいて本稿の記号表記にそろえている.基本的に状態量としては磁束,電流のいずれで表現する場合にも,式(3・92)から等価変換して導出が可能であり,以降の論理展開,制御設計を制約するものではない.

式(3・92)に基づいて現代制御理論,および適応制御理論を適用し,磁束オブザーバおよび速度推定則を導出したものが式(3・93),(3・94)であり,速度センサレス制御系に実装される.

定数表現定義(文献10)索引より

$\boldsymbol{A} = \begin{pmatrix} a_{11}\boldsymbol{I} & a_{12}\boldsymbol{I} \\ a_{21}\boldsymbol{I} & a_{22}\boldsymbol{I} + \omega_r \boldsymbol{J} \end{pmatrix}$

$\hat{\boldsymbol{A}} = \begin{pmatrix} a_{11}\boldsymbol{I} & a_{12}\boldsymbol{I} \\ a_{21}\boldsymbol{I} & a_{22}\boldsymbol{I} + \hat{\omega}_r \boldsymbol{J} \end{pmatrix}$

$\hat{\boldsymbol{A}}' = \hat{\boldsymbol{A}} - \begin{pmatrix} \omega \boldsymbol{J} & 0 \\ 0 & \omega \boldsymbol{J} \end{pmatrix}$

$\boldsymbol{B} = \begin{pmatrix} \boldsymbol{I} \\ 0 \end{pmatrix}$

$\boldsymbol{C} = (c_1 \boldsymbol{I} \quad c_2 \boldsymbol{I})$

$\boldsymbol{H} = \begin{pmatrix} h_{11}\boldsymbol{I} + h_{12}\boldsymbol{J} \\ h_{21}\boldsymbol{I} + h_{22}\boldsymbol{J} \end{pmatrix}$

$\bar{\boldsymbol{A}} = \begin{pmatrix} a_{11} & a_{12} \\ a_{21} & a_{22} + j\omega_r \end{pmatrix}$

$\bar{\boldsymbol{C}} = (c_1 \quad c_2)$

$\bar{\boldsymbol{H}} = \begin{pmatrix} h_{11} + jh_{12} \\ h_{21} + jh_{22} \end{pmatrix}$

$\boldsymbol{I} = \begin{pmatrix} 1 & 0 \\ 0 & 1 \end{pmatrix}$

$\boldsymbol{J} = \begin{pmatrix} 0 & -1 \\ 1 & 0 \end{pmatrix}$

$\boldsymbol{I}_4 = \begin{pmatrix} \boldsymbol{I} & 0 \\ 0 & \boldsymbol{I} \end{pmatrix}$

$-\varsigma = L_1 L_2 - M^2$

$a_{11} = -\varsigma^{-1} L_1 R_1$

$a_{12} = \varsigma^{-1} M R_1$

$a_{21} = \varsigma^{-1} M R_2$

$a_{22} = \varsigma^{-1} L_1 R_2$

$c_1 = \varsigma^{-1} L_2$

$c_2 = -\varsigma^{-1} M$

$\boldsymbol{v}_1 = \begin{pmatrix} v_{\alpha 1} \\ v_{\beta 1} \end{pmatrix} \quad \boldsymbol{v}_1' = \begin{pmatrix} v_{d1} \\ v_{q1} \end{pmatrix}$

$\boldsymbol{i}_1 = \begin{pmatrix} i_{\alpha 1} \\ i_{\beta 1} \end{pmatrix} \quad \boldsymbol{i}_1' = \begin{pmatrix} i_{d1} \\ i_{q1} \end{pmatrix}$

$\boldsymbol{\phi}_1 = \begin{pmatrix} \phi_{\alpha 1} \\ \phi_{\beta 1} \end{pmatrix} \quad \boldsymbol{\phi}_1' = \begin{pmatrix} \phi_{d1} \\ \phi_{q1} \end{pmatrix}$

$\boldsymbol{\phi}_2 = \begin{pmatrix} \phi_{\alpha 2} \\ \phi_{\beta 2} \end{pmatrix} \quad \boldsymbol{\phi}_2' = \begin{pmatrix} \phi_{d2} \\ \phi_{q2} \end{pmatrix}$

$$\frac{d}{dt}\begin{pmatrix}\hat{\boldsymbol{\phi}}_1\\ \hat{\boldsymbol{\phi}}_2\end{pmatrix} = \hat{\boldsymbol{A}}\begin{pmatrix}\hat{\boldsymbol{\phi}}_1\\ \hat{\boldsymbol{\phi}}_2\end{pmatrix} + \boldsymbol{B}\boldsymbol{v}_1 - \boldsymbol{H}(\hat{\boldsymbol{i}}_1 - \boldsymbol{i}_1)$$
$$\hat{\boldsymbol{i}}_1 = \boldsymbol{C}\begin{pmatrix}\hat{\boldsymbol{\phi}}_1\\ \hat{\boldsymbol{\phi}}_2\end{pmatrix} \tag{3・93}$$

$$\hat{\omega}_r = k_{ap}\left(1 + \frac{1}{T_{api}s}\right)\frac{(\boldsymbol{J}\hat{\boldsymbol{\phi}}_2)^T \boldsymbol{e}}{|\hat{\boldsymbol{\phi}}_2|^2} \tag{3・94}$$

ただし $\boldsymbol{e} = \hat{\boldsymbol{i}}_1 - \boldsymbol{i}_1$

　物理的には，式(3・93)，(3・94)の働きは以下のように説明できる．

　式(3・93)の磁束オブザーバの状態量にかかっている「＾」(ハット)の記号は，推定演算値であることを示し，磁束や電流の状態を推定演算している．入力行列 $\boldsymbol{B}$ にかかる電圧には「＾」がかかっていない．すなわち，電圧信号と誘導電動機の回路定数行列 $\boldsymbol{A}$ によって逐次演算を行うことで，磁束推定，電流推定を行う(電圧形PWMインバータを使用する際には，実際の電圧値を計測する困難から，計測値ではなく制御器内の電圧指令値で代用することが一般的である)．これに対し，得られた電流の推定値と，電流の計測値の差異(電流推定誤差)がオブザーバの $\boldsymbol{H}$ ゲインを介して推定演算にフィードバックされる構成となっており，磁束推定，電流推定の各種性能や安定化を満足させるよう $\boldsymbol{H}$ ゲインの設計を行うことになる． $\boldsymbol{H}$ ゲインの設計例については後述する．

　また，式(3・92)の定数行列である $\boldsymbol{A}$ にも「＾」をかけて表現しているが，これは $\boldsymbol{A}$ 行列の中に推定速度を含むことに起因している．過渡的には，オブザーバにとっての速度設定誤差により，磁束推定値，電流推定値にその影響が及ぶことになる．これに留意して速度推定演算である式(3・94)に注目すると，その入力は，磁束オブザーバの式(3・93)の演算結果である電流推定誤差，および磁束推定値の外積を磁束で規格化した形となっている．誘導電動機において，電流と磁束の外積は，比例係数をかければトルクの次元を指し，また磁束の2乗で除算したものは「滑り周波数」の次元を指すことになることを考えると，式(3・94)は，式(3・93)が出力する誤差情報を「滑り周波数誤差」，すなわち速度やインバータ周波数と同様の周波数の次元にて抽出し，これをPI制御演算したものを推定速度として式(3・93)の $\boldsymbol{A}$ 行列にフィードバックしていることになる．このように，速度推定誤差に起因して発生する式(3・93)の電流推定誤差出力を，式(3・94)が滑り周波数推定誤差への変換を介して式(3・93)にフィードバックす

ることで速度推定誤差およびこれに起因した電流推定誤差を0に収束させる速度推定演算ループが構成されている．そして，式(3・94)で得られた速度推定値は，速度制御系だけでなく，ベクトル制御そのもの（インバータ周波数の算出や制御座標算出）に用いられることで，速度センサレス制御系が構成される．

文献9)～11)では，上記制御系にさらに，一次抵抗R_1を可変調整パラメータとし，次式(3・95)に示す一次抵抗調整則を設けている．

$$\hat{R}_1 = \left(\frac{k_{r1p}s + k_{r1i}}{s}\right)\frac{\hat{\boldsymbol{i}}_1 \cdot \boldsymbol{e}}{|\hat{\boldsymbol{i}}_1|^2} \tag{3・95}$$

$$\boldsymbol{e} = \hat{\boldsymbol{i}}_1 - \boldsymbol{i}_1$$

式(3・95)では，電流推定誤差と電流推定値との内積をとって，電流値で規格化したものをPI演算し，一次抵抗R_1の推定値としてオブザーバの$\boldsymbol{A}$行列中のR_1にフィードバックしている．これは物理的には，一次抵抗設定誤差による電圧誤差ベクトル情報$\Delta R_1 \cdot \boldsymbol{i}_1$を抽出して電流値で規格化・PI演算し，抵抗設定値にフィードバックしているものと表現できる．

別々の推定則を設計するものの，低速域においては，オブザーバの推定電流誤差情報は一次抵抗設定誤差情報の影響が強く，速度推定演算を並列に安定に動作させるには困難を伴う．文献11)では，速度推定用のオブザーバ1と一次抵抗

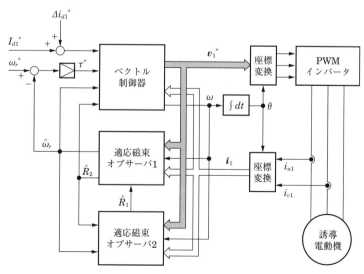

図3・30 抵抗推定併用速度センサレス制御系[7]

推定用のオブザーバ2を並列に設け，それぞれに最適な H ゲインを設定することで安定性を高めている（図 3・30）．

3・5・3　速度センサレス制御誘導電動機の二次抵抗推定手法

図 3・31 は誘導電動機の定常状態を示す T 形等価回路である．速度推定のアルゴリズムをこの等価回路で説明すると，回路右端に現れている滑り s を電圧・電流および回路定数から推定したうえで，インバータが出力している周波数 ω から滑り周波数を減算して取得する演算作業であるといえる．ここで重要な誘導電動機の特性として，回路右端の等価抵抗が R_2/s（二次抵抗／滑り）の構造であり，この等価抵抗端の電圧・電流情報からは，二次抵抗の値と滑りの値を分離できないことが示されている．すなわち，誘導電動機では，通常運転での電圧情報・電流情報から速度推定と二次抵抗値推定を同時に切り分けて行うことが不可能であることを示している．実際のセンサレス制御系に与える影響としては，二次抵抗の変動により速度推定値が実速度値と外れた値に収束する事象が発生する．さらには，速度制御系により速度指令値に速度推定値は追従するものの，実速度は外れたまま推移することとなり，速度制御精度が低下する事象につながる．

速度センサレス制御において二次抵抗を同時推定できない課題に対しては，インバータ基本周波数とは異なるもう一つの交流信号を印加することで，速度と二次抵抗の推定独立性を確保する手法が提示されている[10)11)]．この交流信号を印加する手法の数学的意味合いを述べたのが文献 12）である．

文献 12）では，誘導電動機の回路方程式，特に二次側回路を表す式(3・96a, b)から，二次抵抗と速度の同時同定可能条件を導出している．

$$v_1 = R_1 i_1 + \frac{d}{dt}\phi_1 \tag{3・96a}$$

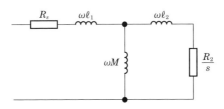

図 3・31　誘導電動機の T 形等価回路

$$O = R_2 \boldsymbol{i}_2 + \frac{d}{dt}\boldsymbol{\phi}_2 - \omega_{2n} \boldsymbol{J} \boldsymbol{\phi}_2 \tag{3・96b}$$

式(3・96b)の微分項を移項し,残る行列表現を用いて変形すると,式(3・97)のようになる.

$$\frac{d}{dt}\boldsymbol{\phi}_2 = \begin{bmatrix} -\boldsymbol{i}_2 & \boldsymbol{J}\boldsymbol{\phi}_2 \end{bmatrix} \begin{bmatrix} R_2 \\ \omega_{2n} \end{bmatrix} \tag{3・97}$$

$$\det\begin{bmatrix} -\boldsymbol{i}_2 & \boldsymbol{J}\boldsymbol{\phi}_2 \end{bmatrix} = -\boldsymbol{\phi}_2^T \boldsymbol{i}_2 \tag{3・98}$$

$$\frac{d}{dt}\|\boldsymbol{\phi}_2\|^2 = 2R_2 \det\begin{bmatrix} -\boldsymbol{i}_2 & \boldsymbol{J}\boldsymbol{\phi}_2 \end{bmatrix} \tag{3・99}$$

ここで,式(3・97)右辺にかかわる行列式(3・98)が0でなければ,逆行列が存在し,式(3・100)が成立する.

$$\begin{bmatrix} R_2 \\ \omega_{2n} \end{bmatrix} = \frac{1}{-\boldsymbol{\phi}_2^T \boldsymbol{i}_2} \begin{bmatrix} \boldsymbol{\phi}_2^T \\ \boldsymbol{i}_2^T \boldsymbol{J} \end{bmatrix} \frac{d}{dt}\boldsymbol{\phi}_2 \tag{3・100}$$

$\boldsymbol{i}_2$,$\boldsymbol{\phi}_2$ は各種座標変換や,別途取得しやすい一次側状態量との換算は可能であるから,何らかの求解により二次抵抗R_2と回転速度ω_2が得られることがわかる.ここで,「式(3・98),$\boldsymbol{i}_2$,$\boldsymbol{\phi}_2$ からなる行列の行列式が0でない」ことの物理的意味を確認するため,式(3・97)と式(3・98)から導出したのが式(3・99)である.これにより,二次磁束$\boldsymbol{\phi}_2$が時間変化しておれば行列式が0にならず,上記の「何らかの求解」が可能であることがわかる.実際には文献10),11)では,交流信号を重畳したうえで,オブザーバ内の状態推定誤差ベクトル $\boldsymbol{e}$ のうち,速度推定誤差に起因する部分と,交流信号にて磁束方向に現れる二次抵抗推定誤差に起因する成分を独立に抽出することで,速度と二次抵抗の同時推定を達成している.

ただし,誘導電動機の定格磁束に交流磁束を重畳すると,磁気飽和が過大となって所望の磁束波形を得られない,あるいは励磁電流が過大となるというように,運転そのものに困難を伴う可能性がある.誘導電動機自体の性能・定数設計やユーザが所望する運転パターンまで,一段深い考慮が必要となることが,本手法の課題と思われる.

3・5・4 速度センサレス制御誘導電動機の低速・回生安定化

誘導電動機は滑りによりトルクを発生させる駆動原理のため,回生トルクを極低速域で発生させる運転条件,特に回転子の回転周波数(電気角)と滑り周波数

の大きさが等しいような運転条件ではインバータ周波数を0に近づけることになる（**図3・32**）．このときの状況をT形等価回路で表現したのが**図3・33**である．インバータ周波数が0のとき，インダクタンス類に関してはインピーダンス0の短絡状態と等価であるため，滑りや二次電流の状態によらず二次側回路起因の誘起電圧が0となり，二次側の状態量を検出／推定することが困難となることを示している（巻線形誘導電動機

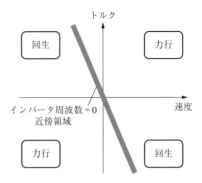

図3・32 誘導電動機の運転範囲におけるインバータ周波数＝0近傍領域

により二次側回路電流が検出できる場合にはこの限りではない）．

　このように本質的に速度推定が困難なインバータ周波数0近傍の領域におけるセンサレス制御系を解析し，制御系設計によって不安定領域の縮小を試みた例として，文献13）について解説する．文献11）と同様，誘導電動機の回路式に基づいて同一次元磁束オブザーバと速度推定則を組み合わせた速度推定系について，オブザーバのフィードバックゲインを適切に設計することが不安定領域の縮小となることを示している．

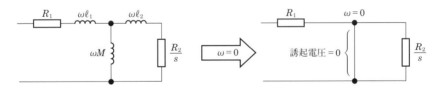

図3・33 誘導電動機のT形等価回路によるインバータ周波数$\omega=0$条件での制御性低下説明

〔1〕磁束オブザーバの設計の枠組みと設計指針の例

　3・5・2項において，式(3・93)が出力する電流推定誤差情報と，式(3・94)の速度推定演算による速度推定誤差収束ループが構成されていることを述べた．このループと式(3・93)の磁束オブザーバ演算（設計パラメータは$\boldsymbol{H}$ゲイン），式(3・94)の速度推定則演算（設計パラメータはPIゲイン）の関係を示したのが**図3・34**である．

　同図において

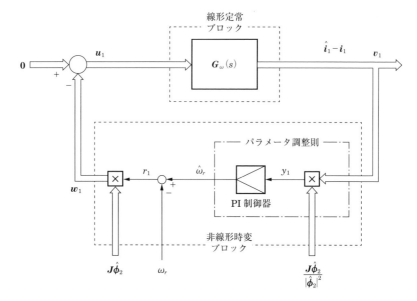

図 3・34 磁束オブザーバと速度推定則の入出力関係ブロック図

$$e = C(sI_4 + A - HC)^{-1} \begin{pmatrix} 0 \\ -I \end{pmatrix} (-\Delta\omega_r J\hat{\phi}_r)$$

$$= G_\omega(-\Delta\omega_r J\hat{\phi}_r) \tag{3・101}$$

ただし，$\Delta\omega_r = \hat{\omega}_r - \omega_r$

ブロック図中の「線形定常ブロック」の伝達特性 G_w が，磁束オブザーバの誤差方程式の伝達特性を示しており，入力は速度推定誤差に起因するベクトル信号，出力は電流推定誤差ベクトルである．ブロック図中の下段フィードバック部は速度推定則を示している．このフィードバックループが安定であるための条件（ポポフの超安定論）の一つとして，線形定常ブロック（Hゲインを含む誤差方程式入出力）が強正実（伝達特性の位相特性が±90°以内）である必要がある．文献 13）では磁束オブザーバの式(3・93)の H ゲイン設計と正実性との関係に注目している．

ここで，図 3・34 の誤差方程式の導出について補足しておく．オブザーバの式(3・93)（速度推定値を含む）と，実際の誘導電動機の状態方程式を示す式(3・92)とについて，左辺右辺ともに差分をとることを考える．

オブザーバの式(3・93)（速度真値を含む），誘導電動機の状態方程式(3・92)の

3・5 高性能化手法

左辺,右辺の差をとると

$$\frac{d}{dt}\begin{pmatrix}\hat{\boldsymbol{\phi}}_1\\\hat{\boldsymbol{\phi}}_2\end{pmatrix}-\frac{d}{dt}\begin{pmatrix}\boldsymbol{\phi}_1\\\boldsymbol{\phi}_2\end{pmatrix}=\hat{\boldsymbol{A}}\begin{pmatrix}\hat{\boldsymbol{\phi}}_1\\\hat{\boldsymbol{\phi}}_2\end{pmatrix}-\boldsymbol{A}\begin{pmatrix}\boldsymbol{\phi}_1\\\boldsymbol{\phi}_2\end{pmatrix}-\boldsymbol{H}(\hat{\boldsymbol{i}}_1-\boldsymbol{i}_1)$$

式(3・93)の $\boldsymbol{A}$ 行列と式(3・92)の $\boldsymbol{A}$ 行列の差異は速度情報のみ(抵抗値設定は一致と仮定)とし,右辺 $\boldsymbol{A}$ 行列と状態量に注意して変形すると

$$\frac{d}{dt}\begin{pmatrix}\hat{\boldsymbol{\phi}}_1-\boldsymbol{\phi}_1\\\hat{\boldsymbol{\phi}}_2-\boldsymbol{\phi}_2\end{pmatrix}=\boldsymbol{A}\begin{pmatrix}\hat{\boldsymbol{\phi}}_1-\boldsymbol{\phi}_1\\\hat{\boldsymbol{\phi}}_2-\boldsymbol{\phi}_2\end{pmatrix}+(\hat{\boldsymbol{A}}-\boldsymbol{A})\begin{pmatrix}\hat{\boldsymbol{\phi}}_1\\\hat{\boldsymbol{\phi}}_2\end{pmatrix}-\boldsymbol{HG}\begin{pmatrix}\hat{\boldsymbol{\phi}}_1-\boldsymbol{\phi}_1\\\hat{\boldsymbol{\phi}}_2-\boldsymbol{\phi}_2\end{pmatrix}$$

$\boldsymbol{A}$ 行列の差が,速度のみであると仮定すれば

$$\frac{d}{dt}\begin{pmatrix}\hat{\boldsymbol{\phi}}_1-\boldsymbol{\phi}_1\\\hat{\boldsymbol{\phi}}_2-\boldsymbol{\phi}_2\end{pmatrix}=(\boldsymbol{A}-\boldsymbol{HG})\begin{pmatrix}\hat{\boldsymbol{\phi}}_1-\boldsymbol{\phi}_1\\\hat{\boldsymbol{\phi}}_2-\boldsymbol{\phi}_2\end{pmatrix}+\begin{pmatrix}0&0\\0&j\Delta\omega_r\end{pmatrix}\begin{pmatrix}\hat{\boldsymbol{\phi}}_1\\\hat{\boldsymbol{\phi}}_2\end{pmatrix} \quad (3\cdot101\text{a})$$

ただし,$\Delta\omega_r=\hat{\omega}_r-\omega_r$

電流推定誤差 $\boldsymbol{e}$ が

$$\boldsymbol{e}=\hat{\boldsymbol{i}}_1-\boldsymbol{i}_1=\boldsymbol{C}\begin{pmatrix}\hat{\boldsymbol{\phi}}_1-\boldsymbol{\phi}_1\\\hat{\boldsymbol{\phi}}_2-\boldsymbol{\phi}_2\end{pmatrix}$$

で表されることに留意し,出力を電流推定誤差,入力を速度推定誤差として式(3・101a)を伝達関数表現にすると

$$\boldsymbol{e}=\boldsymbol{C}(s\boldsymbol{I}_4+\boldsymbol{A}-\boldsymbol{HC})^{-1}\begin{pmatrix}\boldsymbol{0}\\-\boldsymbol{I}\end{pmatrix}(-\Delta\omega_r\boldsymbol{J}\hat{\boldsymbol{\phi}}_2)$$

$$=\boldsymbol{G}_\omega(-\Delta\omega_r\boldsymbol{J}\hat{\boldsymbol{\phi}}_2) \quad (3\cdot101\text{b})$$

ここで磁束推定誤差を状態量として整理した状態方程式(3・101a)が誤差方程式である.速度推定誤差 $\Delta\omega_r$ を入力として伝達関数表現に等価変換したものが式(3・101b)であり,この $\boldsymbol{G}_w$ が,図3・34における線形定常ブロックである.

〔2〕磁束オブザーバのフィードバックゲイン $\boldsymbol{H}$ の設計例

具体的に文献13)では,現代制御における「最適フィードバックゲイン設計法[14]」によってゲイン行列 $\boldsymbol{H}$ を求めている.「最適制御理論」に基づき,磁束推定誤差を状態量 $\boldsymbol{x}$,速度推定誤差を入力 $\boldsymbol{u}$ とおいて,評価関数式(3・102)をおく.

$$J=\int_0^\infty\{\boldsymbol{x}(t)^T\boldsymbol{Q}\boldsymbol{x}(t)+\boldsymbol{u}(t)^T\boldsymbol{R}\boldsymbol{u}(t)\}dt \quad (3\cdot102)$$

$$\boldsymbol{G}=\begin{pmatrix}0&0\\0&\boldsymbol{J}\end{pmatrix} \quad (3\cdot103)$$

195

$$Q = \begin{pmatrix} I & 0 \\ 0 & I \end{pmatrix} \tag{3・014a}$$

$$R = \varepsilon_1 I \tag{3・104b}$$

ここで Q, R は制御設計の重み付けのための係数であるが,文献13)においては,状態量にかける重み行列 Q には,特に一次磁束・二次磁束間に差異ある重みを考慮しない意図で式(3・104a)のように単位行列を与え,R としては推定誤差入力の影響抑制設計を意図して式(3・104b)のように重み ε_1 を含めた構造を与えている.なお,誤差方程式(3・101)への速度推定誤差入力のベクトル構造を示しているのが式(3・103)の入力行列 G である.

以上の前提により,評価関数(3・102)の J を最小化するための,誤差方程式(3・101)のゲイン行列 H は,以下のリカッチ方程式(3・105a)の解を用いて,式(3・105b)のように求まる.こうして得られたゲイン行列 H は,オブザーバの演算式とともに制御マイコンに実装され,制御演算に用いられる.

$$PA^T + AP - PC^T R^{-1} CP + GQG^T = 0 \tag{3・105a}$$

$$H = PC^T R^{-1} \tag{3・105b}$$

$$R^{-1} = \infty$$

〔3〕 具体的設計・試験の事例

以上に述べた磁束オブザーバの H ゲイン設計に用いる,式(3・104b)の重み係数である ε_1 の大きさを極小から ∞ まで設定を変えた場合の各「線形定常ブロック」の強正実性(伝達特性の位相特性が $\pm 90°$ 以内)を確認したものを図**3・35**に示す.ここで,$H = 0$ 設定と $\varepsilon_1 \to \infty$ は同じ操作を示している.同図の位相特性図の低周波側に注目すると,重み係数 ε_1 を小さくしていくほど,オブザーバによる「線形定常ブロック」の位相特性が $\pm 90°$ 以内に収まる周波数範囲が広く,ポポフの超安定論における条件を満たしやすくなることがわかる.この解析手法を,運転条件ごとに行って,不安定化条件を速度-トルク平面で表現したものが図**3・36**である.ε_1 を小さくしていくほど,インバータ周波数 $= 0$ 近傍の不安定領域を狭めていくことができることを示している.これを $3.7\,\mathrm{kW}$ の誘導電動機で実機検証(速度センサ付き制御系の上で,磁束オブザーバと速度推定則の挙動を確認)したものが図**3・37**(a)(b)である.同図(a)が $\varepsilon_1 \to \infty$($H = 0$),同図(b)が $\varepsilon_1 = 0.1$ での低速回生運転(速度推定)の試験結果である.前者よりも後者の方が,より広い範囲で速度推定の安定性を維持している.

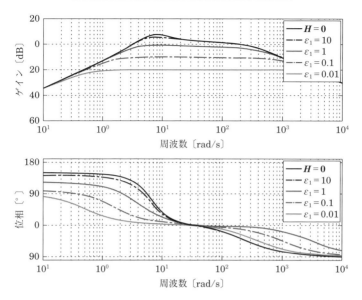

図3・35 磁束オブザーバのゲイン設計と線形定常ブロックの強正実性の関係

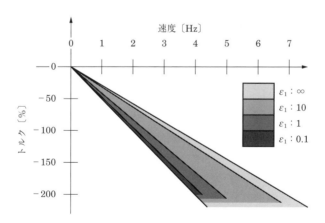

図3・36 磁束オブザーバのゲイン設計と不安定領域の関係

 以上では,ε_1を小さく与えるほど回生域の安定化が可能になる旨を説明したが,この手法の限界は,結局ε_1の設定可能下限が存在することにある.端的には,図3・35の上段,ゲインブロックが示すとおり,ε_1を小さくするほど,線形定常ブロック部のゲインが小さくなるため,図3・35の速度推定ループに適切な

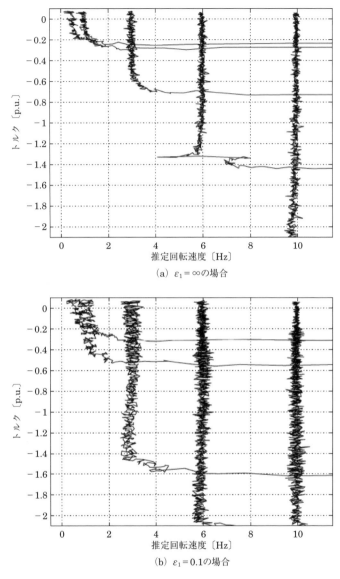

(a) $\varepsilon_1 = \infty$ の場合

(b) $\varepsilon_1 = 0.1$ の場合

図 3・37　速度推定試験結果

応答設定を施すには，線形定常部以外の部分でハイゲイン化する必要があり，速度推定演算が各種外乱（電流検出誤差，定数設定誤差，デッドタイム外乱）に弱い系になりがちというトレードオフが存在する．オブザーバの性能を引き出すに

は，これまでに述べられた，オフライン，オンラインの定数測定・推定技術とも適切に組み合わせて，推定演算への外乱を抑制することが鍵となる．

■引用・参考文献

1) 高村晴久，工藤俊明，黒沢良一，「誘導電動機の速度センサレスベクトル制御」，平成2年電気学会全国大会講演論文集Ⅵ, pp. 6-41～6-42（1990）
2) H. Tajima, Y. Matsumoto, H. Umida: "Speed Sensorless Vector Control Method for an Industrial Drive System", Trans IEE of Japan, Vol. 116-D, No. 11, pp. 1103-1109（1996）
3) 奥山俊昭，藤本 登，松井孝行，久保田譲：「誘導電動機の速度・電圧センサレス・ベクトル制御法」，電学論D, Vol. 107-D, No. 2 pp. 191-198（1987）
4) 尾本義一，山下秀男，多田隈進，山本充義，米山信一：「電気機器工学Ⅰ（改訂版）」，電気学会（1997）
5) Toshihiko Noguchi, et. al.: "Precise Torque Control of Induction Motor with On-Linf Parameter Identification in Consideration of Core Loss", Proc. of PCC-Nagaoka 2007, pp. 113-118（2007）
6) 日本電機工業会：「インバータドライブの適用指針（汎用インバータ）」，日本電機工業会技術資料148号（2008）
7) 小林貴彦，金原義彦，福田正博，大沼巧：「誘導電動機の無回転定数測定法」，電学論D, Vol.128, No.8, pp.18-26（2008）
8) 貝谷，今中，長野：「始動時の短時間における誘導電動機の抵抗同定」，平成10年 電気学会産業応用部門全国大会 講演予稿集（1998）
9) 楊，金：「MRASによる一次抵抗同定機能付き誘導機速度センサレスベクトル制御」，電学論D, 1991, No.11, pp.945-953（1991）
10) 新中：「誘導機の速度と二次抵抗の一斉同定に関する統一的解析」，研究開発レター，電学論D, 1993, No.12, pp.1483-1484（1993）
11) 久保田，松瀬：「適応二次維持速オブザーバによる誘導電動機の回転速度と二次抵抗の同時同定」，研究開発レター，電学論D, Vol.112 No.9（1992）
12) 金原，小山：「低速・回生領域を含む誘導電動機の速度センサレスベクトル制御」，電学論D, 2000, No.2, pp.223-229（2000）
13) 金原，小山：「二種類の適応磁束オブザーバを併用した誘導電動機の速度センサレス制御と一次・二次抵抗同定」，電学論D, 2000, No.8, pp.1061-1067（2000）
14) 小郷，美多：「システム制御理論入門」，実教出版（1979（初版））

4章 モータ制御系の実際

4・1 ディジタル制御系の構成

4・1・1 ディジタル制御系の全体構成図

制御回路の全体構成例が図4・1であり，各要素は，それぞれに適した各種の回路で実装されている．現在では制御演算はマイクロプロセッサで行い，CPUのソフトウェアとして実装している．しかし，PWM発生回路やエンコーダ検出回路などは，高速クロックで動作しなければならないので，ワンチップマイコンに内蔵された周辺回路やFPGAなどのハードロジック回路として実装されている．また，電流センサなどのアナログ検出信号は，スケール変換した後にA/D変換器でディジタル値に変換してプロセッサに読み込んでいる．

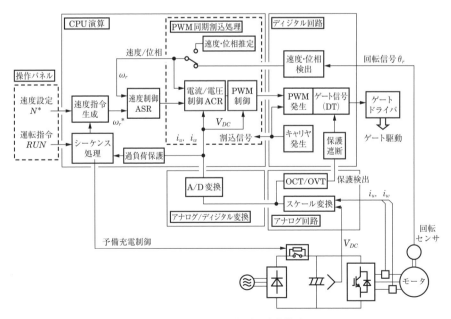

図4・1 モータ制御系の全体構成

CPUのプログラムも多重レベルの割込処理に分割されており，低速割込では運転シーケンスや速度指令の生成および予備充電や過負荷演算などを実行する．速度制御（ASR）などは応答特性を考慮してより高速な割込レベルに，そして電流制御（ACR）などはさらに優先レベルが高く高速なPWMに同期した割込レベルに割り当てる．

実用上は制御性能だけでなく機器の保護機能も重要であり，過熱を防止するための過負荷演算プログラムや，過電流（OC）や過電圧（OV）などの異常発生時に瞬時にゲート遮断させるアナログコンパレータやハードロジック回路も組み込まれている．この保護機能はA/D変換のスケーリングにも関係し，ゲート遮断するまではフィードバック制御を継続しなければならないので，電流や電圧のA/D変換範囲はこのOCレベルやOVレベル以上に設定する．

このように，ディジタル制御を実現するためには，制御理論だけではなく実装に関して生じる制約にも配慮しなくてはならず，下記のような機能が必要になる．

① 電圧指令からPWM変調への変換方式
② PWMキャリヤと同期した電流検出や電圧指令更新などのタイミング制限
③ 制御演算を割込周期の処理で実行できるように離散化
④ A/D変換時間・演算処理時間の制約やPWM更新周期などの遅れ時間の補償
⑤ 固定小数点演算器の制限を考慮した有効桁数や小数点位置の設定
⑥ 必要機能とコスト・信頼性を考慮した要素部品の選定

以降では，これらの課題に対する対策方法について個別に解説する．

4·1·2 ディジタル処理のタイムチャート

CPUのプログラムで実行する割込処理のうち，速度制御ASRと電流制御ACRのフローチャートを図4·2に示す．プログラムとして実装するためには，入出力データの流れに沿った処理順序が必要である．ACRの場合には，目標値の設定入力やA/D変換などの外部信号の読込みおよび基準位相の更新などが先に実行され，その次にPI制御などの演算を処理し，最後にPWM指令が出力される．

また遅延演算子z^{-1}を用いた離散系のブロック図で制御内容が表されていれば，入力信号とz^{-1}の出力端から開始し，出力信号とz^{-1}の入力端で終了するよ

4・1 ディジタル制御系の構成

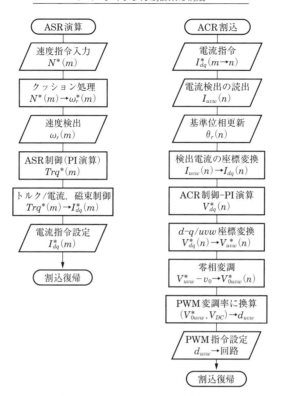

図 4・2 ソフトウェアの割込処理

うにプログラムの順序を組めばよい.

また，PWM キャリヤを使用する場合には，入出力動作にタイミングの制約がある．**図 4・3** は ACR の割込処理の例として，電流検出から電圧（PWM）出力までをタイムチャートで示している．後述する同期電流サンプルを実現するためには，PWM キャリヤ信号の頂点時刻 $t(n)$ において，電流検出信号をサンプルホールドする必要がある．A/D 変換や ACR 演算を行った結果は最終的に PWM 指令として出力されるが，この更新タイミングもキャリヤと同期させなければならない．さらに，回転座標変換に使用する位相についても，これらのサンプルや更新タイミングの時刻を考慮した値を使用しなければならない．

離散演算の場合には，瞬時値とサンプル期間の保持値との区別にも注意が必要である．時刻 $t(n)$ にてサンプルされた電流検出は瞬時値であるが，出力 PWM パターンは次の割込時刻 $t(n+1)$ から $t(n+2)$ までの時間幅を有する．そのた

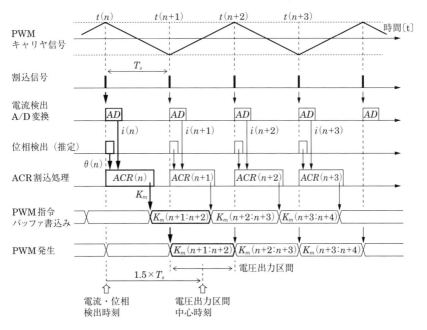

図 4・3 電流サンプルと電圧更新およびソフトウェアの実行タイミング

め，正確に電圧指令を PWM パターンに変換するためには，PWM 指令を保持期間の中間時刻の瞬時値として近似し，電流サンプル時刻との時間差の影響を補償する必要がある．そうすると，電流サンプルから PWM 出力までのむだ時間は $1.5 \times T_s$ に相当することになる．

もし，演算能力が低く ACR 演算が長くなる場合には，割込期間 T_s をキャリヤ半周期の整数倍に延ばして対応するしかない．そうなるとさらにむだ時間が長くなってしまい，制御性能を制限する要因となる．

4・2 キャリヤ比較方式の PWM 発生方法
4・2・1 零相成分の加算と変調率への換算方法

三相電圧の指令値 (v_u^*, v_v^*, v_w^*) から PWM によるスイッチング信号生成に必要な PWM 指令値 (d_u^*, d_v^*, d_w^*) への変換方法をブロック図として**図 4・4** に示す．図ではインバータの電圧利用率を増加させるための零相成分の加算を適用しており，式(4・1)のように三相電圧のうち最大値と最小値の平均値を零相電圧 v_0 として与える方法を適用している．

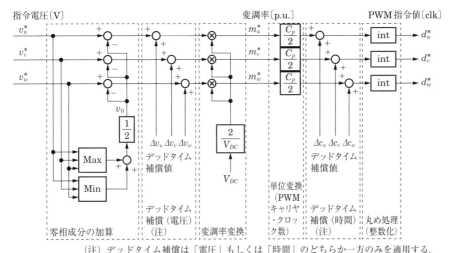

図4・4 指令電圧からPWM指令値への変換方法の一例

$$v_0 = \frac{1}{2}\{\max(v_u^*, v_v^*, v_w^*) + \min(v_u^*, v_v^*, v_w^*)\} \tag{4・1}$$

変調率の指令値 (m_u^*, m_v^*, m_w^*) は指令電圧をインバータ直流リンク電圧の $\frac{1}{2}$ で正規化することで得られる．PWM線形領域では変調率は $+1$ から -1 の値をとるが，過変調領域も利用する用途では絶対値が 1 を超えることがある．

デッドタイムにより生じる電圧誤差の補償は，電圧単位 $(\Delta v_u, \Delta v_v, \Delta v_w)$ もしくは時間単位（図4・4ではクロック数として $\Delta c_u, \Delta c_v, \Delta c_w$）で与えることができ，回路の構成方法や補償値の演算方法により適切な方法を一方のみ適用すればよい．例えば，三角波キャリヤ比較のPWM発生回路が用意されており，指令電圧を変調率として与えるシステムでは電圧単位でデッドタイム補償量を加算すればよい．なお，デッドタイム補償値の算出方法については1章を参照されたい．

カウンタを用いたPWM発生回路の場合には，正規化された変調率ではなく，PWMキャリヤ1周期のカウント数に対応したPWM指令値を利用できた方が都合がよい．図4・4では，次項で説明するようにPWMキャリヤ半周期のカウント数を C_p とした場合の構成を示しており，変調率に $\frac{1}{2}C_p$ を乗じた後，基準クロックの周期を基準として丸め処理し整数化してPWM指令値を得る．

4・2・2 キャリヤ信号と割込信号

PWM出力波形を生成するためのキャリヤ信号の生成には,多くの手法がある.ここでは,モータ制御用マイコンで実装されている一般的な方法を解説する.モータ制御用マイコンには,デッドタイム,割込信号,A/Dコンバータのサンプルホールド起動トリガ(以降A/Dトリガ)の生成が可能なタイマ(カウンタ回路)が内蔵されている.図4・5はその一例であり,キャリヤ信号C_{carry}は,マイコンのタイマクロックC_{clk}によりup/downカウンタを構成する.キャリヤ信号の半周期のカウント数をC_pとし,変調率指令値d^*とキャリヤ信号の大小比較を行い,PWM出力(キャリヤ比較出力)を切り換える.デッドタイム時間t_dは,専用のディレイカウンタを用いて生成し,上下アームのPWM信号がオフ状態からオン状態に切り換わる時間を遅らせる.

また,従来A/DトリガAD_{TRG}は,割込信号SP_{TRG}で近似して生成されていたが,近年では,デッドタイムなどの遅れや1シャント電流検出に対応できるように,キャリヤ周期の任意の点で生成できるマイコンがほとんどである.

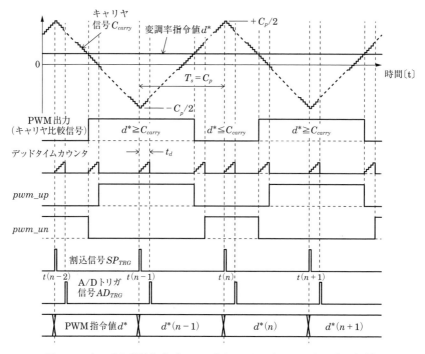

図4・5 キャリヤ信号生成(ディレイカウンタによるデッドタイム方式)

4・2 キャリヤ比較方式のPWM発生方法

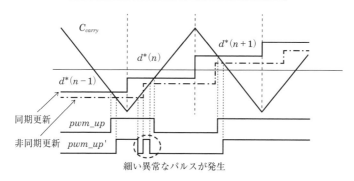

図 4・6 PWM 指令値のキャリヤ同期更新

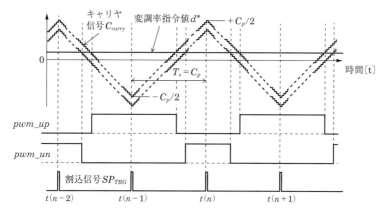

図 4・7 キャリヤ信号生成（キャリヤ信号オフセットによるデッドタイム生成方式）

モータ制御演算を実行するための割込信号 SP_{TRG} はキャリヤ信号の山と谷で生成され，制御周期 $T_s = C_p \times T_{tclk}$（$T_{tclk}$：タイマクロック周期）となる．ただし，マイコンの処理能力や電流検出方式（1シャント，3シャント方式）よっては，キャリヤ信号の山または谷のみで割込信号を生成する場合がある．また，変調率指令値 d^* は，割込信号に同期して更新され，制御周期分だけ PWM 出力が遅れることに注意する必要がある．図 4・6 に示すようにキャリヤと非同期なタイミングで PWM 指令を更新すると，急変時に細い異常パルスなどの意図しないPWM 波形が発生する．このため，割込信号に同期して変調率指令値を更新する必要がある．また，本構成のタイマでは，割込信号 SP_{TRG} を中心として左右非対称の PWM 出力となるため，モータ相電流を同期サンプリングするための A/D トリガ信号 AD_{TRG} は，デッドタイム時間 $t_d/2$ だけ遅らせる必要がある．

図 4・7 は PWM とデッドタイムを同時に生成する方式の例であり，キャリヤ信号 C_{carry} を二つに増やし，原点に対して対称にかつ差がデッドタイム時間 t_d に相当するカウンタ分だけオフセットさせることにより PWM 信号を生成させる方法である．この場合，割込信号 SP_{TRG} を中心として左右対称の PWM 出力となるため，割込信号 SP_{TRG} がモータ相電流を同期サンプリングするためのトリガ信号となる．

4・2・3　キャリヤ比較方式による PWM 生成回路

図 4・8 に前項のキャリヤ信号（図 4・5）を使用した PWM 生成回路のブロック図を示す．キャリヤ同期 PWM 指令により変調率指令値 d^* が更新されると，キャリヤ比較回路とデッドタイム回路により PWM に相当するゲート信号を生

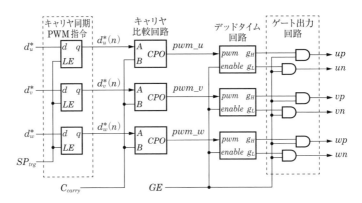

図 4・8　キャリヤ比較方式による PWM 生成回路

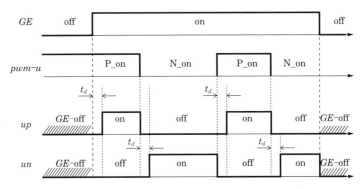

図 4・9　デッドタイム回路とゲート出力制御 GE の動作

成する．図中のゲート出力許可/遮断信号 GE とは，過電流の検出やインバータのゲートドライブ電源の状態によって PWM 出力を遮断する信号である．**図4・9** にデッドタイム回路とゲート出力制御 GE の動作をタイミングチャートで示す．このようにゲート出力開始時や遮断時にもデッドタイムを確保することが必要である．

4・3 電流検出方法と回転座標変換

4・3・1 電流サンプルの PWM キャリヤ同期方式

電流検出を A/D 変換するタイミングについては，回転座標変換の位相やサンプル時間の整合だけでなく，PWM リプル成分の除去性能も考慮しなくてはならない．**図4・10** に各種のサンプルタイミングの比較を図示する．A/D 変換時間やリプル除去性能およびむだ時間の観点から，PWM をキャリヤ信号と比較して発生する場合には，同図(a)のような PWM キャリヤ同期検出方式が用いられている．これは上下のキャリヤ頂点に同期してサンプルや A/D 変換を行うもので，最小のサンプル周期 T_s はキャリヤ半周期（$1/(2f_c)$）となる．もし演算時間が長い場合には，同図(b)のようにサンプル周期をキャリヤ半周期の整数倍（図は3倍：$T_s = (3/(2f_c))$）に拡大させ，この期間中は同じ電圧指令つまり同じ PWM パターンを繰り返して出力する．

これに対して，同図(c)のようにキャリヤ周波数とは無関係に固定周期 T_{sm} にて高速にサンプルする非同期方式もあり，これらは PWM 生成方式や制御方式により使い分けられる．キャリヤ比較を使用する条件に限れば，同期方式の方が

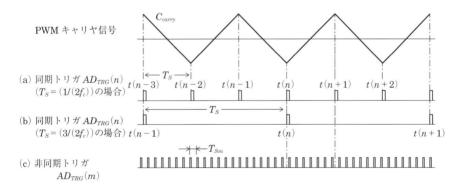

図4・10 PWM キャリヤ信号と A/D 変換および割込処理タイミング

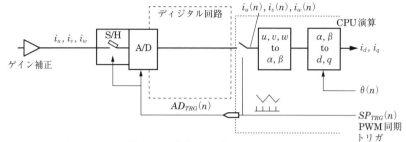

(a) キャリヤ同期サンプル方式の電流検出のA/D変換ブロック図

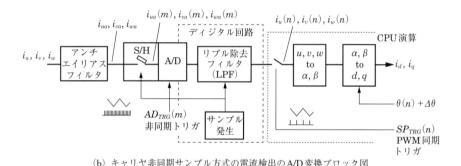

(b) キャリヤ非同期サンプル方式の電流検出のA/D変換ブロック図

図4・11　アナログ電流検出信号のサンプリング法とフィルタ処理

簡単な回路構成でよく，リプル除去性能が高く検出遅れ時間も少ないという特長がある．

図4・11が両方式の代表的な回路構成であり，同図(a)の同期方式ではリプルを含む電流波形が基本波成分の軌道上を通過する瞬間にサンプルするものである．この方式では，アナログ信号を直接にA/D変換器に入力でき，サンプルホールド（S/H）もキャリヤ周期程度の比較的に遅い周期でよく，A/D変換器の変換時間もそれほど高速でなくてもよい．さらに，A/D変換結果もそのままCPUに読み出して座標変換すればよい．

これに対して同図(b)の非同期方式では，高速なA/D変換が必要になる．またエイリアス防止のため，A/D変換の前にアナログフィルタが必要であり，A/D変換後もPWMリプル成分を除去するためのディジタルフィルタ処理が必要になる．さらに，キャリヤの頂点でしか電圧指令（PWM指令）が更新できないという制約を加えると，高速に電流検出をしても一部しか電流制御に利用されな

い．それどころか，逆にディジタルフィルタでの時間遅れがあると回転座標変換の位相も $\theta(n)+\Delta\theta$ のように誤差分を補正しなくてはならず，また，むだ時間も増えるので応答性能を制限する要因にもなる．

そのため，非同期サンプル方式は，瞬時検出値から逐次にPWMパターンを生成するというダイレクトトルクコントロール（DTC）方式など，キャリヤ信号を使用しない用途に使用されている．多数のサンプル値を統計処理するので基本波成分の検出精度を高くできるし，電圧指令が急変してキャリヤ周期における電流リプル軌跡形状の対称性が崩れる場合には，同期方式よりも高速に多点サンプルする方が精度も良いという特長もある．したがって，制御方式や適用条件などを考慮して使い分けることになる．

4・3・2　電流サンプルのキャリヤ同期と非同期方式との比較

同期方式と非同期方式という2種類の電流サンプル方法の特性を比較するためシミュレーションをした理想的な波形例が図 **4・12** である．これは電圧指令を同一とし，図 4・11 のそれぞれの回路や構成を適用した後，A/D 変換結果を CPU で読み出した値までを示した．この例では電流リプル幅を強調させたいのでキャリヤ周波数を $f_c=2$〔kHz〕と低く設定してあり，同期サンプル周期はキャリヤ半周期（$T_s=1/(2f_c)$）とした．一方，非同期サンプル方式のA/D変換周波数は $f_{sm}(=1/T_{sm})=100$〔kHz〕とし，ノイズ除去フィルタのカットオフ周波数を 2 kHz（−3 dB）に設定している．また，サンプル方式だけを比較したいので，デッドタイムなどは無視して理想的なPWM動作とし，A/D変換やディ

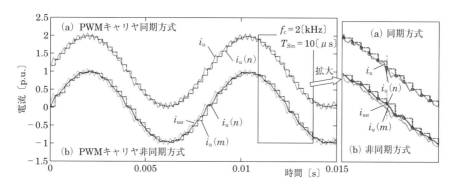

図 **4・12**　PWMキャリヤ同期・非同期方式による電流検出特性の比較

ジタルフィルタなどの遅れ時間も無視している．最終的に電流制御に使用される値を，図 4・12 の右側の拡大図に小さな○印で示しているが，離散表示ではばらつきを比較しにくいので，破線にて次のサンプル時刻までホールドさせて，階段波形の横と縦つまり検出時間ずれと誤差成分のばらつきを明示してある．

PWM リプルを含む電流のアナログ信号 i_u であっても，キャリヤ頂点と同期させた (a) の同期サンプル方式では○印で示したようにリプル幅の中間点に相当する $i_u(n)$ が検出できている．横軸の時間遅れも縦軸の検出誤差も少なく，正確な基本波成分が得られていることがわかる．一方，(b) の非同期サンプル方式では，A/D 変換後のキャリヤリプル除去フィルタの出力は波形 $i_u(m)$ のように遅れが発生する．このフィルタのカットオフ周波数はキャリヤ周波数より低く設定しなければならずこの遅れは避けられない．さらに，ACR 割込処理にてキャリヤ信号の頂点時刻で CPU に読み込むと $i_u(n)$ となり，PWM 周期との時間ずれに起因するばらつき誤差も大きい．このように PWM リプルを含む波形の場合には，単純に A/D 変換を高速化しただけでは，制御方式によっては性能が劣化してしまう．

同期サンプル方式にも欠点があり，デッドタイムなどの遅延時間によって検出誤差が生じる．そのため，正確な PWM が出力できるようにデッドタイム補償などの外乱抑制が必要であり，これが検出性能を左右するようになる．

4・3・3　回転座標変換と位相の時間整合問題

回転座標系では電圧と電流の座標変換で座標軸の位相を利用する．d-q 座標を用いるシステムの回転座標変換を図 4・13 に示す．電流の座標変換には，時刻 (n) における位相 $\theta(n)$ を使用すればよい．一方，電圧の座標変換には出力遅れ時間を考慮して時刻 $(n+1)$ における位相 $\theta(n+1)$ が必要となる場合がある．4・1・2 項で説明したように（タイミングチャートは図 4・3 を参照），これは電圧指令値が PWM 信号としてインバータのスイッチング信号に瞬時に反映されるわけではなく，PWM キャリヤ周期に同期してスイッチング信号が更新され時間遅れが生じることに加えて，電流の A/D 変換や制御演算時間が必要なためである．

座標変換に使用する位相の違いにより生じる問題について図 4・14 を用いて説明する．同図 (a) では，位相 $\theta(n)$ を用いて指令電圧ベクトル v^* の d，q 軸成分

4・3 電流検出方法と回転座標変換

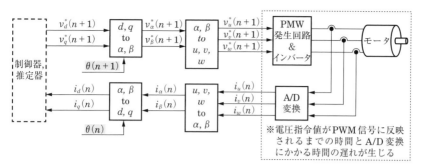

図 4・13 出力遅れ時間を考慮した座標変換

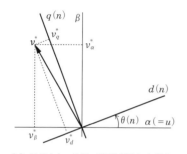

(a) 時刻(n)の位置で座標変換した場合

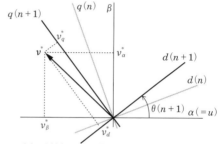

(b) 時刻$(n+1)$の位置で座標変換した場合

図 4・14 回転子の回転による d, q 軸の変化が無視できない場合のベクトル図

v_d^*, v_q^* を α, β 軸成分 v_α^*, v_β^* に変換している. しかし, 同図(b)のように回転速度が速く回転子の回転を無視できない場合には, スイッチング信号が更新される時点で d 軸が位相 $\theta(n+1)$ まで進む. もし, 電圧指令値の d, q 軸成分が同じであっても, 座標変換後の α, β 軸成分は同図(a)の結果とは異なることがわかる. したがって, 指令

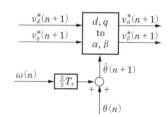

図 4・15 出力遅れ時間に相当する位相補正

電圧の座標変換には位相 $\theta(n+1)$ を用いる必要がある.

しかし, 電圧指令値が PWM 発生回路に反映される未来の位相 $\theta(n+1)$ は未知であるため, 推定値 $\hat{\theta}(n+1)$ を使用する. 前述の電圧更新遅れだけでなく, 電圧出力期間の中心までの時間差も考慮して, **図 4・15** に示すように, 現在の回転角速度 $\omega(n)$ から電圧指令値の更新周期 $\frac{3}{2}T_s$ を用いて位相の進み量を加算する方法がある.

4・4 ディジタル演算の手法

4・4・1 連続系と離散系の演算方法の比較

連続系の関数を離散系で利用するための手法としては，表4・1に示すような時間差分による方法がある．モータ制御では連続系の伝達関数で特性が議論されることが多い．一方で，制御ソフトウェアは離散時間で演算が行われることから，連続系（s領域）から離散系（z領域）への変換が必要である．本項では後進オイラー法による各種演算方法について説明する．

〔1〕積分

積分要素は連続系においては式(4・2)で伝達関数が与えられ，離散系においては式(4・3)で演算できる．

$$y(t) = \frac{1}{s} u(t) \tag{4・2}$$

$$y(n) = T_s u(n) + y(n-1) \tag{4・3}$$

ブロック図は図4・16で与えられ，離散系においては遅延要素と加算で実現できる．

表4・1　連続系と離散系の変換方法

前進オイラー法	$s = \dfrac{z-1}{T_s}$	・同じサンプル時刻の値（例えば$u(n-1)$）のみで計算できる．（代数ループを回避しやすい） ・1サンプル前の値（$u(n-1)$や$y(n-1)$）のみでの演算になるため，現在の状態が反映されない．
後進オイラー法	$s = \dfrac{1-z^{-1}}{T_s}$	・異なるサンプル時刻の値（例えば$u(n)$と$u(n-1)$）を必要とする． ・ソフトウェアのように逐次的に演算できる場合には適した手法．
双一次変換	$s = \dfrac{2}{T_s} \cdot \dfrac{1-z^{-1}}{1+z^{-1}}$	・周波数応答のエイリアシングが生じない．（連続系と離散系で1対1に対応） ・変換前後で安定性が保たれる． ・連続系（ω_a）と離散系（ω_d）での角周波数に差が生じるためプリワーピングが必要 $$\omega_d = \frac{2}{T_s} \tan^{-1}\left(\frac{T_s}{2}\omega_a\right)$$

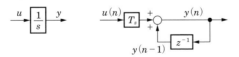

(a) 連続系　　(b) 離散系（後進オイラー）

図4・16　積分要素

〔2〕微分

連続系の微分要素式(4・4)は,離散系では時間差分として式(4・5)で与えられる.実用上は,高域のノイズを抑制するために,一次遅れと組み合わされることが多い.

$$y(t) = s \cdot u(t) \tag{4・4}$$

$$y(n) = \frac{u(n) - u(n-1)}{T_s} \tag{4・5}$$

図**4・17**にブロック図を示す.

〔3〕一次遅れ要素

磁束を制御で利用する場合には電圧を積分することによって推定磁束を得ることがあるが,抵抗値の誤差や電圧・電流にオフセットが生じている場合,推定磁束が発散する恐れがあり,純粋積分(積分要素のみ)ではなく,一次遅れ要素で近似することがある.連続系での伝達関数を式(4・6)に,離散系での演算式を式(4・7)に示す.また,ブロック図を図**4・18**に示す.

$$y(t) = \frac{1}{s + \omega_c} u(t) \tag{4・6}$$

$$y(n) = \frac{T_s u(n) + y(n-1)}{1 + T_s \omega_c} \tag{4・7}$$

カットオフ角周波数ω_cは0に近いほど純粋積分の特性に近づくが,オフセットによる磁束発散が生じやすいので,適切な値を設定する必要がある.図**4・19**

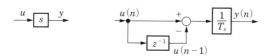

(a) 連続系 (b) 離散系(後進オイラー)

図**4・17** 微分要素

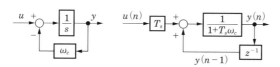

(a) 連続系 (b) 離散系(後進オイラー)

図**4・18** 一次遅れ要素

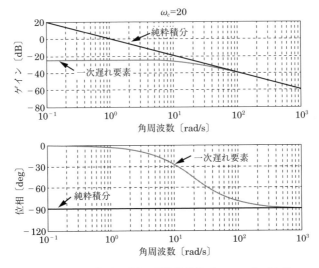

図 4・19 一次遅れ要素の周波数特性（$\omega_c = 20$ [rad/s]）

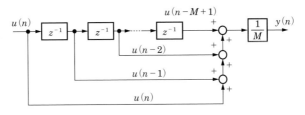

図 4・20 移動平均

の周波数特性より，高い周波数（高速回転）では近似の影響を無視できるが，低い周波数では影響（特に位相）を無視できないので，運転周波数と比べて十分に低いカットオフ周波数を設定する（少なくとも 1/10 を目安に）．

〔4〕移動平均

離散系では値の平均化に移動平均が用いられ，次式で計算できる．

$$y(n) = \frac{u(n) + u(n-1) + + u(n-2) + ... + u(n-M+1)}{M} \quad (4\cdot 8)$$

ただし，M は平均する数値の個数

図 4・20 のように遅延要素と定数倍で構成でき，FIR フィルタの一種である．

〔5〕コムフィルタ（くし形フィルタ）

コムフィルタは N サンプルの遅延要素と減算のみの簡単な構成であるが，フ

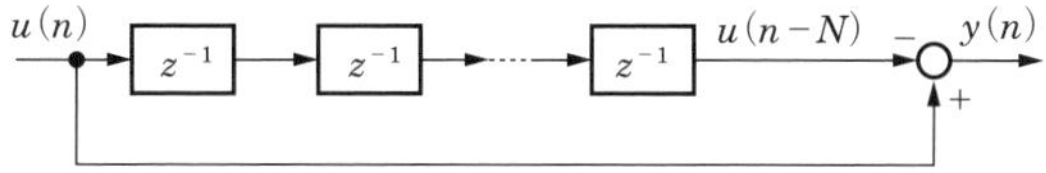

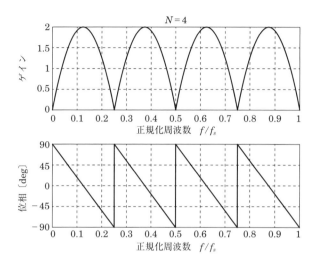

図 4・21 コムフィルタ

図 4・22 コムフィルタの周波数特性 ($N=4$)

ィルタを実現できる．次式の演算を行うコムフィルタのブロック図を図 4・21 に示す．

$$y(n) = u(n) - u(n-N) \tag{4・9}$$

図 4・22 に $N=4$ とした場合の周波数特性を示す．横軸は信号周波数 f をサンプリング周波数 $f_s(=1/T_s)$ で正規化しており，等間隔な 4 個の振幅ピークと，その間にノッチフィルタのような谷が現れていることが確認できる．

4・4・2 PM モータモデルの離散化

まず，連続系での PMSM モデルを示す．電圧方程式を整理し

$$\begin{cases} \dfrac{di_d}{dt} = \dfrac{1}{L_d}(v_d - Ri_d + \omega_r L_q i_q) \\ \dfrac{di_q}{dt} = \dfrac{1}{L_q}(v_q - Ri_q - \omega_r L_d i_d - \omega_r \Psi_a) \end{cases} \tag{4・10}$$

から，モータモデルを得ることはできるが，本書では磁束を媒介変数とし，状態

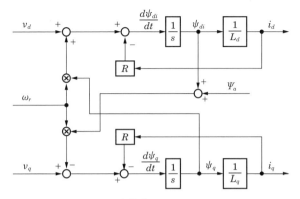

図 4・23 連続系での PMSM モデル

方程式を得た後，モータモデルのブロック図を示す．後述するように，磁束を媒介変数にすることにより演算量低減を図ることができる．

磁束 ψ_{di}, ψ_q を式(4・11)で与える．

$$\begin{cases} \psi_{di} = L_d i_d \\ \psi_q = L_q i_q \end{cases} \tag{4・11}$$

式(4・10)を変形し，式(4・12)を得る．

$$\begin{cases} \dfrac{d(L_d i_d)}{dt} = v_d - \dfrac{R}{L_d}(L_d i_d) + \omega_r (L_q i_q) \\ \dfrac{d(L_q i_q)}{dt} = v_q - \dfrac{R}{L_q}(L_q i_q) - \omega_r (L_d i_d + \Psi_a) \end{cases} \tag{4・12}$$

式(4・12)に式(4・11)を代入し，式(4・13)を得る．

$$\begin{cases} \dfrac{d\psi_{di}}{dt} = v_d - \dfrac{R}{L_d}\psi_{di} + \omega_r \psi_q \\ \dfrac{d\psi_q}{dt} = v_q - \dfrac{R}{L_q}\psi_q - \omega_r(\psi_{di} + \Psi_a) \end{cases} \tag{4・13}$$

式(4・13)に基づく PMSM モデルを**図 4・23** に示す．同図の積分器をオイラー法により一次近似して $\dfrac{T_s}{1-z^{-1}}$ に置き換え，離散系の PMSM モデルとして**図 4・24** を得る．

一方，2・2・2 項で説明されていた PMSM のブロック図は RL 回路の伝達関数を用いており磁束が陽に出てこない．この場合，離散化した PMSM モデルは**図**

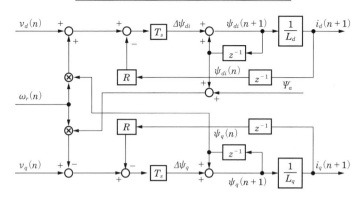

図 4・24　離散化した PMSM モデル（一次近似）

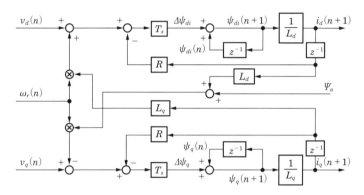

図 4・25　離散化した PMSM モデル（電流モデル，一次近似）

4・25 のようになり，d，q 軸干渉項でインダクタンスと電流の乗算が必要となり，演算量が増加する．

4・5　ディジタル演算技術（空間ベクトル座標系の単位法）

　ディジタル演算の実装では，データのオーバフローや桁落ちの問題に注意しなければならない．浮動小数点なら SI 単位のままでも演算できるが，固定小数点で取り扱う場合には適切な有効桁数と小数点位置を選定する必要がある．しかし電流値や回路定数などは機器の容量によって大幅に変化するので，適用する容量範囲が広いほど有効桁数も増やさなければならない．この対策として単位法が用いられている．一般的には最大運転範囲や制御分解能などは定格値に対する比率で設定されることが多く，単位法を使用すれば，小数点に対して上位の桁数は最

219

大値により,下位の桁数は分解能により選定すればよく,数値の桁数が容量にかかわらずほぼ一定として取り扱える.

しかし,従来の単位法は商用電源で使用する機器を想定しており,定常状態の実効値しか取り扱っていない.これに対して,モータの可変速制御では三相交流の瞬時値や直交二軸座標上の空間ベクトルなど多種の状態として表現されるし,さらに過渡現象(時間微分・積分)も取り扱えなくてはならない.そこで以降では,瞬時値や各種座標系に応じた新たな単位法を定義する.

4・5・1　フェーザベクトルの単位法

従来の電圧電流方程式では,次式のように定常状態の実効値をフェーザベクトル ($\dot{V}, \dot{I}, \dot{\Psi}$) として,インピーダンスは複素数 ($R, j\omega L$) として取り扱っている.

$$\dot{V} = (R + j\omega L) \cdot \dot{I} + j\omega \dot{\Psi} \tag{4・14}$$

一般的に三相交流機器のモデルはY結線を基本としており,相電圧と相電流の実効値およびY結線に換算した一相分の抵抗 R とインダクタンス L を使用している.これらを単位法に変換するには,定格値に対する比率を求めればよく,電圧と電流の単位法変換は次式となる.

$$\dot{V}_{pu} = \frac{\dot{V}}{V_{bL}/\sqrt{3}}, \quad \dot{I}_{pu} = \frac{\dot{I}}{I_b}, \quad \dot{\Psi}_{a\,pu} = \frac{\omega_b \dot{\Psi}_a}{V_{bL}/\sqrt{3}} \tag{4・15}$$

電流の定格値は相成分の実効値 I_b で表示されるので問題ないが,電圧の方は線間成分の実効値 V_{bL} として表示されるため単位法には相電圧への換算値 $V_{bL}/\sqrt{3}$ を使用しなければならない.また,鎖交磁束については定格角周波数を乗算して電圧に換算して計算すればよい.

電圧と電流の基準値が決まれば抵抗も単位法に変換でき,インダクタンスも定格周波数 f_b 〔Hz〕を基準値に選定すればよい.

$$R_{pu} = R \cdot \frac{\sqrt{3} \cdot I_b}{V_{bL}}, \quad L_{pu} = L \cdot \frac{\sqrt{3} \cdot \omega_b \cdot I_b}{V_{bL}}, \quad \omega_{pu} = \frac{\omega}{\omega_b} \quad (\omega_b = 2\pi f_b) \tag{4・16}$$

単位法の単位は〔p.u.(per unit)〕と表し,さらに後述するほかの種類の単位基準と区別するために,フェーザベクトル成分を単位法に変換した変数には添字に「pu」を付加する.

4・5・2 三相交流（瞬時値）の単位法

次式のような三相交流成分の瞬時値を単位法で表すために，定格条件の正弦波を想定し，この最大振幅 A_0 $(=\sqrt{2/3}\cdot V_{bL},\ \sqrt{2}\cdot I_b)$ を基準値として選定する.

$$\begin{bmatrix} A_u \\ A_v \\ A_w \end{bmatrix} = A \cdot \begin{bmatrix} \cos(\theta - 0) \\ \cos(\theta - 2\pi/3) \\ \cos(\theta - 4\pi/3) \end{bmatrix} \quad (\theta = \omega_b t) \tag{4・17}$$

$$\begin{bmatrix} A_{u\,pu3p} \\ A_{v\,pu3p} \\ A_{w\,pu3p} \end{bmatrix} = \frac{A}{A_0} \cdot \begin{bmatrix} \cos(\theta - 0) \\ \cos(\theta - 2\pi/3) \\ \cos(\theta - 4\pi/3) \end{bmatrix} = A_{pu3p} \cdot \begin{bmatrix} \cos(\theta - 0) \\ \cos(\theta - 2\pi/3) \\ \cos(\theta - 4\pi/3) \end{bmatrix} \tag{4・18}$$

式(4・15)とは基準値が異なるので，この三相交流の瞬時値を単位法に変換した変数には添字「$pu3p$」を付加して区別する.

4・5・3 空間ベクトルの単位法

式(4・17)の三相交流成分に三相二相変換（絶対変換）を適用して空間ベクトルに変換すると，次式のような直交二軸座標系（α-β 座標）の空間ベクトル Λ になる.

$$\Lambda = \begin{bmatrix} A_\alpha \\ A_\beta \\ A_z \end{bmatrix} = \sqrt{\frac{2}{3}} \cdot \begin{bmatrix} 1 & -1/2 & -1/2 \\ 0 & \sqrt{3}/2 & -\sqrt{3}/2 \\ 1/\sqrt{2} & 1/\sqrt{2} & 1/\sqrt{2} \end{bmatrix} \cdot A \cdot \begin{bmatrix} \cos(\theta - 0) \\ \cos(\theta - 2\pi/3) \\ \cos(\theta - 4\pi/3) \end{bmatrix}$$

$$= \sqrt{\frac{3}{2}} \cdot A \cdot \begin{bmatrix} \cos(\theta) \\ \sin(\theta) \\ 0 \end{bmatrix} \tag{4・19}$$

この空間ベクトル Λ の振幅成分は $\sqrt{3/2}\cdot A$ になるので，空間ベクトルでは単位法の基準値として $A_{0SV} = \sqrt{3/2}\cdot A_0$ を使用しなければならない.

$$\Lambda_{puSV} = \begin{bmatrix} A_{\alpha\_puSV} \\ A_{\beta\_puSV} \\ A_{z\_puSV} \end{bmatrix} = \frac{\sqrt{3/2}\cdot A}{A_{0SV}} \cdot \begin{bmatrix} \cos(\theta) \\ \sin(\theta) \\ 0 \end{bmatrix} = A_{puSV} \cdot \begin{bmatrix} \cos(\theta) \\ \sin(\theta) \\ 0 \end{bmatrix} \tag{4・20}$$

この空間ベクトルの成分を単位法に変換した変数には添字「$puSV$」を付加して区別する.

このように単位法といっても取り扱う変数や座標の種類により基準値が異なり，さらに変換順序や係数の統合によっても変換式が異なってくる．次式のよう

に，空間ベクトルをα-β座標成分に簡素化し，具体的な三相交流電圧の瞬時値 (v_u, v_v, v_w) や電流の瞬時値 (i_u, i_v, i_w) にて表すと，三相二相変換で空間ベクトルにしてから単位法に変換する場合と，先に式(4・18)の単位法変換を適用してから三相二相変換する場合との差異が明確になる．

$$C = \sqrt{\frac{2}{3}} \cdot \begin{bmatrix} 1 & -1/2 & -1/2 \\ 0 & \sqrt{3}/2 & -\sqrt{3}/2 \end{bmatrix}$$

$$\begin{bmatrix} v_{\alpha\,puSV} \\ v_{\beta\,puSV} \end{bmatrix} = \frac{1}{A_{0SV}} \cdot \left\{ C \cdot \begin{bmatrix} v_u \\ v_v \\ v_w \end{bmatrix} \right\} \sqrt{\frac{2}{3}} \cdot \left\{ C \cdot \frac{\sqrt{3/2}}{V_{bL}} \begin{bmatrix} v_u \\ v_v \\ v_w \end{bmatrix} \right\} = C \cdot \frac{1}{V_{bL}} \begin{bmatrix} v_u \\ v_v \\ v_w \end{bmatrix} \quad (4 \cdot 21)$$

$$\begin{bmatrix} i_{\alpha\,puSV} \\ i_{\beta\,puSV} \end{bmatrix} = \frac{1}{A_{0SV}} \cdot \left\{ C \cdot \begin{bmatrix} i_u \\ i_v \\ i_w \end{bmatrix} \right\} \sqrt{\frac{2}{3}} \cdot \left\{ C \cdot \frac{1}{\sqrt{2} \cdot I_b} \begin{bmatrix} i_u \\ i_v \\ i_w \end{bmatrix} \right\} = C \cdot \frac{1}{\sqrt{3} \cdot I_b} \begin{bmatrix} i_u \\ i_v \\ i_w \end{bmatrix}$$

$$(4 \cdot 22)$$

基準値 $A_0 = \sqrt{2/3} \cdot V_{bL}$ にて三相交流の単位法に変換してから空間ベクトルに再変換するには，基準値を変更（$A_{0SV} \to A_0$）するための補正係数 $\sqrt{2/3}$ が必要になる．この係数 $\sqrt{2/3}$ と基準値とをまとめれば v_u / V_{bL} のように簡素化でき，$A_{0SV} = V_{bL}$ であるので，これは直接に空間ベクトルの単位法へ変換していることになる．しかし，v_u / V_{bL} には補正係数が含まれているので，定格条件では $\sqrt{2/3}$ 〔p.u.〕にしかならない．また，電流の場合には $A_{0SV} = \sqrt{3} \cdot I_b$ を使用する．

逆に，単位法の空間ベクトル成分から SI 単位系の三相交流成分に戻す場合には，次式を使用すればよい．

$$[v_u(t), v_v(t), v_w(t)]^T = V_{bL} \cdot C^{-1} \cdot [v_{\alpha\,puSV}(t), v_{\alpha\,puSV}(t)]^T \quad (4 \cdot 23)$$

$$[i_u(t), i_v(t), i_w(t)]^T = (\sqrt{3} \cdot I_b) \cdot C^{-1} \cdot [i_{\alpha\,puSV}(t), i_{\alpha\,puSV}(t)]^T \quad (4 \cdot 24)$$

さらに次式の回転座標変換 P も組み込めば，三相交流の瞬時値（SI 単位）と d-q 座標の空間ベクトル成分（単位法）との相互変換は，**図 4・26** のようなブロック図で取り扱えるようになる．

$$P(\theta) = \begin{bmatrix} \cos(\theta) & \sin(\theta) \\ -\sin(\theta) & \cos(\theta) \end{bmatrix} \quad (4 \cdot 25)$$

4・5・4 電圧電流方程式と時間の単位法

次式の空間ベクトルの電圧電流方程式を単位法で取り扱うには，電圧や電流だ

4·5 ディジタル演算技術（空間ベクトル座標系の単位法）

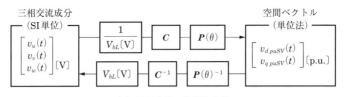

(a) 電圧成分の単位法変換

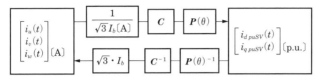

(b) 電流成分の単位法変換

図4・26 三相交流瞬時値（SI単位）とd-q座標空間ベクトル（単位法）の変換

けでなく係数行列の内部要素も単位法に変換しなければならない．

$$\begin{bmatrix} v_d \\ v_q \end{bmatrix} - \begin{bmatrix} 0 & -\omega \\ \omega & 0 \end{bmatrix} \cdot \begin{bmatrix} \Psi_a \\ 0 \end{bmatrix} = \begin{bmatrix} R+p \cdot L_d & -\omega \cdot L_d \\ \omega \cdot L_d & R+p \cdot L_d \end{bmatrix} \cdot \begin{bmatrix} i_d \\ i_q \end{bmatrix} \quad (4 \cdot 26)$$

抵抗とインダクタンスについては，どの単位法基準であっても電圧と電流つまり分母と分子は同じ変換係数が打ち消し合うので，式(4・16)がそのまま適用できる．しかし時間微分については，新たに時間の単位法を定義する必要がある．

すでに定格周波数f_bを基準値と定義しているので，次式のように基準値ω_bを使えば角周波数を単位法に変換でき，さらに位相角の基準値を$\theta_b=1$〔rad〕に選定して時間を単位法に変換する．

$$\omega_{pu} = \omega/\omega_b, \quad 基準値は \omega_b = 2\pi \text{〔rad/s〕} \cdot f_b \text{〔Hz=c/s〕} \quad (4 \cdot 27)$$

$$\theta_{pu} = \frac{\theta \text{〔rad〕}}{\theta_b \text{〔rad〕}}, \quad 基準値は \theta_b = 1 \text{〔rad〕} \quad (4 \cdot 28)$$

この位相角の基準値を定義したことにより，時間の基準値t_bと単位法への変換式は

$$t_{pu} = \frac{t \text{〔s〕}}{t_b \text{〔s〕}} = \omega_b \cdot t, \quad 基準値は t_b = \frac{1 \text{〔rad〕}}{\omega_b \text{〔rad/s〕}} = \frac{1}{\omega_b} \text{〔s〕} \quad (4 \cdot 29)$$

となり，微分（$p=d/dt$）についても式(4・29)で時間を変数変換すれば，次式のような単位法における微分に置き換えることができる．

$$\frac{d}{dt_{pu}} = \frac{1}{\omega_b \text{〔1/s〕}} \cdot \frac{d}{d(t \text{〔s〕})}, \quad 微分演算子では p_{pu} = \frac{1}{\omega_b} \cdot p \quad (4 \cdot 30)$$

したがって，式(4・26)を単位法の方程式に変換するためには，電圧と電流および鎖交磁束などの変数を単位法に置換し，また同様に係数行列の内部要素も回路定数や時間微分を単位法の値に置き換えればよい．

$$\begin{bmatrix} v_{d\,puSV} \\ v_{q\,puSV} \end{bmatrix} - \begin{bmatrix} 0 & -\omega_{pu} \\ \omega_{pu} & 0 \end{bmatrix} \cdot \begin{bmatrix} \Psi_{a\_puSV} \\ 0 \end{bmatrix} \quad (4\cdot31)$$

$$= \begin{bmatrix} R_{pu}+p_{pu}\cdot L_{d\,pu} & -\omega_{pu}\cdot L_{q\,pu} \\ \omega_{pu}\cdot L_{d\,pu} & R_{pu}+p_{pu}\cdot L_{q\,pu} \end{bmatrix} \cdot \begin{bmatrix} i_{d\,puSV} \\ i_{q\,puSV} \end{bmatrix}$$

以上のように時間を含めてすべての変数や定数を単位法に変換してしまえば，以降はあたかもSI単位と同様に過渡現象も演算することができる．

4・5・5 単位法における連続系と離散系のPMモータモデル

式(4・26)のモデルを状態方程式に変換すると，図4・27のようなブロック図で表すことができる．同図(a)がSI単位系における空間ベクトルのモデルであり，これを単位法に変換したモデルが同図(b)である．ここで，時間の単位法の概念は普及していないので，積分ブロックのみ式(4・30)による変数変換（$1/s_{pu} = \omega_b/s$）を適用しているが，本質は単位法の時間積分のことである．この変更により，他の変数は単位法〔p.u.〕であっても，時間だけはSI単位の秒〔s〕で取り扱える．さらにオイラー近似を適用した離散系モデルに変換するためには，図4・16(b)のサンプル時間を$T_s \to T_{s\,pu}$〔p.u.〕（$=\omega_b$〔1/s〕$\cdot T_s$〔s〕）に変更してから，積分項を置換すればよく，図4・27(c)のような離散系モデルとなる．

このように，連続系と離散系のどちらにおいても，単位法のモデルをSI単位と同様に取り扱うことができる．また，この3種類のモデルを比較すれば演算量もほぼ変わらないことがわかる．したがって，単位法を適用してオーバフローや桁落ちが生じないように小数点位置や桁数を選定すれば，固定小数点データでも十分な精度でモータモデルや制御演算が取り扱えるようになる．

4・5・6 機械系の単位法変換

図4・28では，基準値を機械系のトルクτ_bと角速度ω_{mb}に設定して単位法のトルクτ_{pu}と角速度ω_{pu}に変換し，そして積分係数（慣性モーメントJ_m）の前後に基準値の逆数を補正している．この積分項の係数をまとめると次式のような積分時定数T_Mになる．電気系でも同様に，基準値を$\omega_b = \omega_{mb}\cdot(P/2)$と$\tau_{eb} = \tau_b/(P$

4·5 ディジタル演算技術（空間ベクトル座標系の単位法）

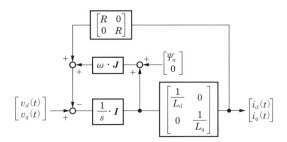

(a) SI単位の連続系モデル

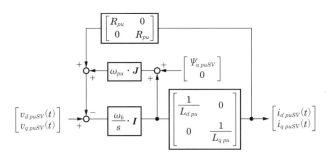

(b) 単位法の連続系モデル（時間のみSI単位に逆変換）

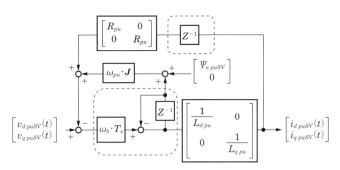

(c) 単位法の離散系モデル（オイラー近似，サンプル時間T_s〔s〕）

図 4・27 SI単位と空間ベクトルの単位法で表したPMモータモデル

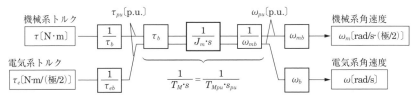

図 4・28 機械系モデルの単位法変換（慣性モーメントJ_m→時定数T_M）

/2），慣性モーメントを $J_m/(P/2)^2$ とすれば同じ時定数になる．

$$T_M = \frac{J_m \cdot \omega_{mb}}{\tau_b} = \frac{J_m/(P/2)^2 \cdot \omega_b}{\tau_{eb}}, \quad P/2\text{は極対数} \quad (4 \cdot 32)$$

さらに式（4・29）と式（4・30）で示した時間の単位法変換により，時定数を T_{Mpu}（$=\omega_b \cdot T_M$）に，時間積分を $1/s_{pu}$（$=\omega_b/s$）に置き換えれば，単位法の機械モデルになる．また，両方とも時間の単位であるので変換係数を相殺すれば，式（4・33）のようにSI単位の時定数と積分演算と等価になる．したがって，モータモデルと異なり，機械系モデルの時間だけを秒〔s〕で取り扱うには，入出力は単位法としておき，時定数と時間積分を一緒にSI単位に変数変換する．

$$\omega_m = \frac{1}{J_m} \cdot \frac{1}{s} \cdot \tau \quad \rightarrow \quad \omega_{pu} = \frac{1}{T_{Mpu}} \cdot \frac{1}{s_{pu}} \cdot \tau_{pu} = \frac{1}{T_M} \cdot \frac{1}{s} \cdot \tau_{pu} \quad (4 \cdot 33)$$

慣性モーメントの値はモータ出力の大小によって大幅に変化するが，単位法の時定数を使えば変化幅が小さくなり，固定小数点の有効桁数も少なくできる．

トルクは（電力／角周波数）の単位であるので，電圧と電流および角周波数の基準を定めれば，トルクもこれに準じなければならない．しかし実際には，損失や製造のばらつきなどを考慮して，銘板の電流定格などは裕度を含んだ大きめの値に設定されている．そのため，銘板値を使って電流やトルクを単位法に変換しても，定格条件で1〔p.u.〕にならないことが多い．そのため単位法では，この誤差成分をトルク係数 K_τ に含めて補正するなどの対策が必要になる．

4・6 ディジタル制御実装のためのハードウェア

4・6・1 マイコンを用いたインバータ制御回路

今日，センサレス制御は産業用汎用インバータから民生用インバータまで広く適用されている．これらの制御方式は，ディジタル化されマイコンに実装される．

マイコンには，モータ制御を実現するためのPWMキャリヤ信号や割込信号などを生成するための高性能なタイマが用意されている．近年では，過電流検出，モータ電流検出や位置検出用の周辺回路（コンパレータ，オペアンプ，エンコーダタイマ，レゾルバ/ディジタル（R/D）変換回路）までが内蔵されたマイコンが登場し，基板の小形化と低コスト化が実現されている．図 **4・29** は，ルネサスエレクトロニクス製のモータ制御用マイコンRX62Tシリーズの機能ブロック図である．

4・6 ディジタル制御実装のためのハードウェア

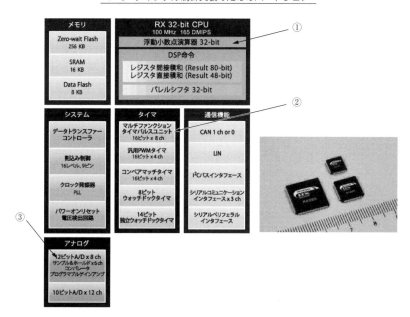

図4・29 モータ制御用マイコン RX62T シリーズの機能ブロック図[6]

ベクトル制御演算やセンサレス制御アルゴリズムは，ソフトウェアとして浮動小数点演算器32ビット（①）に実装される．周辺ハードウェアとして，PWMキャリヤ信号，割込信号，デッドタイムを生成するマルチファンクションタイマパルスユニット（②），モータ電流検出（過電流保護，同期サンプリングや1シャント，3シャント）を実現するアナログ機能（③）などから構成される．

図4・30にインバータ制御回路の構成例として，エアコン室外機用モータドライブシステムを示す．通常，エアコン室外機では，一つのマイコンで要求されるすべての機能を実行する．室外機には，コンプレッサモータとファンモータがあり，それぞれセンサレス制御で駆動することが一般的である．同時に交流電源から直流を得るためのAC/DCコンバータの制御，異常検出やエアコンシステム制御まで実行する．また，同図では，モータの相電流は1シャント方式により検出している．A/Dコンバータ（図ではADC）では，モータ制御に必要な電流・電圧情報のほかにも各部の温度検出も行う．インバータ制御回路では，パワー素子やモータを過電流から保護するための回路が設けられ，過電流を検知するとただちにPWMのゲート出力を遮断する．

図4・31に，エアコン室外機の制御基板の実物写真を示す．1.5 kW程度のコ

4章 モータ制御系の実際

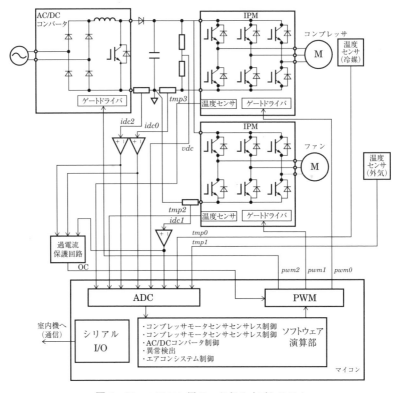

図4・30 エアコン用モータドライブシステム

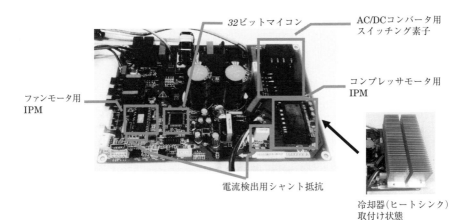

図4・31 エアコン室外機制御基板(写真)

ンプレッサモータを駆動する IPM と AC/DC コンバータ部には冷却器（ヒートシンク）が取り付けてある．一方，40 W 程度のファンモータを駆動する IPM は電力損失が小さいため冷却器は付いていない．電流検出用のシャント抵抗の大きさも異なり，ファンモータでは表面実装型のチップ型となっている．

4・6・2　電流検出，位置検出などの周辺回路技術
〔1〕電流検出回路

図 4・32 に一般的な電流検出回路の構成を示す．電流センサの出力信号は，電流に比例した電圧が出力され，増幅器を介してマイコンの A/D コンバータに入力される．電流センサの出力信号には，インバータのスイッチングによるノイズが重畳するため，適切なローパスフィルタによりノイズ分を除去する必要があり，また，A/D 変換誤差を小さくするため，A/D コンバータの入力端子に接続される増幅回路のインピーダンスを低くする必要がある．図 4・32 では，ローパスフィルタと A/D コンバータ間にオペアンプでバッファを構成している．電流センサと A/D コンバータの配線長やノイズが大きい場合，およびシャント抵抗のように微小電圧を検出する場合には，図 4・33 のようにオペアンプで差動増幅器を構成する．

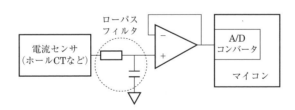

図 4・32　一般的な電流検出回路

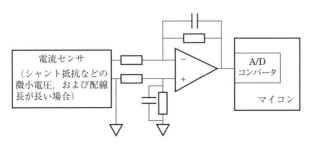

図 4・33　差動増幅器を用いた電流検出回路

4章 モータ制御系の実際

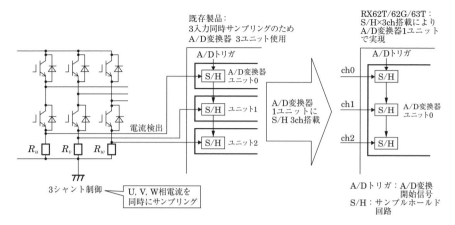

図 4・34　3 シャント検出のための A/D コンバータ構成例

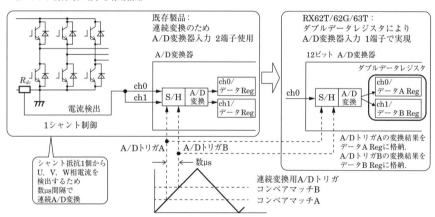

図 4・35　1 シャント検出のための A/D コンバータ構成例

　図 4・34 は，モータ制御用マイコン RX62T シリーズにおけるモータ相電流を検出（3 シャント検出）するための A/D コンバータの構成例である．従来，3 シャント電流検出では，三つの A/D コンバータを用いて同時サンプリングする必要があったが，現在では一つの A/D コンバータに三つのサンプルホールド（S/H）があることにより，容易に 3 シャント電流検出を実現できる．このようにマイコンにもインバータ制御に適した機能が提供されている．図 4・35 は，1 シャント電流検出の A/D コンバータの構成例であり，一つの A/D コンバータ入力

端子に，PWMスイッチングに応じた2点の時刻をサンプルするための二つのデータレジスタを設けることにより，マイコンのA/Dコンバータ入力を削減できる．これにより，マイコンのリソースを有効活用できる．

〔2〕位置検出回路

図4・36は，レゾルバによる位置検出回路の例である．レゾルバの位置検出には，レゾルバ/ディジタル（R/D）変換器ICを用いることが一般的である．R/D変換器では，レゾルバ励磁信号（10 kHz程度）を生成し，外部の増幅回路により数十 mAの励磁信号に変換する．$\sin\theta$と$\cos\theta$の二相電圧は，R/D変換器内蔵の差動増幅器に入力される．R/D変換器の演算処理により位置信号をABZ信号に変換し，これをカウンタにより位置検出に変換する．

ABZ信号は，90°位相差のA相，B相の二つの信号と原点信号であるZ相から構成される．回転方向は，A相とB相の位相差から検出され，角度の原点は，Z

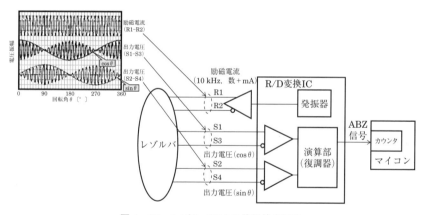

図4・36 レゾルバによる位置検出回路

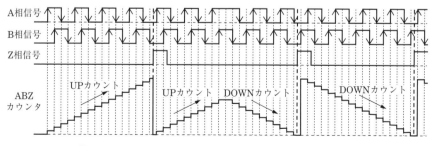

図4・37 ABZエンコーダパルスとup/downカウンタ動作

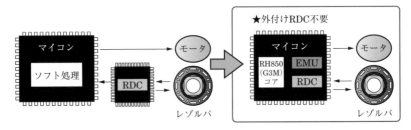

図4・38 R/D変換器内蔵マイコン（ルネサスエレクトロニクス RH850 シリーズ)[6]

相信号から検出される．マイコンには，このABZカウンタを処理するための専用のハードウェアが実装されている．図4・37にABZカウンタの動作波形を示す．A相とB相のパルス信号の立上り／立下りエッジ検出と逆側の相パルスのH/L状態との組合せによりカウンタのup/downを行う．Z相を検出するとカウンタ値はゼロクリアされる．二相のパルス信号の立上り／立下りの両エッジを検出するため，ABZカウンタの最大値は，1回転における一相のパルス数の4倍となり，この最大値が機械的な360°を表す．

近年では，図4・38のように，システムの小形化と信頼性向上のため，R/D変換器（図ではRDC）をマイコンに内蔵しているものもある．

■引用・参考文献

1) 工藤純，野口季彦，川上学，佐野浩一：「IPMモータ制御システムの数学モデル誤差とその補償法」，電気学会研究会資料，SPC-08-25，pp.25-30（2008）

2) イブ・トーマス，中村尚五：「プラクティス　デジタル信号処理」，東京電機大学出版局（1995）

3) 谷萩隆嗣：「ディジタルフィルタと信号処理」，コロナ社（2001）

4) シミュレーション・ソフトウェアでの離散時間積分の一例として
The MathWorks, Inc.：「Discrete-Time Integrator」，http://jp.mathworks.com/help/simulink/slref/discretetimeintegrator.html

5) 山本康弘，小玉貴志，山田哲夫，市岡忠士，丹羽　亨：「PWM同期電流サンプルによる誘導電動機のディジタル電流制御法」，電学論D, Vol.112, No.7, pp.613-622（1992）

6) ディジタル制御実装のためのハードウェアについてのマイコン関連資料としてルネサスエレクトロニクス株式会社：マイコンの説明および製品写真
https://www.renesas.com/ja-jp/

5章 センサレス制御の実用化例

本章では、センサレス制御の実用化例として，一般産業，鉄道，自動車，家電分野への応用事例を紹介する．実用化例では，2～4章の技術をベースにして，それぞれの製品仕様に合わせたさまざまな工夫がなされている．

5・1 センサレス制御導入のメリット・デメリット

実製品において，センサレス制御を採用するメリットを以下に挙げる．

(1) メリット
①センサ削減，ならびにセンサへの配線の削減による低コスト化
②センサの取付け・調整作業の排除
③センサ排除による装置のコンパクト化
④センサ排除による信頼性の向上
⑤センサ取付け困難な過酷環境下でのモータ駆動が可能

上記のように，コストメリット（①，②），小形化（③），故障リスクの低減（④），応用製品の拡大（⑤）など，センサレス化の効果は多岐にわたる．

また，センサレス制御を用いる場合に，デメリットとなる可能性のある事項は以下である．

(2) デメリット
①モータ定数の合わせ込み作業
②モータ定数への依存性が強くなり，ロバスト性劣化の懸念
③応答劣化の可能性（推定系と，電流制御系，速度制御系の干渉の問題）
④起動シーケンスの複雑さ，速度に応じた方式切換えによる切換えショック
⑤停止・低速センサレスにおける電磁騒音の増大化

これらのデメリットは，採用するセンサレス方式によっては解決できるものもあるが，原理上の問題として起こり得る課題である．

実用化においては，上記デメリットが製品仕様に影響しないように設計した

り，あるいはシステムとしての工夫（動かし方，指令の与え方など）により回避している．

5・2　産業分野への応用（低圧モータ）
5・2・1　産業分野におけるセンサレス技術

図5・1は汎用インバータの適用製品をまとめたものである[1]．ファン，ポンプ，圧縮機用途が30％を超えるが，適用用途は多岐にわたり，それぞれの製品においてさまざまな課題がある．ファンやポンプでは，一般に低速でのトルクが小さいため，V/f 一定制御でも駆動可能である．しかし，短時間で立ち上げたい用途（最短加速が必要な用途）や，油圧ポンプのように負荷変動の激しい用途では，トルクを制御できるセンサレスベクトル制御の方が適している．また，コンベアやクレーンのような用途（輸送機械）は，起動トルクが重要となるため，センサレスベクトル制御の導入が望ましい．

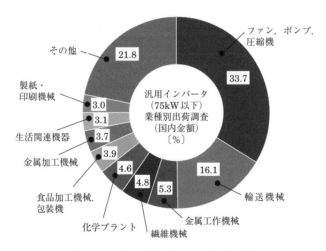

図5・1　汎用インバータの適用製品[1]

図5・2に，汎用インバータとサーボモータの技術の変遷を示す．汎用インバータでは，1990年代からセンサレス制御の導入が始まり，定数未知モータを駆動するためのオートチューニング技術も，かなり早い時期から導入されている．また，装置の高効率化や小形化のニーズから，永久磁石同期電動機への対応も2000年以降進んでいる．

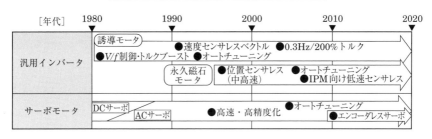

図 5・2 産業分野におけるセンサレス制御の変遷

　サーボモータは，AC化以降，高速応答化・高精度化が進んだが，センサレス化は困難であり，エンコーダ付きが主流である．しかし，一部の製品においては，永久磁石モータの専用設計によるセンサレス制御（エンコーダレス）が実用化されている．

　これらのセンサレス制御に使用される技術は，本書2〜4章の技術を応用したものが大半であり，交流モータのセンサレス制御は，産業分野の応用事例によって培われてきた技術といえる．

5・2・2　汎用インバータにおける誘導電動機のセンサレス制御

　汎用インバータにおける誘導電動機のセンサレス制御技術は，3章に記載したように，基本的には速度誘起電圧の推定に基づく方式を採用している．各メーカによって多少の構成の違いはあるものの，現在の性能はほぼ横並びであり，原理的に大きな違いはないといえる．

　図5・3は，誘導電動機のセンサレス制御として，初期の段階で提案されたブロック構成図である[2]．速度制御器，電流制御器が備えられており，速度センサ付きベクトル制御にかなり近い構成である．特徴的な部分は，電圧指令演算（v_{1d}^*, v_{1q}^*）に，モータモデルを用いている点が挙げられる．特にq軸の電圧指令v_{1q}^*は，r_1，ならびにL_1を用いてフィードフォワード演算により求めている（図の①の部分）．また，q軸の電流制御器出力が一次角周波数ω_1であり，電流制御器が速度推定（この場合は，一次角周波数推定）を兼ねている（②の部分）．電流制御器がω_1を出力することで，v_{1q}^*の速度起電圧を補正することとなり，q軸電流が指令に一致すれば，速度起電圧も一致し，速度も一致する構成となっている．速度推定は，滑り周波数ω_sをω_1から差し引くことで求めている（③の部分）．

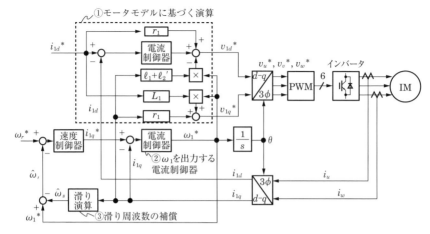

図 5・3 誘導モータのセンサレス制御の構成（1987 年提案）[2]

　図5・3の方式の課題は，電流制御応答と，速度推定応答が個別に設定できない点である．この欠点を解決するため，誘起電圧オブザーバのように，電流制御器から独立した推定器を設ける方式が開発され（3章参照），実用化が進んでいる．

5・2・3　エンコーダレス位置制御への応用事例

　永久磁石同期電動機のセンサレス技術は，ファン，ポンプ，圧縮機など，基本的に低速域ではトルクを必要としない用途を中心に広がっている．そのため，センサレス技術としては，速度起電圧の推定に基づく手法が一般的である．低速域で定常的に使用されることはなく，加速中に単に通過するだけとして，低速域の100％トルクを保証していない汎用インバータが多い．

　3章に示したように，突極性を利用したセンサレス技術を適用すれば，零速度からのセンサレス化が可能である．ただし，駆動モータとして，どのようなモータが接続されるかがわからない"汎用"インバータでは，低速センサレスの一般化は難しい．一部のメーカでは，低速センサレス用の専用モータを用意して対応している．

　これに対し，インバータとモータを組み合わせて製品化しているサーボモータでは，低速センサレス用モータの専用化は比較的容易である．簡単な位置決め制御や，ロボット，移動体制御用を目的とした「エンコーダレスによる位置制御」の製品化例を以下に示す[3]．

文献3）における技術は，基本的には埋込磁石による突極性を利用した方式であり，原理図，ならびにブロック構成を，**図5・4**，**図5・5** に示す．制御軸（γ軸）に高周波電圧を印加し，その結果生じる高周波電流を，γ軸から±45°ずらした d^m-q^m 軸上で観測する．このとき，各 d^m-q^m 軸上の高調波電流は，モータのインピーダンスに応じて発生する．モータのインピーダンスは，突極性の影響によって，図5・4に示すように楕円となる．γ軸と d軸（モータの磁極位置）が一致していれば，d^m-q^m 軸上の高調波電流の発生量は等しいはずである．両者の差分から位置誤差 θ_e を計算し，これを補償することで位置推定を実現する．

エンコーダレスサーボは，精密部品であるエンコーダを取り去ったことにより，衝撃・振動に強くなり，またエンコーダが不要となった分，軸方向の長さが

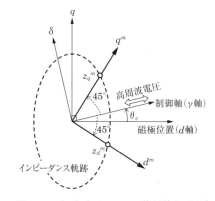

図5・4 埋込磁石モータの位置検出原理[3]

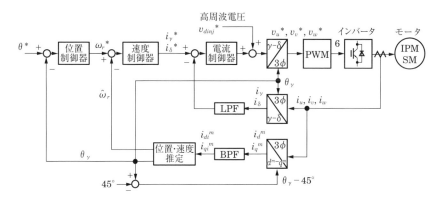

図5・5 エンコーダレス位置制御の構成[3]

短くなり，モータの小形化に大きく貢献できる．

5・3　産業分野への応用（高圧モータ）

　誘導電動機は直流電動機に比べ，構造が簡単であることや，堅牢，省メンテナンス，大容量化が容易であることから，ポンプ，送風機，圧縮機をはじめとした産業機械の動力源として広く適用されてきた．近年，パワーエレクトロニクスの発展により，高圧・大容量電動機を，インバータによって可変速駆動する事例が増加し続けている[4]．

　高精度な速度制御が不要であったポンプ，送風機，圧縮機などの大容量電動機駆動では，比較的制御の容易な V/f 制御が用いられてきた一方で，近年の制御技術の発達によりセンサレスベクトル制御も多く適用されてきている．さらに，V/f 制御では実現できなかった電流制御が必要な大容量アプリケーションへのセンサレスベクトル制御の適用も拡大してきている．

5・3・1　インバータの高圧・大容量化

　1章で述べられた低圧の三相フルブリッジ電圧形インバータに対し，高圧電動機を駆動するインバータ回路として，図5・6 に示すマルチレベルインバータがよく知られている[5)6)]．各相に単相インバータを直列に接続することで高電圧を出力するが，単相インバータ自体は，低圧の電圧形インバータで採用される半導体素子と同等の電圧，電流定格であり，入手性，コストパフォーマンスに優れている．これら低圧の半導体素子を使用した単相インバータであっても，その直列

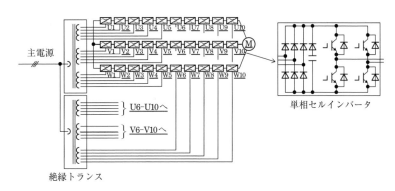

図 5・6　マルチレベルインバータ

接続数を増やすことで,3.3 kV から 11 kV までの高圧電動機を直接駆動できる.

5・3・2 高圧インバータのセンサレスベクトル制御

速度制御性能の向上を要求されるケースや,アプリケーション適用において電流制御が必要なケースでセンサレスベクトル制御が適用されている.

図5・7にマルチレベルインバータ向けセンサレスベクトル制御ブロック図を示す.

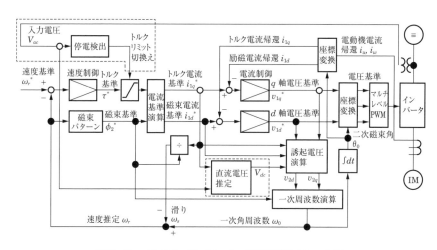

図5・7　マルチレベルインバータ向け制御ブロック図

図5・7では,電動機への電圧基準と電流フィードバック値によって速度を推定し,電動機電流をトルク成分と励磁成分に分離して制御する滑り周波数制御形ベクトル制御をベースにしている.マルチレベルインバータの特徴として単相インバータが多数あり,各直流電圧値を検出するための回路が高コストとなる欠点がある.図5・7では個々の直流電圧を検出する代わりに,入力交流電圧とトルク電流値から平均の直流電圧を推定し,これを速度推定に用いている.インバータへの要求機能の一つとして,系統電源に瞬時停電が発生した場合,速やかにインバータ運転を停止し,復電後に再起動を安定に行う機能がある[7].一方で,系統電源の瞬時停電が発生した場合でも,トルク電流を絞り,励磁電流を流し続けて運転を継続するため,図5・7の直流電圧推定ブロックにおいて,停電時の直流電圧の放電カーブを模擬し,停電中も速度推定を継続して行う[8].図5・8にマ

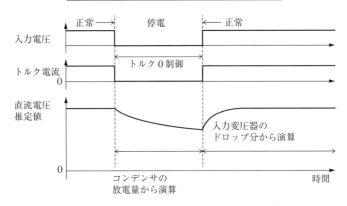

図 5・8　マルチレベルインバータの直流電圧推定

ルチレベルインバータの直流電圧推定の波形例を示す．

　上述の，直流電圧と電圧基準から速度を推定する方法に対し，モータの残留磁束によって生じる微小な誘起電圧を高精度電圧センサによって直接検出し，その周波数から空転中の速度を検出することも可能である．ただし，検出回路は，高圧回路であり，安全な絶縁のために高コストとなりがちであったが，絶縁用フォトカプラや光リンカの高機能・高耐圧化・低価格化に伴い，高圧インバータへの電圧検出回路の適用が進み，速度推定精度の向上と電源擾乱時の安定性が向上している．

　さらに，出力電圧検出器を高圧インバータに適用することで，以下の二つの利点が新たに生まれた．

(1) 従来，空転中の電動機を再起動させる場合，特定の電流を流すことによって空転速度を推定していたが，電動機電圧を直接検出することで，電流を流すことなく電動機空転時の速度を検出でき，不用意な過電流や外乱トルクを生じるリスクを減らすことが可能となった．

(2) インバータ駆動では，電力変換器の変換ロスが少なからずあるため，商用周波数に近い速度の場合は，商用駆動した方がシステム効率はアップする．商用駆動とインバータ駆動を切り換える機能を商用同期機能と呼ぶが，電動機電圧を検出することで，商用駆動中の電動機速度・位相を監視することが可能となり，インバータ駆動への切換えを，高速・安定に制御することが可能となった．図 5・9 に高圧インバータの商用同期波形を示す．

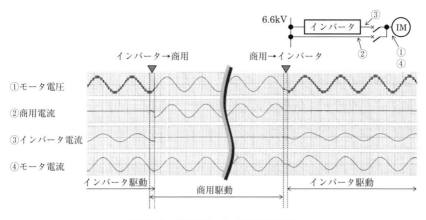

図5・9 高圧インバータの商用同期

5・3・3 高圧インバータのセンサレスベクトル制御適用事例

高圧・大容量電動機システムへのセンサレスベクトル制御の適用によって，ポンプ，送風機，圧縮機といった厳密な速度制御が不要だったアプリケーションだけでなく，さまざまな新しいアプリケーションへの適用が増えてきている．図5・10に圧縮機のガスタービン駆動システムのトルクヘルパーシステムの構成例を示す．

従来から大容量圧縮機を駆動する動力源としてガスタービンやスチームタービンが使われてきたが，燃焼効率やCO_2削減の課題から，電動化への動きが加速している．一方で，大容量コンプレッサを単体電動機1台でカバーできないケースでは，タービン動力の一部を電動化する場合がある．圧縮機システムでは，通常，増速ギヤと商用周波数範囲の電動機により電動化を行うケースと，ギヤを用いずに超高速電動機をそのまま適用するケースとがある．後者の場合，高速の速度検出器が高価となるため，速度センサレス制御が好まれる．

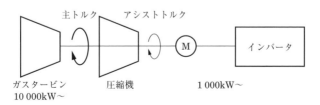

図5・10 大容量圧縮機トルクヘルパーシステムの構成図

図5·10の例では，ガスタービンによって駆動されている圧縮機に対して，空転している状態から電動機駆動を開始し，その後，外部のトルク基準に応じた電流制御を行い，ガスタービンの主トルクに対して電動機がトルクアシストする．この際，圧縮機システムへの外乱トルクの発生を抑えるため，以下の2点に注意する必要がある．

・起動時の圧縮機へのトルク変動を最小にするため，駆動前に速度を正確に推定する必要がある．
・トルク基準の急速な変化に対して，インバータ内部で d/dt 変化抑制レートをもつ．

5・4 鉄道分野への応用

鉄道車両駆動用ドライブシステムは主電動機として誘導電動機が多く用いられているが，最近では主電動機の容量の増加，保守性の向上，車両システムの信頼性の向上を目的として在来線向けを中心に速度センサレスベクトル制御が実用化されている[9]～[15]．一方，近年，環境問題への関心の高まりなどから，誘導電動機よりも高効率な永久磁石同期電動機の鉄道車両駆動用ドライブシステムへの導入が始まっている．永久磁石同期電動機ドライブシステムでは，すべての製品で位置センサレス制御構成を適用し，センサなどの削減による省スペース化，コスト削減，信頼性の向上，および，ぎ装配線の削減を実現している[16][17]．

本節では，鉄道分野のモータ制御に要求される仕様と誘導電動機，永久磁石同期電動機それぞれの適用事例を紹介する．

5・4・1 鉄道車両駆動用ドライブシステムでの要求仕様

鉄道用ドライブシステムの速度（位置）センサレス制御では，以下に挙げられる要求がある[9]～[15]．

①空転/滑走への対応

電車駆動において雨天時などに車輪空転が発生する．その際，急加減速に追従する応答性が要求される．

②後退/微速前進起動

坂道などでロータが回転している状態から，インバータを起動し加速する．したがって，インバータ周波数 0 Hz の通過を含む低速域で高トルクの実現が要求

される．

③惰行再起動

　鉄道用ドライブシステムでは，走行抵抗が低いことから，しばしば高速域でインバータを停止し惰性で走行する（惰行）．センサレス制御では，惰行状態から速度（および位置）を推定して起動することが要求される．

④低騒音化

　低速域では，機械騒音が少なく電磁騒音が支配的になる．したがって，インバータから発生する高調波の電流によって発生する電磁騒音を抑制することが要求される．特に，高調波注入方式を利用する永久磁石同期電動機ドライブシステムでは注入する高調波による電磁騒音の低減が求められる．

⑤1インバータ複数台駆動

　誘導電動機ドライブシステムでは，1台のインバータで複数の誘導電動機を駆動することが要求される．個別の回転周波数を用いて空転／滑走を検出することができないが，センサありのシステムと同等の空転粘着制御性能が要求される．

5・4・2　誘導電動機ドライブシステムへの適用事例

　誘導電動機ドライブシステムでは，誘起電圧方式[9]，適応磁束オブザーバ方式[10]など各社さまざまな制御[11]〜[14]を用いて速度推定を実施している．応用事例として，惰行再起動時の速度推定手段[10]を紹介する（図 5・11, 12）．

　誘導電動機では惰行状態には電動機電流・電圧ともに0になるため，速度の推定ができない．そこで，二次d軸誘起電圧が0になるように速度を推定する方法[9][15]，あるいは，直流励磁して電流の回転周波数から速度を推定する方法[10]などが適用されている．

5・4・3　永久磁石同期電動機ドライブシステムへの適用事例

　永久磁石同期電動機ドライブシステムでは，高速域では永久磁石による誘起電圧を利用した回転子位置推定（2・4・1項参照）を行い，誘起電圧の小さい低速とゼロ速時は，高調波注入（2・4・3項参照）によりモータの磁気突極性を利用することで，高精度に回転子位置を推定している[16]．応用事例として，低速域での電磁騒音低減手段[13]と惰行再起動手段[13]を紹介する（図 5・13）．

　電磁騒音を抑制する技術として，変移確率に基づく周波数分散手法である

5章 センサレス制御の実用化例

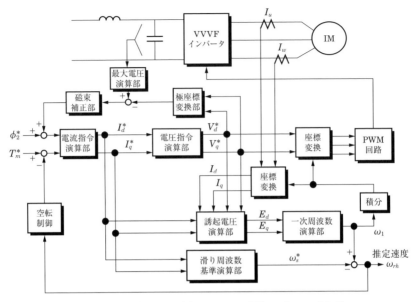

図5・11 誘導電動機速度センサレス制御のブロック図1[9]
（誘起電圧方式）

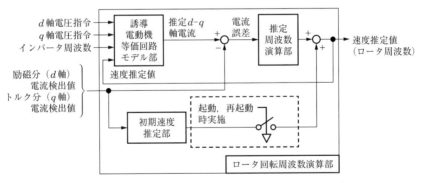

図5・12 誘導電動機速度センサレス制御のブロック図2[2]
（適応磁束オブザーバ方式）

VPC（Variable Probability Control）分散が適用されている．周波数分散手法は，注入する高調波電流の周波数を分散することで，特定の周波数成分を出さないようにしてピュアトーンを低減する手法であるが，VPC分散では，注入周波数を2値とし，その2値の周波数を選択する変移確率を操作することによって，

244

5・4 鉄道分野への応用

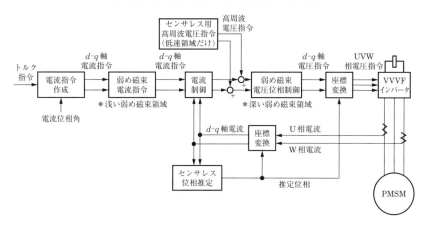

図 5・13 鉄道用永久磁石同期電動機位置センサレス制御のブロック図[16]

発生する高調波電流成分を制御している（**図 5・14**）．VPC 分散によって注入高調波の騒音レベルが 8 dB 低減でき，耳ざわりな騒音が抑制されている[17]（**図 5・15**）．

　永久磁石同期電動機では惰行状態に逆起電圧が発生するため，再起動の際には，過電流や過電圧が発生しないように逆起電圧を抑制しながら起動する必要がある．高速に電流制御を行いながら，位置・速度推定を行うことで，全速度域で安定した再起動が実現されている[17]（**図 5・16**）．

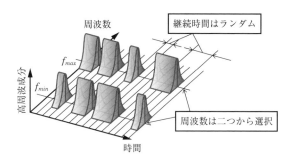

図 5・14 VPC 分散における注入高調波と周波数の関係[17]

245

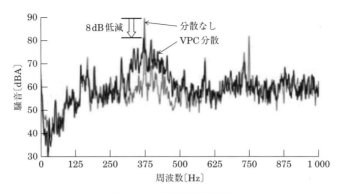

図5・15 騒音測定結果[17]

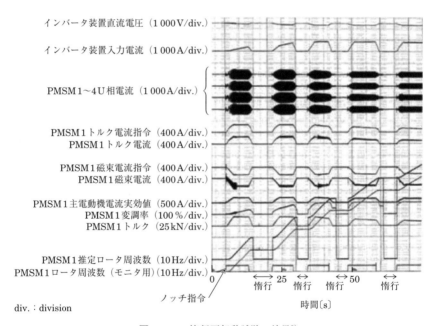

div.：division

図5・16 惰行再起動試験の結果[9]

5・5 自動車への応用

5・5・1 電動機の自動車用途

　地球温暖化，化石燃料の枯渇化といった環境/エネルギー問題が懸念されている中，自動車に対するCO_2削減や燃費改善の要求は近年ますます高まっており，

その一手段として，ハイブリッド車や電気自動車，燃料電池車など，電動車両の普及，開発が加速している．

また，電動車両に限らず，ガソリンエンジン車やディーゼルエンジン車においても，パワーステアリングはもちろんのこと，オイルポンプやウォーターポンプなど，電動化が進みつつある．

5・5・2　センサレス制御の車載応用

自動車に搭載される電動機は，高効率，耐久性などの観点から，永久磁石式同期電動機が多く採用されており，その中でもセンサレス制御は，速度を調整する冷却デバイスなどの車載部品に多く普及している（**表 5・1**，**図 5・17**）．

表 5.1　センサレス制御の車載応用事例

センサレス適用デバイス例	デバイスの車載用途
ウォーターポンプ	速度調整による流量（＝冷却能力）コントロール
オイルポンプ	
冷却ファン	

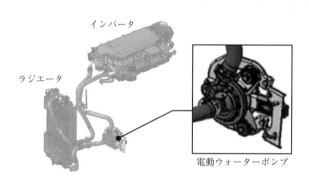

図 5・17　ハイブリッド車向け電動ウォーターポンプ

一方，電動車両の駆動モータなどでセンサレス制御が適用されるケースはまれであり，多くの場合，ロータ位置検出手段として耐熱性や耐油性に優れたレゾルバが採用されている．

センサレス制御の適用がまれな理由としては，以下に示す要求水準の高さが挙げられる．

・モータ定数ばらつき，環境条件（温度など）を加味したトルク/出力精度要

求
- モータ/インバータ最大定格使いきり要求
  (モータ減磁/インバータ電流マージン最小化による小形/コストダウン要求)
- 発進時/極低速時の音や振動といった車両商品性要求
- 運転手のパニックブレーキ，走行路面状態（水たまり，雪上路，でこぼこ路，道路びょうなど）によって引き起こされるモータ加速度変動に対する制御タフネス要求

5・5・3　センサレスベクトル制御の適用課題

本項では，電動車両の駆動モータに対するセンサレスベクトル制御の適用課題について，もう少し具体的な事例を挙げて述べる．

例えば，車両停止，低速走行時に永久磁石同期電動機の突極性を利用したセンサレスベクトル制御を適用した場合を考える．

高周波信号を重畳すると，モータに流れる相電流は**図 5・18**のような波形となるが，この場合，本来トルク発生に必要な電流以上の電流を流すことになり，モータ/インバータの電流/温度定格を守るために最大トルクを引き下げるか，あるいは最大トルクを維持するためにモータ/インバータの体格を大きくするといった対応が必要となってくる．

しかしながら，それは本来得ようとしていた車両としての性能を損なうリスク

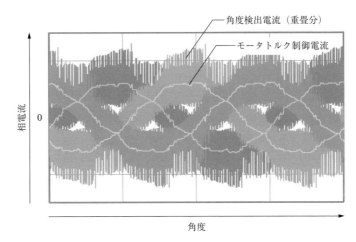

図 5・18　突極性を利用したセンサレスベクトル制御適用時の相電流波形例

につながってしまう．

また，重畳電流は周波数によっては音や振動となり，電動車両の価値である静粛性に影響を及ぼす可能性もある．

例えば，車両停止状態および極低速走行域では，インバータスイッチング素子の発熱集中を回避するため，PWM スイッチング周波数を相対的に下げる手法を採用するケースがあるが，この場合，音や振動の悪化はさらに顕著になる（**図 5・19**）．

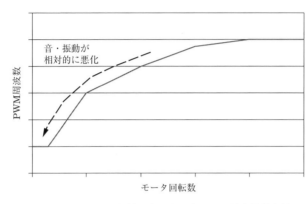

図 5・19　モータ回転数に応じた可変 PWM 周波数設定例

もう一つ別の事例を挙げる．

先述したように，自動車は運転手のパニックブレーキ，走行路面状態（水たまり，雪上路，でこぼこ路，道路びょうなど）によって，タイヤに急激な回転変動を与える場合があるが，これは駆動力を発生するモータにとっては加速度外乱となり，センサレス制御の安定性に影響を及ぼす．

図 5・20 に，ある電動車両を全開加速させた場合に，路面状態に応じて発生するモータ角加速度の比較結果を示す．

このように，路面によっては普通路と比較して非常に大きな角加速度が発生することがわかる．

制御タフネスを向上させるには応答性を高める必要があるが，定常安定性との両立と合わせ，十分に精査する必要がある．

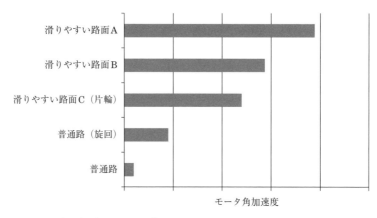

図5・20 全開加速時に路面状態に応じて発生するモータ角加速度の比較結果例

5・5・4 センサレス制御の今後の車載展望

センサレス制御はモータドライブシステムの小形，低コスト，搭載レイアウト自由度に大きく貢献する技術であり，自動車部品に広く普及している．

用途によっては適用上の課題も残るが，解決の方向性は明確なものとなっている．

・トルク/出力制御精度向上（ハードばらつき，環境因子含む）
・重畳電流の弊害回避（定格ダウン最小化，音/振動抑制）
・加速度外乱保証　など

今後の技術進化と合わせ，適用拡大に向けたセンサレス制御のさらなる発展に大いに期待する．

5・6 家電分野への応用

5・6・1 家電における制御構成

表5・2に，家電に用いられる位置/電流センサの構成，駆動波形（矩形波/正弦波）の一覧を示す．家電では，位置センサとしてホールIC（磁極の極性（S/N）を，"1"，"0"で検出するセンサ）を使用する場合も多い．本来は120°通電（矩形波）で駆動するためのセンサであるが，安価で小形なセンサであるため，そのまま正弦波駆動に利用している（洗濯機やファンモータなど）[18]．

また，家電ではもともと120°通電方式が主流であったこともあり，相電流セ

表5・2　家電における永久磁石同期電動機の制御構成

駆動波形	位置センサ（ホールIC）	回路構成	特徴／適用製品
120°通電	あり	マイコン／専用IC － インバータ － PM（ホールIC：位置センサ）	○位置センサ（ホールIC）使用 ○電流制御なしが一般的 ○専用ICが多数あり
			ファンモータ，情報機器，ほか
	なし	マイコン／専用IC － PM	○非通電相の速度起電圧を利用したセンサレス駆動 ○電流制御なしが一般的
			エアコン，冷蔵庫，ほか
正弦波	あり	マイコン － PM（ホールIC：位置センサ）	○位置センサ（ホールIC）使用 ○シャントによる電流情報利用の場合もある ○静音，高効率，短時間起動可
			洗濯機，ファンモータ駆動，井戸ポンプ，ほか
	なし（疑似正弦波）	マイコン／専用IC － PM	○位置センサレス ○120°通電の簡便性と，静音化を両立
			ファンモータ駆動，ほか
	正弦波（3シャント電流検出）	マイコン － PM（3シャント）	○位置センサレス ○相電流検出（3シャント）
			エアコン，冷蔵庫，ほか
	1シャント電流検出	マイコン － PM（1シャント）	○位置センサレス ○シャント電流からモータ相電流を再現
			エアコン，冷蔵庫，クリーナ（一部製品），ほか

ンサを用いる発想はなく，電流検出にはシャント抵抗が用いられる．

5・6・2　エアコン圧縮機駆動におけるセンサレス制御

　エアコンの圧縮機駆動には，古くから永久磁石同期電動機のセンサレス制御が採用されている[19]．エアコンは，**図5・21**に示すように冷媒の圧縮と膨張による熱交換を行う機器であり，圧縮機の駆動にモータを用いている．エネルギー消費を最小に抑えるには，室内外の温度に応じてモータを可変速駆動すべきであり，また，長時間にわたって駆動されるため，効率の良い永久磁石同期電動機の採用が望ましい．

　しかし，モータは高温・高圧の冷媒にさらされる圧縮機の中に密封されており，回転位置センサを取り付けるのは困難である．よって，効率の良い永久磁石同期電動機を採用するには，同時にセンサレス制御を導入せざるを得ない．

　1983年の実用化当初は，120°通電制御によるセンサレス駆動が採用されていた．この方式は，三相の巻線の中から，トルクの最も発生する二相を選択して通電し，回転子の位置に応じて通電相を順次切り換えていく方式である．電気角60°ごとの通電切換えを行うため，トルク脈動は生じやすくなるものの，きわめて簡便な駆動方式である．120°通電におけるセンサレス制御は，通電していな

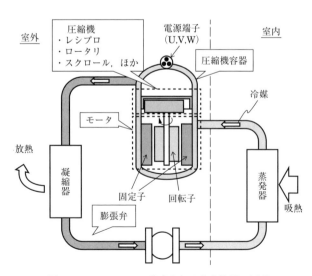

図5・21　エアコンに代表される熱交換器の原理

い相(非通電相)に生じる速度起電圧を検出することで位置情報を得ている.

近年では,産業用と同様にベクトル制御をベースとした正弦波駆動が一般的になりつつある.正弦波駆動採用に至る最大の理由は,高性能マイコンの低価格化である.2000年頃から,32ビットクラスのマイコンの価格が大きく下がり始め,家電製品に広く使用されるようになった.

5・6・3 家電に適した簡易型のベクトル制御

家電分野のモータ駆動には,一般的には速度制御が行われる.しかし,回転数は,産業分野に比べるとやや高速になる傾向にある.エアコンでは,高負荷時には8 000 r/min 程度で駆動され,4極モータとしても駆動周波数は267 Hz となる.高速駆動される永久磁石同期電動機は,d-q 軸間の干渉が強くなるため,本来であれば高サンプリングで制御する必要がある.しかし,高応答を必要とする産業用途とは異なり,あくまで動力源として定常状態を安定に,かつ,省エネに駆動できれば十分である.これらのことを考慮して,考案された方式が,**図5・22**の簡易型ベクトル制御方式である[20].この方式の特徴をまとめると,

(1) 電流制御器や速度制御器(フィードバックループ)がない,
(2) 制御上の回転座標軸(γ-δ軸)は,実際の回転子位置(d-q軸)に一致す

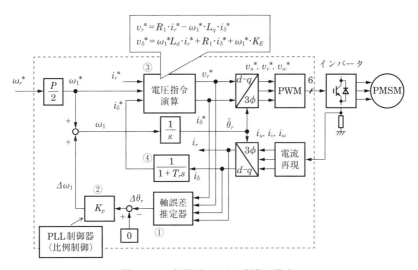

図5・22 簡易型ベクトル制御の構成

るように，PLL によってフィードバック制御されている（図 5・22 の「①軸誤差推定器」と「② PLL 制御器」）．
(3) 電圧指令 $v_\gamma{}^*$，$v_\delta{}^*$ は，駆動周波数指令と，モータ定数によるモデル式から求めている（図 5・22 の「③電圧指令演算」でフィードフォワード演算）．
(4) トルク電流指令 $i_\delta{}^*$ は，実際に流れた電流値 i_δ に基づいて，"後づけ"で計算している（図 5・22 の④一次遅れフィルタ）．
(5) 調整箇所は，PLL 制御の比例ゲインと，電流指令作成のためのフィルタ定数の 2 か所のみである．

この方式は，モータの d-q 干渉を刺激しないように，PLL ゲインを低めに設定することで，高速まで安定に駆動できるという特徴がある．また，電流制御がないことから，トルク応答はモータの電気時定数任せであるが，定常状態ではベクトル制御と全く同じ状態で駆動される．よって，圧縮機，ファン，ポンプなどの"動力用途"としては，永久磁石同期電動機の高効率なメリットは十分に発揮できる．また，アルゴリズムの簡便さや，高速域まで安定駆動が可能であるというメリットもある．

この方式は，ルームエアコンをはじめ，業務用のパッケージエアコンや冷蔵庫にも採用されている．特殊な例としては，コードレスクリーナへの採用例もある．コードレスクリーナでは，バッテリーを長持ちさせるため，高効率な永久磁石同期電動機が適しており，また，持ち運ぶことを考えると，コンパクトに実装できるセンサレスが望ましい．図 5・22 の方式を採用し，最高速度 50 000 r/min（駆動周波数 833 Hz）というきわめて高い駆動周波数を実現している[21]．

また，家電の中にあって，洗濯機のセンサレス化は非常に難しい．洗濯漕のイナーシャが洗濯物の量や，洗濯モード（洗い，すすぎ，脱水，乾燥）によって大きく変わることから，電流制御（トルクの制限）が不可欠であり，また低速から大トルクが必要となるため，センサ付き（ホール IC）方式が広く採用されている（表 5・2 参照）．また，洗濯漕で騒音が反響してしまうため，高調波重畳型のセンサレス方式の採用も難しく，センサレス化の要望はあるものの課題が残る．

■引用・参考文献
1) （一社）日本電機工業会：「伸びゆくインバータ 2015」(2015)
2) 奥山，藤本，松井，久保田：「誘導電動機の速度センサレス・ベクトル制御法」，

電学論 D, Vol.107, No.2, pp.191-198（1987）
3) S. Sato, H. Iura, K. Ide, Seung-Ki Sul : "Three years of industrial experience with sensorless ipmsm drive based on high frequency injection method", Sensorless Control for Electrical Drives (SLED), 2011 Symposium, pp. 74-79 (2011)
4) 宮崎，芝田，山田：「プラント駆動用 AC ドライブ装置」，東芝レビュー，Vol.47, No.8, pp.637-641（1992）
5) 下浦，岡，鈴木：「出力電圧サージを抑制するマルチレベル PWM 制御方式」，平成 10 年電気学会全国大会，No.915, pp.4-337（1998）
6) 下浦，塚越，大柏：「省エネルギーダイレクト AC ドライブ装置」，東芝レビュー，Vol.54, No.1, pp.57-60（1999）
7) 川上，久米：「速度センサレスベクトル制御による瞬停再起動」，平成 7 年電気学会全国大会，No.830, pp.4-244（1995）
8) 岡，下浦，鈴木：「高圧インバータの瞬停ノンストップ制御」，平成 12 年電気学会全国大会，No.4-129（2000）
9) 田口弘史，小熊直暁，結城和明，山崎修，山田敏明，安岡育雄：「電車用電動機速度センサを有さないベクトル制御方式の開発─低速でのインバータ起動法─」，鉄道サイバネ・シンポジウム論文集，40th, Pt.1, pp.225-228（2003）
10) 根来秀人，北中英俊，河野雅樹：「誘導電動機速度センサレスベクトル制御の鉄道車両駆動への適用検討」，三菱電機技報，Vol.78, No.12, pp.47-50（2004）
11) 中澤英樹，荻野智久，児島徹郎，佐藤忠則，小川岳，石田誠司：「鉄道車両用速度センサレスベクトル制御方式」，鉄道車両と技術，No.86, pp.37-42（2003）
12) 上園恵一，高木正志，佐野孝：「車両用速度センサレスベクトル制御」，東洋電機技報，No.104, pp.9-14（1999）
13) 井上亮介，大庭政利：「鉄道車両におけるパワーエレクトロニクス技術」，富士時報，Vol.80, No.2, pp.153-161（2007）
14) 中沢洋介，逸見琢磨，青山育也：「鉄道車両用パワーエレクトロニクス装置」，東芝レビュー，Vol.58, No.9, pp.10-13（2003）
15) 近藤圭一郎，結城和明：「速度センサレスベクトル制御の実機適用」，電学論 D, Vol.125, No.1, pp.1-8（2005）
16) 川合弘敏，春原輝彦，田坂洋祐，深澤真悟：「東京メトロ銀座線車両向け PMSM 主回路システム」，東芝レビュー，Vol.63, No.6, pp.45-49（2008）
17) 田坂洋祐・川合弘敏・谷口峻：「省エネと環境性能に寄与する鉄道車両用 PMSM ドライブシステム」，東芝レビュー，Vol.69, No.4, pp.28-32（2014）
18) 能登原，遠藤，三上，安藤，堀川：「低分解能位置センサを用いた正弦波駆動シ

ステム」,平成 13 年電気学会産業応用部門大会 No.87,p.571〜(2001)
19) T. Endo, F. Tajima, H. Okuda, K. Iizuka, Y. Kawaguchi, H. Uzuhashi, and Y. Okada : "Microcomputer–Controlled Brushless Motor without a shaft–Mounted Position Sensor", Proceedings of the IPEC–Tokyo '83, pp. 1477-1488 (1983)
20) 坂本,岩路,遠藤:「家電機器向け位置センサレス永久磁石同期モータの簡易ベクトル制御」,電学論 D,2004 年 11 月号,pp.1133-1140 (2004)
21) 仁木,川又,細川,坂本,遠藤:「電池駆動型掃除機のセンサレスブラシレスモータ制御」,平成 16 年電気学会全国大会,No.4-121 (2004)

索　引

ア　行

圧縮機 …………………………………… 236
アノード ………………………………… 15
アブソリュートエンコーダ …………… 75
アンダーシュート ……………………… 108
アンチワインドアップ ………………… 108

位置検出回路 …………………………… 231
一次遅れ系 ……………………………… 100
位置センサ ……………… 89, 92, 124, 250
位置センサレス制御 …………………… 124
移動平均 ………………………………… 216
インクリメンタルエンコーダ ………… 74
インバータ ……………………………… 25
インバータ制御回路 …………………… 226

埋込磁石同期電動機 ……………… 79, 95
運動方程式 ……………………………… 92

エアコン ………………………………… 252
永久磁石同期電動機
　………………… 79, 236, 243, 247, 252
エミッタ ………………………………… 17
エンコーダレス ………………………… 235
エンコーダレス位置制御 ……………… 236
エンコーダレスサーボ ………………… 237

オートチューニング …………………… 234
オーバシュート …………………… 107, 108
オブザーバゲイン ……………………… 131
オペアンプ ……………………………… 72
オン抵抗 ………………………………… 19
オン電圧 ………………………………… 20
温度変化 ………………………………… 185

カ　行

回転座標系 ……………………………… 89
回転座標変換 …………………………… 212
回転中 0 電流試験 ……………………… 149
外乱オブザーバ ………………………… 132
回路方程式 ……………… 81, 83, 155, 157
拡張誘起電圧 …………………………… 126
拡張誘起電圧モデル …………………… 127
かご形 …………………………………… 153
ガスタービン …………………………… 241
カソード ………………………………… 15
可変電圧可変周波数 …………………… 34

機械系モデル …………… 103, 107, 225
帰還容量 ………………………………… 21
奇数次高調波 …………………………… 38
基本波 …………………………………… 38
逆回復 …………………………………… 16
逆回復電流 ……………………………… 16
逆破壊電圧 ……………………………… 16
キャリヤ周期 …………………………… 67
キャリヤ信号 …………………………… 206
キャリヤ比較方式 ……………………… 204
極性判別 ………………………………… 142

空間ベクトル ……………………… 46, 221
くし形フィルタ ………………………… 216

ゲイン行列 ……………………………… 195
ゲイン特性 ……………………………… 105
ゲート …………………………………… 19
ゲート抵抗 ……………………………… 27
ゲート電流 ……………………………… 19

高周波信号重畳 ………………………… 135

後進オイラー法 ‥‥‥‥‥‥‥‥‥‥ 214
拘束試験 ‥‥‥‥‥‥‥‥‥‥‥‥‥ 180
高調波 ‥‥‥‥‥‥‥‥‥‥‥ 8, 38, 243
交流試験 ‥‥‥‥‥‥‥‥‥‥‥‥‥ 148
固定トレース法 ‥‥‥‥‥‥‥‥‥‥ 149
コムフィルタ ‥‥‥‥‥‥‥‥‥‥‥ 216
コモンモード成分 ‥‥‥‥‥‥‥‥‥‥ 47
コモンモード電圧 ‥‥‥‥‥‥‥‥‥‥ 54
コレクタ ‥‥‥‥‥‥‥‥‥‥‥‥‥‥ 17

サ 行

サイクロコンバータ ‥‥‥‥‥‥‥‥‥ 34
最大トルク／電流制御 ‥‥‥‥‥‥‥ 115
サージ電圧 ‥‥‥‥‥‥‥‥‥‥‥‥‥ 29
座標変換 ‥‥‥‥‥‥‥‥‥‥‥‥ 49, 85
サーボモータ ‥‥‥‥‥‥‥‥‥‥‥ 234
三角波キャリヤ ‥‥‥‥‥‥‥‥‥‥ 140
三角波比較方式 ‥‥‥‥‥‥‥‥‥‥‥ 52
三相交流 ‥‥‥‥‥‥‥‥‥‥‥ 81, 155
三相電圧形インバータ ‥‥‥‥‥‥‥‥ 50
三相フルブリッジ電圧形インバータ
‥‥‥‥‥‥‥‥‥‥‥‥‥‥ 35, 238
サンプルホールド ‥‥‥‥‥‥‥‥‥ 210

磁界方向制御 ‥‥‥‥‥‥‥‥‥‥‥‥ 92
磁化成分電流 ‥‥‥‥‥‥‥‥‥‥‥ 164
時間の単位法 ‥‥‥‥‥‥‥‥‥‥‥ 222
磁気式 ‥‥‥‥‥‥‥‥‥‥‥‥‥‥‥ 77
磁気比例式 ‥‥‥‥‥‥‥‥‥‥‥‥‥ 71
磁気平衡式 ‥‥‥‥‥‥‥‥‥‥‥‥‥ 71
磁気飽和 ‥‥‥‥‥‥‥‥‥‥‥‥‥ 184
磁束オブザーバ ‥‥‥‥‥‥‥‥ 187, 193
磁束制御 ‥‥‥‥‥‥‥‥‥‥‥‥‥ 169
時定数 ‥‥‥‥‥‥‥‥‥‥‥‥‥‥ 226
始動方法 ‥‥‥‥‥‥‥‥‥‥‥‥‥ 140
遮断領域 ‥‥‥‥‥‥‥‥‥‥‥‥‥‥ 17
シャント抵抗 ‥‥‥‥‥‥‥‥‥ 72, 252
主回路 ‥‥‥‥‥‥‥‥‥‥‥‥‥‥‥‥ 9
出力シャント方式 ‥‥‥‥‥‥‥‥ 70, 74
出力容量 ‥‥‥‥‥‥‥‥‥‥‥‥‥‥ 21

準オンライン手法 ‥‥‥‥‥‥‥‥‥ 186
瞬時電力 ‥‥‥‥‥‥‥‥‥‥‥‥‥‥ 47
小数点位置 ‥‥‥‥‥‥‥‥‥‥‥‥ 219
状態オブザーバ ‥‥‥‥‥‥‥‥‥‥ 130
状態方程式 ‥‥‥‥‥‥‥‥‥‥ 97, 128
シンクロナスリラクタンスモータ ‥‥ 126

スイッチング ‥‥‥‥‥‥‥‥‥‥‥‥‥ 5
スイッチング関数 ‥‥‥‥‥‥‥‥‥‥‥ 6
スイッチング周波数 ‥‥‥‥‥‥‥‥‥‥ 6
スイッチング損 ‥‥‥‥‥‥‥‥‥‥‥ 11
数学モデル ‥‥‥‥‥‥‥‥‥‥ 79, 153
スナバ ‥‥‥‥‥‥‥‥‥‥‥‥‥‥‥ 31
スピード-トルク特性 ‥‥‥‥‥‥‥‥ 111

滑り ‥‥‥‥‥‥‥‥‥‥‥‥‥‥‥ 154
滑り周波数制御形ベクトル制御 ‥‥‥ 239

制御回路 ‥‥‥‥‥‥‥‥‥‥‥‥‥‥‥ 9
正弦波駆動 ‥‥‥‥‥‥‥‥‥‥‥‥ 250
積分要素 ‥‥‥‥‥‥‥‥‥‥ 104, 214, 215
絶対変換 ‥‥‥‥‥‥‥‥‥‥‥‥ 49, 86
線形領域 ‥‥‥‥‥‥‥‥‥‥‥‥‥‥ 20
前進オイラー法 ‥‥‥‥‥‥‥‥‥‥ 214

双一次変換 ‥‥‥‥‥‥‥‥‥‥‥‥ 214
総合ひずみ率 ‥‥‥‥‥‥‥‥‥‥‥‥‥ 5
相対変換 ‥‥‥‥‥‥‥‥‥‥‥‥‥‥ 50
相補的スイッチング ‥‥‥‥‥‥‥‥‥‥ 6
速度起電力 ‥‥‥‥‥‥‥‥‥‥ 98, 125
速度制御 ‥‥‥‥‥‥‥‥‥‥ 97, 103, 168
速度制御器 ‥‥‥‥‥‥‥‥‥‥‥‥‥‥ 2
速度制御系 ‥‥‥‥‥‥‥‥‥‥‥‥ 103
速度制限 ‥‥‥‥‥‥‥‥‥‥‥‥‥ 112
速度センサレスベクトル制御 ‥‥‥‥ 171
ソース ‥‥‥‥‥‥‥‥‥‥‥‥‥‥‥ 19
ソフトウェア ‥‥‥‥‥‥‥‥‥‥‥ 227
ソフトスイッチング ‥‥‥‥‥‥‥‥‥ 13

タ 行

第3次高調波 ‥‥‥‥‥‥‥‥‥‥‥‥ 38

索　引

第3次高調波重畳方式 ･････････････ 54
ダイオード ･････････････････････････ 15
惰行再起動手段 ･･･････････････････ 243
単位法 ･･･････････････････････････ 219
ターンオフ ･････････････････････････ 10
ターンオフ損失 ･････････････････････ 12
ターンオン ･････････････････････････ 10
ターンオン損失 ･････････････････････ 12

遅延演算子 ･･･････････････････････ 202
逐次型最小2乗法 ･････････････････ 149
中間電圧1/2加算方式 ･･･････････････ 56
直流試験 ･･････････････････････ 147, 177
直流電流増幅率 ･････････････････････ 17
直交変換 ･･････････････････････････ 50
チョッパ ･････････････････････････････ 6

ディジタルシグナルプロセッサ ･･････ 10
ディジタル制御 ･･･････････ 102, 201, 226
定電流円 ･････････････････････････ 115
定トルク曲線 ･････････････････････ 114
定トルク領域 ･････････････････････ 111
定誘起電圧楕円 ･･･････････････････ 115
適応磁束オブザーバ方式 ･･････････ 243
鉄道車両駆動用ドライブシステム ･･ 242
デッドタイム ･･････････････ 63, 205, 207
デューティサイクル ･････････････････ 7
テール電流 ･････････････････････････ 25
電圧形インバータ ･･････････････････ 1
電圧制御誤差 ･･･････････････････････ 63
電圧制御誤差積分 ･･･････････････････ 66
電圧制限 ･････････････････････････ 112
電圧制限楕円 ･････････････････････ 118
電圧制限値 ･･･････････････････････ 120
電圧センサ ･････････････････････････ 78
電圧ベクトル ･･･････････････････････ 50
電圧飽和領域 ･････････････････････ 111
電気自動車 ･･･････････････････････ 247
電機子反作用 ･･･････････････････････ 94
電気的パラメータ測定 ･･･････････ 176

電磁騒音 ･････････････････････････ 243
電磁騒音低減手段 ･･･････････････ 243
伝達コンダクタンス ･････････････････ 20
電流フィードバック ･･･････････････ 100
電流位相制御 ･････････････････････ 114
電流検出回路 ･････････････････････ 229
電流制御 ･･････････････････････ 97, 166
電流制御器 ･････････････････････････ 2
電流制御系 ･････････････････････････ 97
電流制限 ･････････････････････････ 111
電流制限値 ･･･････････････････････ 120
電流センサ ･････････････････････････ 70
電流偏差方式 ･････････････････････ 171
電力変換効率 ･･･････････････････････ 4

等価回路 ･････････････････････････ 161
等価直列抵抗 ･･･････････････････････ 14
同期方式 ･････････････････････････ 210
導通損 ･･･････････････････････････････ 11
突極性 ･･････････････････････ 80, 134, 248
ドライブ回路 ･･･････････････････････ 9
トルク制御 ･････････････････････ 88, 91
トルク成分電流 ･･･････････････････ 164
トルクヘルパーシステム ･･････････ 241
ドレイン ･･･････････････････････････ 19

ナ 行

二相交流 ･･････････････････････ 83, 157
二相スイッチング方式 ･･･････････････ 55
入力容量 ･･･････････････････････････ 21

燃料電池車 ･･･････････････････････ 247

ハ 行

バイポーラ駆動 ･････････････････････ 27
ハードウェア ･･･････････････････ 1, 227
パラメータ測定 ･･･････････････････ 147
パラメータ同定 ･･･････････････････ 149
パルス試験 ･･･････････････････････ 148
パワーエレクトロニクス ･････････････ 3

汎用インバータ …………………… 234, 235

光リンカ ……………………………… 240
非干渉制御 …………………………… 99
非同期方式 …………………………… 210
微分要素 ……………………………… 215
表面磁石同期電動機 ……………… 79, 95
ビルトイン電圧 ……………………… 24

ファン ………………………………… 236
フィールドプログラマブルゲートアレイ
  ……………………………………… 10
フェーザ ………………………… 48, 220
フォトカプラ ………………………… 240
フーリエ級数 ………………………… 8
フローチャート ……………………… 202

ベクトル制御 …………………… 92, 163
ベース ………………………………… 17
ベース電流 …………………………… 17
ヘテロダイン処理 …………………… 138

飽和領域 ……………………………… 17
保護機能 ……………………………… 202
ボディダイオード …………………… 20
ポポフの超安定論 …………………… 194
ホールIC ……………………………… 250
ホール素子 …………………………… 71
ポンプ ………………………………… 236

マ 行

マイクロコントローラ ……………… 10
マイコン ………………………… 226, 253
巻線形 ………………………………… 153
マグネットトルク ……… 80, 88, 96, 112
マトリックスコンバータ …………… 34
マルチレベルインバータ …………… 238

無回転測定 …………………………… 181
無負荷試験 …………………………… 178

漏れ電流 ……………………………… 16

ヤ 行

誘起電圧方式 …………………… 171, 243
誘導電動機 ……………………… 153, 243
ユニポーラ駆動 ……………………… 27
弱め磁束限界 ………………………… 120
弱め磁束制御 ………………………… 117

ラ 行

リバースリカバリ …………………… 16
リプル電圧 …………………………… 59
リプル電流 …………………………… 59
リラクタンストルク ……… 80, 88, 96, 112

レクティファイア …………………… 26
レゾルバ ………………… 76, 89, 231, 247

ワ 行

ワインドアップ ……………………… 108
割込信号 ……………………………… 206

英数字

120°通電 ……………………………… 250
1Xタイプ ……………………………… 77
1シャント方式 …………………… 70, 72
3シャント方式 …………………… 70, 72
6ステップ運転 ……………………… 38

ABZカウンタ ………………………… 232
ABZ信号 ……………………………… 231
ACR …………………………………… 2
anti wind-up ………………………… 108
ASR …………………………………… 2

back-calculation …………………… 108
BJT …………………………………… 17

Clamping ……………………………… 108

索引

DCCT 方式 ･･････････････････････････ 70
d–q 座標系 ････････････････ 89, 136, 159
DSP ･･････････････････････････････ 10
d 軸インダクタンス ･････････････････ 90

ESR ･･････････････････････････････ 14

FPGA ････････････････････････････ 10
FW 制御 ･･････････････････････････ 117

H ゲイン ･･････････････････ 189, 193, 196

IGBT ･･･････････････････････ 1, 23, 63
IM ･･････････････････････････････ 153
IPM ･･････････････････････････････ 25
IPMSM ･･････････････････････････ 79, 95

MC ･･････････････････････････････ 10
MOSFET ･･････････････････････････ 1, 19
MRAS 方式 ････････････････････････ 171
MTPA 制御 ･･････････････････････ 115

NS 判別 ･･････････････････････････ 144

PI 制御 ･･･････････････････････････ 97
PLL ･････････････････････････ 128, 137, 254
PLL ゲイン ･･･････････････････････ 254

PMSM ････････････････････････････ 79
PWM ････････････････････････････ 52
PWM キャリヤ ････････････････････ 203
PWM キャリヤ同期方式 ･････････････ 209
PWM 生成回路 ･･･････････････････ 208

q 軸インダクタンス ･････････････････ 90

R/D 変換器 ････････････････････ 77, 231

SPMSM ･････････････････････････ 79, 95
S–T 特性 ････････････････････････ 111
SynRM ･･････････････････････････ 126

THD ･････････････････････････････ 5
T-I 形等価回路 ･･･････････････････ 162
T 形等価回路 ･････････････････････ 162

V/f 一定制御 ････････････････････ 234
VPC 分散 ････････････････････････ 244
VR 型レゾルバ ････････････････････ 75
VVVF ･･･････････････････････････ 34

wind-up ････････････････････････ 108

α–β 座標系 ･･･････････････････ 84, 159
γ–δ 座標系 ･･･････････････ 127, 136

- 本書の内容に関する質問は，オーム社ホームページの「サポート」から，「お問合せ」の「書籍に関するお問合せ」をご参照いただくか，または書状にてオーム社編集局宛にお願いします．お受けできる質問は本書で紹介した内容に限らせていただきます．なお，電話での質問にはお答えできませんので，あらかじめご了承ください．
- 万一，落丁・乱丁の場合は，送料当社負担でお取替えいたします．当社販売課宛にお送りください．
- 本書の一部の複写複製を希望される場合は，本書扉裏を参照してください．

ACドライブシステムのセンサレスベクトル制御

2016年 9月25日　第1版第1刷発行
2024年11月10日　第1版第7刷発行

編　　者　電気学会・センサレスベクトル制御の整理に関する
　　　　　調査専門委員会
発 行 者　村 上 和 夫
発 行 所　株式会社 オ ー ム 社
　　　　　郵便番号　101-8460
　　　　　東京都千代田区神田錦町 3-1
　　　　　電話　03(3233)0641(代表)
　　　　　URL　https://www.ohmsha.co.jp/

© 電気学会 2016

印刷・製本　美研プリンティング
ISBN978-4-274-21911-5　Printed in Japan